"十四五"时期国家重点出版物出版专项规划项目

集成电路科学与工程前沿

不确定性量化及其在集成电路中的应用

王鹏 ◎ 著

Uncertainty Quantification and its Applications in Integrated Circuits

U0377241

人民邮电出版社

北　京

图书在版编目（CIP）数据

不确定性量化及其在集成电路中的应用 / 王鹏著
. -- 北京：人民邮电出版社，2024.12
（集成电路科学与工程前沿）
ISBN 978-7-115-63617-1

Ⅰ. ①不… Ⅱ. ①王… Ⅲ. ①集成电路 Ⅳ. ①TN4

中国国家版本馆CIP数据核字(2024)第098949号

内 容 提 要

本书基于作者 15 年的学术成果与产业经验，聚焦不确定性量化研究及其在集成电路中的应用。全书分为基础篇、方法篇和应用篇，共 7 章。基础篇（第 1、2 章）简要介绍了什么是不确定性、不确定性量化这一交叉学科的发展现状，以及不确定性建模和相关基础知识。方法篇（第 3~5 章）从不确定性量化的研究目标出发，系统梳理了参数不确定性、模型不确定性和逆向建模这 3 类不确定性量化常见问题及对应量化方法。应用篇（第 6、7 章）针对不确定性量化研究的多学科交叉特性，展示了其在集成电路的新材料研发和电子设计自动化中的应用实践与推广潜力。

本书面向从事不确定性量化理论研究与应用实现的读者群体，所用案例多取自作者过往的学术成果，所提供的伪代码与示例将有助于读者复现相关算法框架，从而掌握不确定性量化的主流方法。

◆ 著　　　　王　鹏
　　责任编辑　刘禹吟
　　责任印制　马振武

◆ 人民邮电出版社出版发行　　北京市丰台区成寿寺路 11 号
　　邮编　100164　　电子邮件　315@ptpress.com.cn
　　网址　https://www.ptpress.com.cn
　　北京九州迅驰传媒文化有限公司印刷

◆ 开本：787×1092　1/16
　　印张：16.25　　　　　　　　2024 年 12 月第 1 版
　　字数：359 千字　　　　　　2024 年 12 月北京第 1 次印刷

定价：99.80 元

读者服务热线：(010)81055410　印装质量热线：(010)81055316
反盗版热线：(010)81055315
广告经营许可证：京东市监广登字 20170147 号

推　荐　序

不确定性是现实世界复杂系统的重要特征。它源于目标系统长期存在、不可消除的随机不确定性，也来自人类对客观事物的认知局限，使得很多描述现实系统的数学模型及其参数、边界条件与真实情况之间或多或少存在着误差。为此，不确定性量化研究的本质是对目标系统中的不确定性进行刻画、传播和管控。

不确定性量化研究具有鲜明的多学科交叉特性。它是对现实问题的抽象量化，依托实际场景的物理、化学、生物等机理特征，同时也涉及解析几何、微积分、数值算法、统计、科学计算等数学与计算机知识。

集成电路也是一个多学科深度交叉的领域。从电子元器件材料研发，到上层的 EDA（electronic design automation，电子设计自动化）工具，集成电路产业不仅涉及数学、物理、化学等基础理学知识，还囊括材料、电子、计算机、控制、可靠性、软件等工程技术与经验。伴随着集成电路进入纳米时代，量子隧穿、工艺偏差等随机与认知不确定性对电路性能的影响也愈发显著。可见，不确定性量化方法的进步势必极大推动集成电路的科学研究与产业发展。

王鹏博士是不确定性量化领域的知名国际专家，自 2007 年开始从事相关理论与应用研究，2015 年起担任该领域国际学术期刊 *International Journal for Uncertainty Quantification*（《国际不确定性量化期刊》）的编委，具有极为扎实的学术功底和一定的国际影响力。他开创性地提出了 CDF（cumulative distribution function，累积分布函数）方法，相关成果获得了 *Physical Review Letters*（《物理评论快报》）等权威学术期刊的认可。

王鹏博士自 2014 年归国工作以来，一直致力于不确定性量化的学术研究与应用推广，先后承担了多个国家级科研项目，包括国家自然科学基金委数理学部的不确定性量化项目和国家重点研发计划“材料基因工程关键技术与支撑平台”等，并与控制、计算机、能源、生物、电池、环境等不同领域的国内外知名学者面向不确定性问题开展了紧密合作，积累了丰富的应用经验。

自 2020 年起，王鹏教授积极响应国家号召，为解决我国在集成电路领域的“卡脖子”问题，带领团队深入产业一线工作。他将不确定性量化理论应用于 EDA，与国产 EDA 行业龙头企业深度合作，协助打造了国内唯一的射频电路设计全流程 EDA 工具系统，助力 5G 通信、航空航天、汽车电子等前沿产业快速发展。他擅长将理论与实践相结合，是介绍不确定性量化理论及其在集成电路领域应用的理想人选。

  本书内容丰富,通过基础篇、方法篇和应用篇 3 部分,较为全面地介绍了不确定性量化领域的核心问题、常用方法、前沿知识及在集成电路领域的应用实践。本书结合了王鹏教授的理论与应用成果,向读者传递了克服对不确定性的畏惧、从不确定性中寻找规律、在混沌中重建秩序的重要学术思想。我相信本书不仅对我国集成电路理论与应用研究具有全新的指导意义,而且对我国培养前沿学科交叉复合型人才也具有积极的推动作用。

中国科学院院士 郭雷

前　　言

本书直面自然科学与工程技术中广泛存在的不确定性问题，系统地介绍了不确定性量化研究及其在集成电路领域的应用。内容涵盖基础理论知识和成熟算法框架，并通过若干应用案例，以理论和实践相结合的形式，帮助读者理解相关方法的运用。

本书由基础篇、方法篇和应用篇 3 部分组成。基础篇（第 1、2 章）是全书的起点：第 1 章向读者介绍不确定性量化学科的基本情况，明确相关研究目标；第 2 章简要回顾研究不确定性量化所需的微分和概率等基础知识，并展示如何实现不确定性问题的建模。方法篇（第 3~5 章）分别对参数不确定性量化方法、模型不确定性量化方法和逆向建模的不确定性量化方法进行较为全面的介绍。其中，第 3 章聚焦蒙特卡洛方法及其扩展方法、统计矩微分方程法、广义多项式混沌法、分布法这 4 种重要量化方法，展示了笔者自攻读博士学位以来的重要理论工作与算法实现，并结合应用实例，帮助读者掌握这些方法。第 4 章通过介绍卡尔曼滤波、粒子滤波等数据同化方法，向读者展示模型不确定性的量化与控制；此外，还介绍笔者在多预测模型数据同化、多保真模型选择等方面的研究拓展，以及笔者团队近年开发的一种集成式量化参数与模型不确定性的算法框架。第 5 章依次介绍贝叶斯推理、马尔可夫链蒙特卡洛方法、集合卡尔曼滤波和双集合卡尔曼滤波、压缩感知等方法，展示如何从已知的输出信息逆向量化未知输入的不确定性。应用篇（第 6、7 章）以集成电路为依托，结合笔者在此领域的工程经验，向读者介绍不确定性量化方法在新材料研发和 EDA 等领域的应用。

不确定性是自然科学与工程技术的共性问题，无处不在。笔者希望通过本书帮助不同领域的读者认识不确定性，掌握相关理论基础知识与常用的量化方法，并通过多个应用示例帮助读者深入理解，做到触类旁通，解决自身学习工作中所遇到的不确定性问题。受篇幅所限，本书未涉及模糊理论等非概率框架下的量化方法和其他领域的应用案例。笔者及团队将持续丰富相关内容，力求推动不确性量化学科的不断发展。

本书内容源于作者及团队多年的研究积累，在撰写过程中获得诸多国内外前辈、同行的支持和鼓励，特此表示由衷感谢！特别感谢美国斯坦福大学的 Tartakovsky 教授和美国俄亥俄州立大学的修东滨（Dongbin Xiu）教授长期以来的帮助！特别感谢为整理和校对本书辛勤付出的博士研究生承铭等各位同学。

目　　录

基　础　篇

方　法　篇

应　用　篇

基础篇

第 1 章　不确定性量化简介

1.1　什么是不确定性

不确定性代表事物的发展结果存在着多种可能性。人们都对不确定性有过亲身体验，从大学志愿的填报，到多种多样的牌类游戏；从城市交通的畅通拥堵，到足球比赛的惊心动魄。不确定性看似抽象、遥远，但确实存在于社会生活的方方面面，时刻影响着人们的情绪，也影响着相关决策的制定。出于对确定结果的偏爱，人们首先需建立对不确定性的正确认知，然后再从不确定性中寻找规律，在混沌中重建秩序。

从古至今，人们对不确定性的认知经历了漫长而曲折的过程。春秋时期，著名的思想家老子就在《道德经》中指出"知不知，尚矣；不知知，病矣"，强调人类个体要建立对自身知识不确定性的认知。那之后两千多年，在欧洲，西方哲学家休谟（David Hume）也提出了相似观点，强调对不确定性的认知是人类知识的起点。由此可以得出：不确定性在哲学层面指代人们对事物理解和意识的缺乏。

伴随着近代科学知识体系的建立，人们对不确定性的认知也逐渐从哲学层面落实到具体的科学理论之中。现代科学的两位大师，美国数学家维纳（Norbert Wiener）和荷兰理论物理学家范·坎彭（N. G. van Kampen）经过长期实践，在各自的著作中都指出，大部分物理、化学和工程系统充满了不确定性 [1-2]；爱因斯坦（Albert Einstein）也提出过"描述客观世界的理论一定是不确定的；如果它是确定的，则一定无法描述现实"的论述。

不确定性作为现实世界不可避免的存在，深刻地影响着现实世界的发展和演变。图 1.1 展示了不确定性对若干现实事件的影响力，横轴代表不确定性的大小，纵轴表示不确定性对事件结果的影响程度。其中，"新型航空器设计"涉及海量设计参数的优化组合，其不确定性程度与"科学探索"相仿，甚至更小，但由于结果关乎国家安全，故重于后者。"石油勘探"位于"新型航空器设计"的右上方，其不确定性源自人们对地下油层分布的未知。虽然钻井技术已取得长足进步，可以为石油工程师提供丰富的岩层信息，但动辄数百万甚至上亿元的勘探成本迫使石油公司不得不通过有限的、几百平方厘米的局部点信息，近似模拟几平方千米的全局地质分布（如图 1.2 所示），因而引入了大量的不确定性。"全球变暖"则体现了最大的不确定性与最严重的后果，其不确定性不仅来源于复杂多变的环境、气候因素和人类仍有限的物理知识，也同样受到了社会生产、经济发展乃至军事行动等诸多人为变数的影响。在"全球变暖"事件中，不确定性可直接体现为干旱、暴雨等极端天气频发现象，以及冰层融化、海平面升高、诸多生物种群灭绝等灾难性后果。

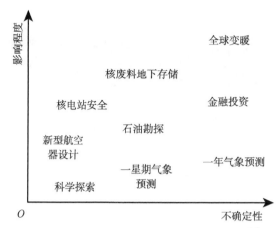

图 1.1　不确定性对若干现实事件的影响力[3]

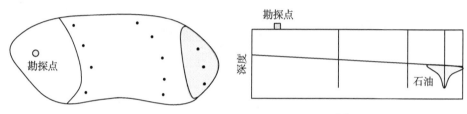

图 1.2　石油勘探中的点信息与区域建模[4]

　　基于对不确定性在哲学层面与科学层面的认识,人们可以将不确定性笼统地分为两大类别:随机不确定性(aleatory uncertainty)特指布朗运动、湍流等客观世界内在的不确定性,无法人为地消除;认知不确定性(epistemic uncertainty)则指在一定社会历史条件下,由人类自身认知的局限、信息的缺失而导致的人为不确定性,新型航空器的最优化设计、油层勘探建模中的不确定性均属于此类别。人们可以通过加深对客观世界规律性的认识,获取更多的实践经验和更丰富的大数据信息,消除或减弱认知不确定性,从而恢复客观事物原有的确定性。

1.2　不确定性量化学科简介

　　从前述示例中可以看出,不确定性是航空器设计、石油勘探、地球物理等诸多领域的共性问题。如何从不确定性中寻找规律,已不再是单一学科知识可以解决的问题。虽然可以通过概率知识对不确定性予以度量,通过统计方法对不确定性予以削减,但即使在大数据时代,高昂的采样成本和固有的仪器误差等现实因素依旧存在,因此人们很难从有限的、夹带噪声的数据中获取足够的信息来减少不确定性。

　　近二十年来,伴随着计算机性能的提升,基于计算仿真模型的研究成果已广泛应用于诸多领域,该方式也逐渐成为研究不确定性的主要方式。国际学术与工程界随之兴起了不确定性量化（uncertainty quantification）这一新型交叉学科，美国学术出版机构贝格（Begell House）于 2011 年首次创办了该领域的专业学术期刊 *International Journal for Uncertainty Quantification*（《国际不确定性量化期刊》）。不确定性量化涉及的统计方法、随机空间的建模理论也引起了数学这一基础学科的重视。美国国家科学研究委员会（United States National Research Council, NRC）经过长期全面的调研，在 *The Mathematical Sciences in 2025*（《2025 年的数学科学》）一书中强调，不确定性量化"通过计算机仿真，实现对现实复杂系统的精确建模和状态预测"[5]。为了进一步推动不确定性量化的理论研究和应用推广，美国工业与应用数学学会（Society for Industrial and Applied Mathematics, SIAM）正式成立了不确定性量化委员会，于 2013 年开创了两年一届的专业学术会议"SIAM Conference on Uncertainty Quantification"（SIAM 不确定性量化会议），并于同年和美国统计协会（American Statistical Association, ASA）联合创办了学术期刊 *SIAM-ASA Journal on Uncertainty Quantification*（《SIAM-ASA 不确定性量化期刊》），发表本领域的前沿理论成果。至今，不确定性量化已成为应用数学领域最重要的研究方向之一。

不确定性作为诸多学科的共性问题，其量化研究具有鲜明的多学科交叉特性。不确定性量化方法的起点和终点是自然科学与工程技术中的实际问题，其解决工具是数学算法，载体是计算仿真软件，因此，"有效的不确定性量化研究需要一支由应用领域专家、数学家、计算机工程师的跨学科团队"[5]。从诞生之日起，不确定性量化的学科交叉性就使它成为最活跃、参与性最广泛的学科之一。该学科首个专业学术期刊 *International Journal for Uncertainty Quantification* 的编委会由数学、流体力学、集成电路、机械、结构等领域的专家学者组成。SIAM 的专业学术会议——SIAM Conference on Uncertainty Quantification 更是每一届都吸引着全球近千名专业人士的参与。不确定性量化涵盖概率、随机过程、贝叶斯分析、微分方程、数值逼近、图论与复杂网络、遍历理论、测度论等多个数学分支的研究。

鉴于不确定性量化的广泛应用及其对国家科技实力、国防安全和经济发展的重大影响，各国政府和世界 500 强企业都非常重视这一学科。美国能源部、国防部高级研究计划局、国家科学基金会、国家核安全管理局都设立了专项经费，通过与高校、实验室成立联合工作组，在环境保护、核材料埋存、电路设计、飞机研发、智能电网等领域开展了富有成效的基础研究。美国石油巨头之一雪佛龙公司为降低油层勘探与开采成本，先后开发了多款不确定性量化工具。欧洲最大的航空发动机企业之一罗尔斯-罗伊斯公司专门成立了不确定性量化办公室，为发动机叶片的优化设计提供更加高效的计算工具。全球十大防务公司之一的英国 BAE 系统公司更是投入了巨资开展理论与方法研究，以期提高后摩尔时代宇航级芯片产品的可靠性。世界银行等国际金融机构也通过量化分析受贷方的各类不确定性因素，综合评估贷款项目的金融风险。

不确定性量化研究在我国也发展迅速。中国科学院数学与系统科学研究院、北京应用物理与计算数学研究所、南方科技大学、上海交通大学、东南大学、同济大学等多所科研院所和高校已陆续建立相关团队。中国工业与应用数学学会于 2016 年正式成立了不确定性量化专业委员会，旨在通过主办国际国内学术会议、暑期学校，组织专题工作组等方式推进基础研究，凝聚、培养本领域的青年后备人才。

在计算仿真中，认知不确定性主要来源于参数、模型和计算 3 个方面。人们对现实世界的认知来源于对物理、生物、化学等现象的观测。随着观测数据的累积，人们可以借助统计、数学等理论工具，建立数学模型来量化描述数据背后的客观规律。但是，这些数据所代表的参数往往具有较强的时空波动性（异质性），需要大量样本才可实现精准量化。受限于采样技术、采样成本、采样精度、数据传递等客观因素，观测数据与真实状态之间不可避免地存在误差，这也使数学模型中的参数呈现出一定的不确定性。同时，由于认知的局限性与个体的差异性，人们对同一个现象可能会有不同的解读和不同的近似简化，这就造成了每个数学模型都存在模型误差；对于同一规律，不同模型也引入了模型选取的不确定性。伴随着科技的进步，人们建立的数学模型愈加完善，观测样本愈加丰富，但是模型复杂度、数据样本量也相应大幅攀升，需要借助计算仿真的手段对现实问题进行预测。但数值计算需要将构建在连续空间上的数学模型离散处理，例如将微分近似为求差，将积分简化为求和。这些在连续空间上的离散处理势必会引入数值误差，而不同的数值格式会进一步加重计算不确定性。上述来自参数、模型和计算的不确定性直接影响着人们对系统状态的预测和决策，如图 1.3 所示。

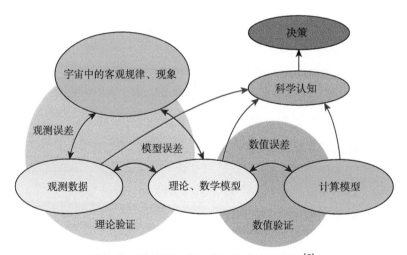

图 1.3　系统预测中可能的不确定性来源[6]

不确定性量化方法可以概括为概率框架和非概率框架两大体系。本书聚焦概率框架。在此框架下，不确定性变量 $Z(\boldsymbol{x}, t) \equiv Z(\boldsymbol{x}, t; \Omega)$ 可建模为随机变量或随机过程，该变量不仅定义于原有的时空间维度 $(\boldsymbol{x}, t)$，同样也在概率空间 Ω 中变化。包含这些变量的数学模型也可建模为随机系统，而新模型的解（输出）为原系统状态的概率密度函数或累积分布函数等统计信息。相较于经典的随机微分方程，上述不确定性系统的随机输入来源于实际测量数据，反映了一定的时空关联性[7]。因此，基于维纳过程、泊松过程等理想化过程的经典随机分析数学方法并不直接适用于此类随机系统。

参数不确定性的量化及随机系统状态的预测一直是不确定性量化研究的焦点。经过几十年的发展，参数不确定性量化方法发展为非嵌入式（如蒙特卡洛方法等统计类方法）和嵌入式（如统计矩微分方程法、分布法等随机数学类方法）两类。

1. 非嵌入式参数不确定性量化方法

蒙特卡洛方法（Monte Carlo method）是一种常用的非嵌入式参数不确定性量化方法。蒙特卡洛方法根据随机参数的概率分布，产生一组相互独立的随机样本，再通过将随机样本代入原随机系统，对每个样本进行仿真来获得相应结果。随着样本数量的增加，仿真结果的统计信息会逐渐接近真实分布。蒙特卡洛方法相当于独立、重复地求解原数理方程，可利用原有仿真框架开展并行运算，得到了广泛应用，但是其较慢的收敛速度可能引入高昂的计算成本，故多用于均值、方差等低阶统计矩的求解。为了提升收敛速度，人们陆续开发了拉丁超立方采样[8]、准蒙特卡洛方法[9]、多级蒙特卡洛方法[10]等扩展方法，但在应用上仍然有一定局限性。

2. 嵌入式参数不确定性量化方法

以下是几种常用的嵌入式不确定性量化方法。

（1）摄动法

摄动法（perturbation method）将随机域在其均值附近进行有限项的泰勒展开，已被广泛应用于自然科学与工程技术领域[11]。在使用中，由于高阶项会造成求解系统异常复杂，故多限于二阶泰勒展开。摄动法适用于小尺度的随机扰动问题，且随机输入和输出的总维度通常小于 10，以避免放大不确定性。

（2）算子法

算子法（operator-based method）类似于摄动法。它基于原系统数理控制方程的随机算子，包含诺伊曼展开[12]和加权积分[13]，但无法考虑过高的随机维度，且强烈依赖于控制方程算子，故更适用于静态（低维）不确定性问题。

（3）统计矩微分方程法

统计矩微分方程（moments differential equation）法的核心目标是求解系统状态的均值、方差等统计矩信息[14]。通过对原数理方程进行随机平均运算，可推导出系统状态各阶统计矩的控制方程。但是，在推导过程中，低阶统计矩的控制方程往往需要高阶统计矩信息，进而产生闭包问题，需要额外信息或近似假设作为求解条件。统计矩微分方程法通常适用于线性问题。

（4）分布法

分布法（method of distribution）也称 PDF 方法或 CDF 方法，源于统计物理[15] 和流体力学[16]。该方法引入目标系统状态的精细概率密度函数或精细累积分布函数，旨在推导新函数的控制方程，从而求解目标系统状态的概率密度函数（probability density function, PDF）或累积分布函数（cumulative distribution function, CDF），以获取全部统计信息。近年来，随着数值算法框架的改进，分布法可以与统计类方法结合使用，以获取系统状态的概率分布信息[17-20]，对随机常微分方程（组）和随机双曲型方程系统具有较好的效果。

（5）广义多项式混沌法

广义多项式混沌（generalized polynomial chaos）法将目标解表现为随机参数的正交多项式展开。此处的"混沌"概念不同于动力系统中的混沌现象，最早指代混沌多项式逼近理论，由维纳于 1938 年首次提出[1]。加尼姆（Roger G. Ghanem）和斯帕诺斯（Pol D. Spanos）随后将多项式混沌与有限元方法相结合，将埃尔米特多项式（Hermite polynomial）用于高斯随机过程的正交基函数，开启了该方法在不确定性量化上的应用[21]。为了提高多项式混沌在非高斯参数上的收敛速度和近似效果，修东滨（Dongbin Xiu）和卡尼亚达克斯（George Em Karniadakis）对其进行了泛化[22]，建立了可处理任意类型随机参数输入的广义多项式混沌法[23]。该方法可以通过嵌入或非嵌入的方式实现，被广泛应用于自然科学与工程技术领域。

除了不确定性的正向传播与量化，人们同样关心反问题中的不确定性，希望通过对原正向系统状态的测量，获取系统的输入信息。例如，在新材料研发中，科学家通过电镜测量合金材料中各类元素的扩散距离，从而估测该材料的互扩散系数；在集成电路制造中，晶圆厂通过对测试芯片进行电学特性测量，优化产线配置，从而提高芯片的成品率。由于原正向系统的输出信息和所需求解的输入信息往往不匹配，此类反问题的解通常有多种可能，呈现出一定分布。为此，人们开发了贝叶斯推理、马尔可夫链蒙特卡洛方法、压缩感知、双滤波同化等方法予以解决。

综上所述，不确定性量化研究的目标是提高仿真计算的预测能力，为科学决策提供全面准确的信息。由于现实问题中的不确定性来源众多，随机输入所带来的高维逼近严重加剧了数学模型计算的复杂性，所引发的维数灾难不仅是科学计算的巨大挑战，也是不确定性量化研究的核心难点。随着大数据、神经网络、存算一体等技术的飞速发展，笔者相信不确定性量化研究可有效汲取这些新兴领域的优点，通过与稀疏格点、拟蒙特卡洛方法、敏感性分析与降维等现有方法的结合，共同缓解维数灾难，推动科学计算向着更高、更快、更准的目标前进。

参 考 文 献

[1] WIENER N. The homogeneous chaos[J]. American Journal of Mathematics, 1938, 4(60): 897-936.

[2] VAN KAMPEN N G. Stochastic processes in physics and chemistry[M]. Amsterdam: Elsevier, 1992.

[3] OBERKAMPF W L. Perspectives on verification, validation, and uncertainty quantification[C]//SIAM Conference on Computational Science and Engineering. Miami: SIAM, 2009.

[4] WINTER C L, TARTAKOVSKY D M. Groundwater flow in heterogeneous composite aquifers[J]. Water Resources Research, 2002, 8(38): 23-1-23-11.

[5] National Research Council. The mathematical sciences in 2025[M]. Washington, DC: The National Academies Press, 2013.

[6] ODEN J T, PRUDHOMME S. Control of modeling error in calibration and validation processes for predictive stochastic models[J]. International Journal for Numerical Methods in Engineering, 2011(87): 262-272.

[7] GARDINER C W. Handbook of stochastic methods: for physics, chemistry and the natural sciences[M]. Berlin: Springer, 1985.

[8] LOH W L. On Latin hypercube sampling[J]. The Annals of Statistics, 1996, 24(5): 2058-2080.

[9] FOX B L. Strategies for quasi-Monte Carlo[M]. Boston: Kluwer Academic Publishers, 1999.

[10] HEINRICH S. Multilevel Monte Carlo methods[C]//International Conference on Large-Scale Scientific Computing. Sozopol, Bulgaria: LSSC, 2001.

[11] KLEIBER M, HIEN T D. The stochastic finite element method: basic perturbation technique and computer implementation[M]. Chichester: Wiley, 1992.

[12] SHINOZUKA M, DEODATIS G. Response variability of stochastic finite element systems[J]. Journal of Engineering Mechanics, 1988, 3(114): 499-519.

[13] DEODATIS G. Weighted integral method. I: stochastic stiffness matrix[J]. Journal of Engineering Mechanics, 1991, 8(117): 1851-1864.

[14] DAGAN G. Flow and transport in porous formations[M]. Berlin: Springer, 1989.

[15] HÄNGGI P. Correlation functions and masterequations of generalized (non-Markovian) Langevin equations[J]. Zeitschrift für Physik B Condensed Matter, 1978 31(4): 407-416.

[16] POPE S B. Turbulent flows[M]. Cambridge: Cambridge University Press, 2000.

[17] TARTAKOVSKY D M. PDF methods for reactive transport in porous[C]//Calibration and Reliability in Groundwater Modelling: A Few Steps Closer to Reality: Proceedings of the Model CARE 2002 Conference. Prague, Czech Republic: International Assn of Hydrological Sciences, 2002.

[18] TARTAKOVSKY D M, BROYDA S. PDF equations for advective-reactive transport in heterogeneous porous media with uncertain properties[J]. Journal of Contaminant Hydrology, 2011(120-121): 129-140.

[19] WANG P, TARTAKOVSKY D M. Uncertainty quantification in kinematic-wave models[J]. Journal of Computational Physics, 2012, 23(231): 7868-7880.

[20] WANG P, TARTAKOVSKY A M, TARTAKOVSKY D M. Probability density function method for Langevin equations with colored noise[J]. Physical Review Letters, 2013, 14(110): 140602.

[21] GHANEM R G, SPANOS P D. Stochastic finite elements: a spectral approach[M]. New York: Springer, 1991.

[22] XIU D, KARNIADAKIS G E. The wiener–askey polynomial chaos for stochastic differential equations[J]. SIAM Journal on Scientific Computing, 2002, 2(24): 619-644.

[23] XIU D. Numerical methods for stochastic computations[M]. Princeton, New Jersey: Princeton University Press, 2010.

第 2 章　不确定性建模及相关
基础知识

　　不确定性建模是不确定性量化研究的基础。当人们试图解决某个领域的具体应用问题时，首先要为它建立相应的数学模型，然后寻找合适的方法对该数学模型中的问题进行求解，最后将结果代入原有应用问题的范畴内予以解读和分析。数学建模作为整个流程的第一步，对后续的数学问题求解与分析起着举足轻重甚至决定性作用。

　　本章聚焦不确定性建模及相关基础知识。从传统的确定性建模出发，第 2.1 节将简要回顾常微分方程和偏微分方程这两种解决现实问题最为常用的数学模型。随后，将前述建模理念延伸至概率空间，第 2.2 节将展开对基础概率与统计知识的介绍，第 2.3 节将介绍不确定性建模。

2.1　微分方程

　　数学建模是连接现实问题与数学研究的桥梁。人们基于自身的经验和认知，通过引入变量、因变量等数学概念，从空间形式和数量关系的角度对现实问题予以抽象和简化，从而构建相关的数学模型。从经典力学中的速度、加速度，到电子电路中的电容、电阻，诸多现实问题中的机理都可以用微积分的形式予以表述。因此，现实问题的数学模型往往是含有微分项的数学方程，也称为控制方程。对于一个定义于时间域 $[0, T](T > 0)$ 和空间域 $\mathcal{D} \subset \mathbb{R}^{\ell}(\ell = 1, 2, 3, \cdots)$ 的微分方程模型系统，可将其抽象为如下形式：

$$\begin{cases} \dfrac{\partial}{\partial t} \boldsymbol{u}(\boldsymbol{x}, t) = \mathcal{L}(\boldsymbol{u}), & \mathcal{D} \times (0, T] \\ \mathcal{B}(\boldsymbol{u}) = 0, & \partial \mathcal{D} \times [0, T] \\ \boldsymbol{u} = \boldsymbol{u}_0, & \mathcal{D} \times \{t = 0\} \end{cases} \tag{2.1}$$

其中，$\boldsymbol{u} \in \mathcal{D} \times (0, T]$ 为方程的解，其维度可用 $n_{\boldsymbol{u}}$ 表示；$\mathcal{L}(\cdot)$ 为（线性或非线性）微分算子，$\mathcal{B}$ 为边界条件算子，$\boldsymbol{u}_0$ 为初始条件。

　　常微分方程和偏微分方程是最常见的两类微分方程模型，下面介绍其相关基础知识。

2.1.1 常微分方程

微分方程是联系自变量、未知函数及其导数的关系式。如果微分方程的未知函数（y）只含有一个自变量（如时间 t 或空间 x），则此类方程被称为常微分方程（ordinary differential equation，ODE）：

$$F\left(x, y, \frac{\mathrm{d}y}{\mathrm{d}x}, \cdots, \frac{\mathrm{d}^n y}{\mathrm{d}x^n}\right) = 0 \tag{2.2}$$

其中，$F(\cdot)$ 表示含有自变量 x 和未知函数 y 及其各阶导数 $\mathrm{d}y/\mathrm{d}x, \cdots, \mathrm{d}^{(n)}y/\mathrm{d}x^{(n)}$ 的已知函数。如果一个方程不含有未知函数关于自变量的导数，则不能称之为微分方程。

常微分方程被广泛用于现实问题的数学建模。电阻-电容电路的基尔霍夫定律（Kirchhoff's law）、自由落体的运动方程、捕食者与猎物的种群竞争方程等均可用常微分方程（组）来描述，如图 2.1所示。在微分方程中，未知函数最高阶导数的阶数被称为该微分方程的阶数。基尔霍夫定律中未知函数 I 的最高阶导数为 $\mathrm{d}^2 I/\mathrm{d}t^2$，即该方程为二阶常微分方程。以此类推，自由落体的运动方程为二阶常微分方程，种群竞争方程为一阶常微分方程组。

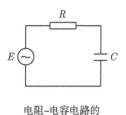

（a）电阻 R 和电容 C 电路中的　　（b）在重力加速度 g 的作用下的　　（c）猎物数量 y_1 与捕食者数量 y_2
　　电流 I 变化，E 为电压变化　　　自由落体下降距离 y，t 为时间　　的此消彼长，a, b, k, l 为相关系数

图 2.1　3 种常见的常微分方程

电阻–电容电路的基尔霍夫定律
$$R\frac{\mathrm{d}^2 I}{\mathrm{d}t^2} + \frac{I}{C} = \frac{\mathrm{d}E}{\mathrm{d}t}$$

自由落体的运动方程
$$\frac{\mathrm{d}^2 y}{\mathrm{d}t^2} = g$$

捕食者与猎物的种群竞争方程
$$\begin{cases} \dfrac{\mathrm{d}y_1}{\mathrm{d}t} = ay_1 - by_1 by_2 \\ \dfrac{\mathrm{d}y_2}{\mathrm{d}t} = ky_1 y_2 - ly \end{cases}$$

为了简化符号表示，在后续表述中做以下规定：

$$y' = \frac{\mathrm{d}y}{\mathrm{d}x}, \quad y'' = \frac{\mathrm{d}^2 y}{\mathrm{d}x^2}, \quad \cdots, \quad y^{(i)} = \frac{\mathrm{d}^i y}{\mathrm{d}x^i}$$

在式 (2.2) 中，如果函数 $F(\cdot)$ 是未知函数 y 及其各阶导数 $\mathrm{d}y/\mathrm{d}x, \cdots, \mathrm{d}^{(n)}y/\mathrm{d}x^{(n)}$ 的一次有理整式（多项式），则称该微分方程为 n 阶线性微分方程，否则称之为非线性微分方程。假设 $a_1(x), \cdots, a_n(x), g(x)$ 为因变量 x 的已知函数，可将线性微分方程整理为一般表达形式：

$$y^{(n)} + a_1(x)y^{(n-1)} + \cdots + a_{n-1}(x)y' + a_n(x)y = g(x) \tag{2.3}$$

当函数 $g(x) = 0$ 时，式 (2.3) 为齐次，否则为非齐次。

式 (2.2) 的解分为显式解和隐式解。如果将函数 $y = \varphi(x)$ 代入微分方程使之成为恒等式，则称 $y = \varphi(x)$ 为该方程的显式解；如果微分方程的解以关系式 $\varPhi(x, y) = 0$ 的形式展现，则称关系式 $\varPhi(x, y) = 0$ 为该方程的隐式解。例如，$y = \sqrt{1 - x^2}$ 和 $y = -\sqrt{1 - x^2}$ 为一阶微分方程

$$\frac{\mathrm{d}y}{\mathrm{d}x} = -\frac{x}{y} \tag{2.4}$$

的显式解，$x^2 + y^2 = 1$ 为该方程的隐式解。

如果 $y = \varphi(x; C_1, C_2, \cdots, C_n)$ 为 n 阶常微分方程 [式 (2.2)] 的解，且含有 n 个相互独立的任意的常数 $C_1, C_2, \cdots, C_n$，则称其为该方程的通解。在现实问题中，往往需要获得微分方程模型的特定解。此时，方程的解必须满足定解条件，$C_1, C_2, \cdots, C_n$ 也为特定数值。常见的定解条件包含初值条件和边界条件。求满足初值条件的解的问题称为初值问题，或柯西问题（Cauchy problem）；求满足边界条件的解的问题称为边值问题。

以初值问题为例，对于式 (2.2)，其初值条件指当自变量在定义域内取某特定值 x_0 时，未知函数及其低于方程阶数的导函数满足以下关系：

$$y(x_0) = y_0, \quad y'(x_0) = y_0', \cdots, y^{(n-1)}(x_0) = y_0^{(n-1)} \tag{2.5}$$

此处 $y_0, y_0', \cdots, y_0^{(n-1)}$ 为给定的 n 个常量或函数。可以看出，初值条件的数量应与微分方程的阶数相同；而初值条件取不同常量时，方程特解也随之变化。

综上所述，当对现实问题进行建模时，一个有效的数学模型不仅要包含微分方程，也要包含定解条件。

2.1.2　偏微分方程

偏微分方程比常微分方程拥有更宽广的应用范畴，是流体力学、量子物理、电磁学、生物化学、传染病动力学等诸多领域的主流数学建模形式。不同于常微分方程，偏微分方程中的未知函数 u 往往含有两个及以上的自变量。其中，时间 t 和空间 x 是针对现实问题所建立的数学模型中常见的两类自变量。在偏微分方程中，未知函数最高阶导数的阶数称为该微分方程的阶数。二阶偏微分方程是应用极为普遍的偏微分数学模型，也是本书的重点研究对象之一。

为了简化符号表示，在后续表述中做如下规定：

$$u_t = \frac{\partial u}{\partial t}, \quad u_x = \frac{\partial u}{\partial x}, \quad u_{tt} = \frac{\partial^2 u}{\partial t^2}, \quad u_{xx} = \frac{\partial^2 u}{\partial x^2}, \quad u_{tx} = \frac{\partial}{\partial x}\frac{\partial u}{\partial t}$$

此处未知函数下角标的前后顺序表示求导的先后顺序。

当偏微分方程的最高阶导数为线性格式时，该方程可称为拟线性偏微分方程。以含有两个自变量 (x,t) 的二阶偏微分方程为例，可将其写为如下形式：

$$au_{xx} + 2bu_{xt} + cu_{tt} = F(x,t,u,u_x,u_t) \tag{2.6}$$

根据最高阶导数的系数 a,b,c 的相互关系，式 (2.6) 可分为 3 种类型，如表 2.1 所示。

表 2.1　3 种偏微分方程类型

偏微分方程类型	系数条件	示例
双曲型	$ac - b^2 < 0$	波方程 $u_{tt} = c^2 u_{xx}$
抛物型	$ac - b^2 < 0$	热传导方程 $u_t = c^2 u_{xx}$
椭圆型	$ac - b^2 < 0$	拉普拉斯方程 $\nabla^2 u = u_{xx} + u_{yy} + u_{zz} = 0$

不同类型的偏微分方程，其解呈现出不同的性质。在实际应用中，最高阶导数的系数 a, b, c 可能都是自变量的函数。因此，一个偏微分方程可能在不同的空间位置上呈现出不同的方程性质。

在实际应用中，往往需要通过确定定解条件来获得现实问题的特定解。初值条件（多指时间维度 t）或边界条件（多指空间维度 x,y,z）的数量需与对应导数的阶数相同。表 2.1 中的波方程含二阶时间导数，故需要两个初值条件；热传导方程仅需要一个初值条件；而拉普拉斯方程由于没有时间导数项，故不需要初值条件。

边界条件可以分为 3 种类型。令 S 代表空间自变量 x,y,z 取值空间的边界表面（如含有两个空间自变量则代表边界曲线），C, C_1, C_2 为边界条件中的已知信息。当微分方程的解 u 在边界表面为已知函数时，称之为第一类边界条件（也称狄利克雷边界条件，Dirichlet boundary condition）：

$$u(S) = C \tag{2.7}$$

当 u 在边界表面向外法向 (n) 导数为已知函数时，可以得到第二类边界条件（也称诺伊曼边界条件，Neumann boundary condition）：

$$\left. \frac{\partial u}{\partial n} \right|_S = C \tag{2.8}$$

第三类边界条件（也称罗宾边界条件，Robin boundary condition）为前两类边界条件的线性组合，即 u 在边界表面的函数值和向外法向导数的线性组合为已知函数：

$$\left. \left(C_1 u + C_2 \frac{\partial u}{\partial n} \right) \right|_S = C \tag{2.9}$$

综上所述，微分方程的解 u 由方程和定解条件的类型所决定。不同类型下，u 会呈现截然不同的性质，也需要特定的数值方法予以求解。因此，对现实问题进行建模时，不仅需要选择合理的微分方程，也需要选取合适的定解条件。

2.2　概率与统计

如第 1 章所述，现实世界存在着各类不确定性因素。这些不确定性因素使数学模型、模型参数、模型结果都呈现出一定的随机分布。为了在不确定中寻找确定的规律，需借助概率与统计的相关理论，将原物理空间的数学模型投射至概率空间。本节将从单元随机变量、多元随机变量和随机过程与收敛 3 个方面，重点介绍不确定性建模所需的基础概率与统计知识。

2.2.1　单元随机变量

为量化描述随机事件，首先要明确其所处的数学空间。令 X 为某随机事件的结果，Ω 为该随机事件结果的样本空间，$\omega \in \Omega$ 为样本空间的自变量。样本空间 Ω 中的子集、补集、空集及其任意事件组成的并集、差集和交集，共同构成了事件域 $\mathcal{F}$，也称之为 σ 域或 σ 代数。

以扔骰子为例，单个六面骰子的投掷结果由 $X(\omega) \in \{1, 2, 3, 4, 5, 6\}$ 组成。其中，自变量 ω 代表随机事件（扔骰子）的可能结果，定义于样本空间 $\Omega(\omega \in \Omega)$；随机变量 $X = X(\cdot)$ 则为一个定义于该样本空间的真值函数。当考虑某次扔骰子的特定结果（如点数为 3）时，不仅事件 $\{\omega : X(\omega) = 3\}$ 属于 $\mathcal{F}$，$\{\omega : 2 < X(\omega) < 5\}$，$\{\omega : X(\omega) \geqslant 5\}$，$\{\omega : X(\omega) \leqslant 2\}$ 以及更多的相关事件都属于 $\mathcal{F}$。

由前述定义可知，最小的 σ 域是 $\mathcal{F}_1 = \{\varnothing, \Omega\}$，最大的 σ 域（也称为 Ω 的幂集）是 $\mathcal{F}_2 = 2^\Omega \triangleq \{A : A \subset \Omega\}$。对于特定的子集 $\mathcal{C}$，也存在一个最小的 σ 域 $\sigma(\mathcal{C})$，即 $\mathcal{C}$ 的生成 σ 域。此时可以得到 $\mathcal{F}_1 = \sigma(\{\varnothing\})$，$\mathcal{F}_2 = \sigma(\mathcal{F}_2)$。在实际应用中，幂集通常很大。对于样本空间 Ω 的子集的一个给定组合 $\mathcal{C}$，Ω 中永远存在一个包含 $\mathcal{C}$ 的最小 σ 域。综上所述，对于事件域 $\mathcal{F}$，并集 $\bigcup$、交集 $\bigcap$ 等基本集合运算所带来的结果不应超出事件域自身的范畴。

概率是辅助人们度量事件发生可能性大小的重要工具，相关数学定义如下。

定义 2.1 (概率空间)　概率空间由样本空间 Ω、事件域 $\mathcal{F} \subset 2^\Omega$ 和概率测度 (也称概率) P 共同构成，通常用 $(\Omega, \mathcal{F}, P)$ 来表示。其中，概率满足下列条件：

(1) $0 \leqslant P(A) \leqslant 1, \forall A \in \mathcal{F}$；

(2) $P(\Omega) = 1$；

(3) 对于事件 $A_1, A_2, \cdots \in \mathcal{F}$ 且 $A_i \bigcap A_j = \varnothing (i \neq j)$，满足

$$P\left(\bigcup_{i=1}^{+\infty} A_i\right) = \sum_{i=1}^{+\infty} P(A_i) \tag{2.10}$$

令 A^c 表示随机事件 A 的补集。对于事件域中的任意两个事件 $A, B \in \mathcal{F}$, 概率满足如下性质：

$$P(A \cup B) = P(A) + P(B) - P(A \cap B)$$

$$P(A^c) = 1 - P(A), \quad P(\Omega) = 1, \quad P(\varnothing) = 0$$

随机事件的结果 X 作为一个随机变量，其累积分布函数 F_X 的定义如下。

定义 2.2 (累积分布函数)　随机变量 X 的累积分布函数 F_X 为以下概率的集合：

$$F_X(x) = P(X \leqslant x) = P(\{w : X(w) \leqslant x\}), \qquad x \in \mathbb{R} \tag{2.11}$$

通过上述定义，不仅可以计算随机事件的结果在某个区间，即 $X \in (a, b]$ 的发生概率：$P(\{\omega : a < X(\omega) \leqslant b\}) = F_X(b) - F_X(a)$；也可以计算随机事件结果为某个特定数值的概率：$P(X = x) = F_X(x) - \lim\limits_{\epsilon \to 0} F_X(x - \epsilon)$。

随机变量可分为离散型随机变量和连续型随机变量。

定义 2.3 (离散型随机变量)　当随机变量 X 的取值为有限个或可列无限多个时，即 $x_1, x_2, \cdots, x_k, \cdots$，则称 X 为离散型随机变量。相应的累积分布函数出现跳跃：$F_X(x) = \sum\limits_{k : x_k \leqslant x} p(x = x_k)$。

离散型随机变量 X 每个结果取值的概率可表示为 $p_k = P(X = x_k)$，其中，$0 \leqslant p_k \leqslant 1$ 且满足总和为 1：$\sum\limits_{k=1}^{+\infty} p_k = 1$。

离散型随机变量的应用广泛，以下为 4 种常见的离散型随机变量分布。

（1）离散型均匀分布：随机变量 X 定义于取值空间 $[a, b]$，数值结果呈现为有限个整数值 k，且每个事件享有相同的概率，概率为

$$P(X = k) = \frac{1}{b - a + 1}, \quad k \in \{a, a+1, \cdots, b-1, b\} \tag{2.12}$$

在前述扔骰子的例子中，投掷结果服从离散型均匀分布，即获得每个骰子面的可能性（概率）相同：$P(\{\omega : X(\omega) = 1\}) = \cdots = P(\{\omega : X(\omega) = 6\}) = 1/6$。

（2）伯努利分布（也称两点分布、0-1 分布）：随机变量 X 的取值结果为 0 或 1。令 q 表示取值为 1 的概率，该分布可以表示为

$$P(X = k) = \begin{cases} 1 - q, & k = 0 \\ q, & k = 1 \end{cases}, \quad 0 < q < 1, q \in \mathbb{R}, \quad k \in \{0, 1\} \tag{2.13}$$

伯努利分布来源于瑞士科学家伯努利 (Jakob I. Bernoulli) 所做的随机试验（后被称为伯努利试验）。在该随机试验中，结果只有成功和失败两种可能。人们后来将该试验的理念予以推广，运用于新生儿性别登记、产品质量合格检测等随机事件的建模之中。

（3）二项分布：随机变量 X 为 n 次独立伯努利试验的成功次数。令 q 表示试验成功的概率，则二项分布可表示为

$$P(X = k) = \binom{n}{k} q^k (1-q)^{n-k}, \quad k = 0, 1, \cdots, n \tag{2.14}$$

可以看出，二项分布为伯努利分布的 n 重扩展，即当 $n = 1$ 时，二项分布即为伯努利分布。

（4）泊松分布：描述随机事件在单位时间内发生的次数。令 $\lambda > 0$ 为已知常数，则随机变量 X 取值为 k 的概率可表示为

$$P(X = k) = \mathrm{e}^{-\lambda} \frac{\lambda^k}{k!}, \quad k = 0, 1, \cdots \tag{2.15}$$

泊松分布可用于近似二项分布。在 n 次独立的伯努利试验中，当试验次数 n 很大、试验成功概率 q 很小时，随机事件出现次数的概率可用泊松分布来表示，即 $\lambda = np$。泊松分布的应用广泛，如列车站台的候客人数、软件发生故障的次数、自然灾害的发生频次等随机事件的发生次数均可用该分布予以建模。

定义 2.4 (连续型随机变量)　当随机变量 X 的累积分布函数 F_X 绝对连续，即存在可积函数 $f_X(x)$，有

$$F_X(x) = \int_{-\infty}^{x} f_X(y) \mathrm{d}y, \quad x \in \mathbb{R} \tag{2.16}$$

则称 X 为连续型随机变量。此处的函数 $f_X(x)$ 被称为随机变量 X 的概率密度函数，满足如下条件：

$$f_X(x) \geqslant 0, \qquad \int_{-\infty}^{+\infty} f_X(y) \mathrm{d}y = 1, \quad \forall x \in \mathbb{R} \tag{2.17}$$

正态分布（也称高斯分布，Gaussian distribution）$X \sim \mathcal{N}(\mu, \sigma^2)$，是一种应用极为广泛的连续型随机变量分布，其概率密度函数可表示为

$$f_X(x) = \frac{1}{\sqrt{2\pi\sigma^2}} \exp\left[-\frac{(x-\mu)^2}{2\sigma^2} \right], \quad x, \mu \in \mathbb{R}, \ \sigma > 0 \tag{2.18}$$

当 $\mu = 0$, $\sigma = 1$ 时，可以得到标准正态分布。通过正态分布与标准正态分布，可以得到卡方分布、t 分布等常用的连续型随机变量分布。

在实际应用中，人们可以通过中值定理将很多随机变量近似为正态分布的随机变量。同时，正态分布也具有一系列优良的数学性质，有利于诸多实际问题的简化与推导。例如，正态分布随机变量在线性变换下依旧保持正态分布，有定理 2.1。

定理 2.1 (正态分布的线性变换) 令 X_1, X_2 为两个正态分布的随机变量，其均值分别为 μ_1, μ_2，方差分别为 σ_1^2, σ_2^2。对于任意常数 c_1, c_2, X_1, X_2 线性变换后的结果 $u = c_1 X_1 + c_2 X_2$ 依然保持正态分布，相应的均值和方差为

$$\mu_u = c_1\mu_1 + c_2\mu_2, \qquad \sigma_u^2 = c_1^2\sigma_1^2 + c_2^2\sigma_2^2 \tag{2.19}$$

质量管控、芯片良率等诸多随机事件的量化预测都会使用正态分布中标准差（σ）的概念。标准正态分布的概率密度函数曲线以均值 μ 为对称轴形成对称，如图 2.2所示。其概率可写为

$$P(\mu - \sigma \leqslant X \leqslant \mu + \sigma) \approx 68.3\%$$

$$P(\mu - 2\sigma \leqslant X \leqslant \mu + 2\sigma) \approx 95.4\%$$

$$P(\mu - 3\sigma \leqslant X \leqslant \mu + 3\sigma) \approx 99.7\%$$

可以看出，随机事件在 3 倍标准差（3σ）之外的发生概率很小，只有不到 0.3%。在概率论中，发生概率接近于 0 的事件被称为小概率事件。

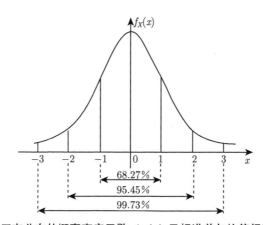

图 2.2 标准正态分布的概率密度函数 $f_X(x)$ 及标准差与均值间距所对应的概率

统计矩是描述随机变量 X 统计特征的重要信息。

定义 2.5 (离散型随机变量的统计矩) 对于概率为 $p_k = P(X = x_k)$ 的离散型随机变量 X，其统计矩可定义为

$$E(X^m) = \sum_{k=1}^{+\infty} x_k^m p_k \tag{2.20}$$

其中，$E(\cdot)$ 为数学期望运算符。对于一个实值函数 $g(\cdot)$，其数学期望为

$$E(g(X)) = \sum_{k=1}^{+\infty} g(x_k) p_k \tag{2.21}$$

定义 2.6 (连续型随机变量的统计矩)　对于概率密度函数为 f_X 的连续型随机变量 X，其第 m 阶统计矩（$m \in \mathbb{N}$）和任意实值函数 $g(\cdot)$ 的数学期望可定义为

$$E(X^m) = \int_{-\infty}^{+\infty} x^m f_X(x) \mathrm{d}x \tag{2.22}$$

$$E(g(X)) = \int_{-\infty}^{+\infty} g(x) f_X(x) \mathrm{d}x \tag{2.23}$$

随机变量 X 的一阶统计矩（均值 μ_X）和二阶中心统计矩（方差 σ_X^2）是两个常用的统计特征。中心统计矩描述的是随机变量结果对均值（中心）的平均偏离程度，即为 $E((X - \mu_X)^m)$。由均值的线性性可知，二阶中心统计矩（方差）是随机变量平方的均值与均值的平方之差，即为 $E(X^2) - \mu_X^2$。

对于离散型随机变量 X，其一阶统计矩和二阶中心统计矩可表示为

$$\mu_X = E(X) = \sum_{k=1}^{+\infty} x_k p_k \tag{2.24}$$

$$\sigma_X^2 = D(X) = \sum_{k=1}^{+\infty} (x_k - \mu_X)^2 p_k \tag{2.25}$$

同样，对于连续型随机变量 X：

$$\mu_X = E(X) = \int_{-\infty}^{+\infty} x f_X(x) \mathrm{d}x \tag{2.26}$$

$$\sigma_X^2 = D(X) = \int_{-\infty}^{+\infty} (x - \mu_X)^2 f_X(x) \mathrm{d}x \tag{2.27}$$

均值反映了一组样本数据的平均值，方差则用于度量随机变量和其均值之间的偏离程度。方差越大，则随机变量越偏离均值，呈现较大的不确定性。

除此之外，人们在量化随机变量时，也会关注随机变量的三阶中心统计矩（偏度）、四阶中心统计矩（峰度）、累积分布函数和概率密度函数等。

偏度 $\mathrm{skw}(X) = E((X - \mu_X)^3)/\sigma^3$ 描述了概率密度函数的曲线对称情况。当 $\mathrm{skw}(X) < 0$ 时，随机变量 X 呈左偏分布；当 $\mathrm{skw}(X) > 0$ 时，随机变量 X 呈右偏分布。在左偏分

布（也称负偏分布）中，随机变量的大部分取值分布于曲线右侧，如图 2.3（a）所示，概率密度函数曲线左侧保留了较长的尾巴，此时随机变量的均值、中位数和众数呈现为小、中、大的顺序。右偏分布（也称正偏分布）则与其相反，随机变量的大部分取值分布于曲线左侧，如图 2.3（b）所示，概率密度函数曲线右侧保留了较长的尾巴，此时随机变量的均值、中位数和众数呈现为大、中、小的顺序。对于正态分布的随机变量，均值、中位数和众数三者相等。

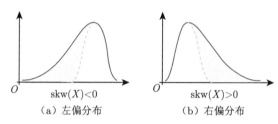

图 2.3　随机变量的三阶中心统计矩示例

峰度 $\mathrm{kur}(X) = E((X - \mu_X)^4)/\sigma^4$ 反映了概率密度函数曲线在均值处的峰值相较于正态分布峰值的高低。对于正态分布的随机变量，其峰度为 3。因此在实际应用中，通常将峰度值做减 3 处理，使正态分布的峰度为 0。当峰度大于 0 时，随机变量在均值处的峰形较尖，较正态分布的峰形更为陡峭；反之，当峰度小于 0 时，峰形比较矮胖，如图 2.4 所示。

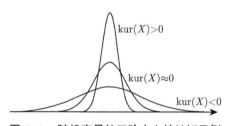

图 2.4　随机变量的四阶中心统计矩示例

2.2.2　多元随机变量

在实际应用中，人们往往需要面对多个随机事件的结果。此时，可用单元随机变量的集合，即多元随机变量（也称随机向量）进行量化描述。本书用大写黑体表示某 n 维随机向量：$\boldsymbol{X} = (X_1, \cdots, X_n)$，其累积分布函数表示如下。

定义 2.7 (多元随机变量累积分布函数)　随机向量 $\boldsymbol{X}$ 的累积分布函数 $F_{\boldsymbol{X}}$ 是单元随机变量概率的集合：

$$F_{\boldsymbol{X}}(x_1, \cdots, x_n) = P(X_1 \leqslant x_1, \cdots, X_n \leqslant x_n) \tag{2.28}$$

如同单元随机变量，随机向量的累积分布函数是其概率密度函数 $f_{\boldsymbol{X}}$ 的积分：

$$F_{\boldsymbol{X}}(x_1,\cdots,x_n) = \int_{-\infty}^{x_1}\cdots\int_{-\infty}^{x_n} f_{\boldsymbol{X}}(y_1,\cdots,y_n)\mathrm{d}y_1\cdots\mathrm{d}y_n \tag{2.29}$$

反之，随机向量 $\boldsymbol{X}$ 的概率密度函数可通过对累积分布函数进行求导获得，且满足如下条件：

$$f_{\boldsymbol{X}}(x_1,\cdots,x_n) \geqslant 0 \tag{2.30a}$$

$$\int_{-\infty}^{+\infty}\cdots\int_{-\infty}^{+\infty} f_{\boldsymbol{X}}(x_1,\cdots,x_n)\mathrm{d}x_1\cdots\mathrm{d}x_n = 1 \tag{2.30b}$$

在随机向量中，单元随机变量 X_i 或任意多元随机变量组合 (X_i,X_j) 的概率密度函数称为边际概率密度函数。如果整个随机向量的概率密度函数已知，可通过对其他随机变量的概率密度函数进行积分的方式获得目标变量的边际概率密度函数：

$$f_{X_i}(x_i) = \int_{-\infty}^{+\infty}\cdots\int_{-\infty}^{+\infty} f_{\boldsymbol{X}}(y_1,\cdots,y_n)\mathrm{d}y_1\cdots\mathrm{d}y_{i-1}\mathrm{d}y_{i+1}\cdots\mathrm{d}y_n \tag{2.31}$$

$$f_{X_i,X_j}(x_i,x_j) = \int_{-\infty}^{+\infty}\cdots\int_{-\infty}^{+\infty} f_{\boldsymbol{X}}(y_1,\cdots,y_n)\mathrm{d}y_1\cdots\mathrm{d}y_{i-1}\mathrm{d}y_{i+1}\cdots \tag{2.32}$$

$$\cdots\mathrm{d}y_{j-1}\mathrm{d}y_{j+1}\cdots\mathrm{d}y_n \tag{2.33}$$

随机向量的统计矩信息由所属随机变量的统计矩信息组成。本书主要考虑一阶统计矩和二阶中心统计矩。对于随机向量 $\boldsymbol{X}$ 的一阶统计矩，可获得均值向量：

$$\boldsymbol{\mu_X} = E(\boldsymbol{X}) = (E(X_1),\cdots,E(X_n)) \tag{2.34}$$

随机向量的二阶中心统计矩也称为协方差矩阵，是描述两个随机变量之间相互关系的重要指标。令 $\mathrm{cov}(X_i,X_j)$ 为随机变量 X_i 与 X_j 的协方差：

$$\mathrm{cov}(X_i,X_j) = E((X_i-\mu_{X_i})(X_j-\mu_{X_j})) = E(X_iX_j)-\mu_{X_i}\mu_{X_j} \tag{2.35}$$

则随机向量的协方差矩阵可写为

$$\boldsymbol{C_X} = (\mathrm{cov}(X_i,X_j))_{i,j=1}^n \tag{2.36}$$

可以看出，协方差矩阵中对角线系数（ $i=j$ ）由单元随机变量的方差构成：$\mathrm{cov}(X_i,X_i)=\sigma_{X_i}^2$。

根据协方差的大小，可对两个随机变量之间的相互关系进行量化和近似。如果随机变量 X_i 与 X_j 的方差存在，且 $E(X_i^2)<+\infty,E(X_j^2)<+\infty$，分别用 σ_{X_1} 和 σ_{X_2} 表示，可得出定义 2.8。

定义 2.8 (相关系数)　　两个随机变量 X_i 与 X_j 的标准协方差称为它们的相关系数：

$$\rho(X_1, X_2) = \frac{\mathrm{cov}(X_1, X_2)}{\sigma_{X_1} \sigma_{X_2}} \tag{2.37}$$

如果存在两个不全为 0 的常数 a 和 b，使两个随机变量的线性组合几乎处处收敛：$aX_i + bX_j = 0\,(\mathrm{a.s.})$，则可用柯西-施瓦茨不等式（Cauchy-Schwarz inequality）证明式(2.37) 满足 $-1 \leqslant \rho(X_1, X_2) \leqslant 1$，且 $\rho(X_1, X_2)$ 的取值与随机变量 X_1, X_2 之间的关系对应如下：

（1）$\rho(X_1, X_2) = 0$，随机变量 X_1, X_2 毫不相关；

（2）$\rho(X_1, X_2) \approx 1$，随机变量 X_1, X_2 存在正向线性关系；

（3）$\rho(X_1, X_2) \approx -1$，随机变量 X_1, X_2 存在负向线性关系。

除上述线性关系外，两个随机变量之间也可能存在相互独立或非线性的关系。在不确定性量化中，相互独立是非常重要的概念，在此基础上可对多元随机变量进行有效的简化与近似。

定义 2.9 (相互独立)　　对于实数域 $\mathbb{R}$ 中任意两个子集 B_1 和 B_2，如果随机变量 $\{X_1 \in B_1\}$ 和 $\{X_2 \in B_2\}$ 相互独立，则：

$$P(X_1 \in B_1, X_2 \in B_2) = P(X_1 \in B_1)P(X_2 \in B_2) \tag{2.38a}$$

如果 n 维随机向量 $\boldsymbol{X} = (X_1, \cdots, X_n)$ 的累积分布函数 $F_{\boldsymbol{X}}$ 符合以下条件，则其各随机变量之间相互独立：

$$F_{\boldsymbol{X}}(x_1, \cdots, x_n) = F_{X_1}(x_1) \cdots F_{X_1}(x_1), \quad (x_1, \cdots, x_n) \in \mathbb{R}^n \tag{2.38b}$$

相应的，如果该随机向量的概率密度函数 $f_{\boldsymbol{X}}$ 符合以下条件，则其各随机变量之间也相互独立：

$$f_{X_1, \cdots, X_n}(x_1, \cdots, x_n) = f_{X_1}(x_1) \cdots f_{X_1}(x_1), \quad (x_1, \cdots, x_n) \in \mathbb{R}^n \tag{2.38c}$$

对于任意实值函数 g，相互独立的随机变量 $X_1, \cdots, X_n$ 经函数作用后，即 $g(X_1), \cdots, g(X_n)$ 也保持相互独立。此时，它们的数学期望函数 $E(\cdot)$ 满足：

$$E(g(X_1) \cdots g(X_n)) = E(g(X_1)) \cdots E(g(X_n)) \tag{2.39}$$

由此可见，如果将上述性质延伸至随机向量的二阶中心矩函数，则任意两个相互独立的随机变量 $X_i, X_j (i \neq j)$ 的协方差等于 0，即 $\mathrm{cov}(X_i, X_j) = 0$，相关系数也为 0，即 $\rho(X_i, X_j) = 0$。这一结果表明，两个随机变量如果相互独立，那么它们必然不相关。但是，不相关性并不等同于相互独立性。当两个随机变量的相关系数为 0 时，两者可能存在非线性关联，即相互不独立。因此，相互独立性是比不相关性更为严格的数学性质。对随机变量进行近似时，务必要严格区分这两个性质之间的差异，避免引入误差。

对于正态分布的随机变量，其不相关性等同于相互独立性。令 $\boldsymbol{X}$ 为 n 维正态分布的随机向量，其概率密度函数可写为

$$f_{\boldsymbol{X}}(x_1, \cdots, x_n) = \frac{1}{(2\pi)^{n/2} \sqrt{\det(\boldsymbol{C_X})}} \exp\left[-\frac{1}{2}(\boldsymbol{X} - \boldsymbol{\mu_X})\boldsymbol{C_X}^{-1}(\boldsymbol{X} - \boldsymbol{\mu_X})^{\mathrm{T}}\right] \qquad (2.40)$$

其中，$\det(\boldsymbol{C_X})$ 为随机向量协方差矩阵 $\boldsymbol{C_X}$ 的行列式，$(\cdot)^{-1}$ 和 $(\cdot)^{\mathrm{T}}$ 分别表示矩阵的求逆运算和转置运算。如果在该随机向量中，任意两个随机变量 $X_i, X_j (i \neq j)$ 之间不相关，即 $\rho(X_i, X_j) = 0$，则协方差矩阵 $\boldsymbol{C_X}$ 为对角矩阵，即主对角线之外的元素皆为 0。此时，该随机向量的概率密度函数 [式 (2.40)] 可写为各随机变量概率密度函数 [式 (2.18)] 之积，满足随机变量相互独立的定义 [式 (2.38c)]。由此可见，正态分布随机变量的不相关性等同于相互独立性。这一重要性质被广泛用于对多元随机变量的近似，可大大简化诸多推导过程，是正态分布广受欢迎的原因之一。图 2.5 展示了两个服从标准正态分布且相互独立的随机变量的联合概率密度函数。

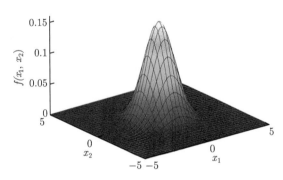

图 2.5　两个服从标准正态分布且相互独立的随机变量的联合概率密度函数

实际应用中，在掌握某些随机事件的已知信息的情况下，需要对其他随机事件进行推断。例如在医学诊疗中，如果已知某种癌症的发病率与人类的寿命相关，医生可通过患者的实际年龄来计算其罹患癌症的概率。此时会用到条件概率。

定义 2.10 (条件概率)　在发生随机事件 B 的情况下，随机事件 A 的发生概率可以定义为

$$P(A|B) = \frac{P(A \cap B)}{P(B)} \qquad (2.41)$$

其中，$P(A \cap B)$ 称为联合概率，表示随机事件 A 和 B 共同发生的概率；$P(A)$ 为边缘概率（也称先验概率），表示在不考虑任何其他随机事件的影响下，随机事件 A 发生的概率。

可以看出，当随机事件 A 和 B 相互独立时，上述条件概率可写为 $P(A|B) = P(A)$。由此可知，在条件概率的定义中，随机事件 A 与 B 之间不一定存在绝对的因果关系或者

时间序列关系。随机事件 A 可能会导致随机事件 B 的发生，也可能受后者影响，甚至两者同时发生且毫不相关。同理，随机事件 A 在随机事件 B 已发生的条件下发生的概率，与随机事件 B 在随机事件 A 已发生的条件下发生的概率可能也不尽相同。

在随机事件 B 已发生的条件下，随机变量 X 的条件概率累积分布函数为

$$F_X(x|B) = \frac{P(X \leqslant x, B)}{P(B)}, \quad x \in \mathbb{R} \tag{2.42}$$

其条件期望 $E(X|B)$ 可根据定义获得：

$$E(X|B) = \frac{1}{P(B)} \int_{\Omega_B} x f_X(x) \, \mathrm{d}x \tag{2.43}$$

条件概率是非常重要的基础知识，可由此得到贝叶斯定理，即在已知条件下，随机事件发生的概率之间的关系。贝叶斯定理作为一个普遍的原理，是贝叶斯推理的基础，将在本书第 5.1 节中重点介绍。

2.2.3 随机过程与收敛

在实际应用中，随机变量在物理空间（时间与空间）中往往呈现出连续型或离散型的变化。此时，随机变量不仅是概率空间变量的函数，也是时间或空间变量的函数。这类随机函数被称为随机过程。

定义 2.11 (随机过程)　随机过程是一组随机变量在空间 Ω 上的集合：

$$\{X_t, t \in T\} = \{X_t(\omega), t \in T, \omega \in \Omega\} \tag{2.44}$$

其中，t 为随机变量 X 的标号。如果标号的集合 T 是区间，即 $T = [a, b]$ 或 $[a, b)$，则该随机过程连续。如果标号的集合 T 是一个有限集或可列的无限集时，则该随机过程离散。

虽然 t 往往被赋予时间的概念，但是在以上表述中，它仅仅代表随机过程的标号，并不代表随机过程为时间的函数，例如，它也可以表示空间的信息。

为简化表达，假设随机过程 X 为含有 t 与 ω 两个变量的单个函数，即 $X = \{X_t(\omega)\}$。在此情况下，随机过程存在如下状态。

（1）对于变化的 t 与 ω，$\{X_t(\omega)\}$ 是一组时空的函数，即随机过程。

（2）对于固定的 t 和变化的 ω，$X_t(\omega)$ 为单元随机变量：

$$X_t = X_t(\omega), \quad \omega \in \Omega \tag{2.45}$$

（3）对于变化的 t 和固定的 ω，$X_t(\omega)$ 为指标（如时间）的函数，也称为样本函数、一次实现或样本路径：

$$X_t = X_t(\omega), \quad t \in T \tag{2.46}$$

（4）对于固定的 t 与 ω，$X_t(\omega)$ 为一个标量。

令随机过程 $\{X_t\}$ 为一组 n 维随机变量 $X_{t_1}, X_{t_2}, \cdots, X_{t_n}$ 的集合，其联合概率分布函数和联合概率密度函数可写为

$$F_{X_t}(x_1, \cdots, x_n; t_1, \cdots, t_n) = P(X_{t_1} \leqslant x_1, \cdots, X_{t_n} \leqslant x_n) \tag{2.47}$$

$$f_{X_t}(x_1, \cdots, x_n; t_1, \cdots, t_n) = \frac{\partial^n F_{X_t}(x_1, \cdots, x_n; t_1, \cdots, t_n)}{\partial x_1 \cdots \partial x_n} \tag{2.48}$$

联合概率分布函数 F_{X_t} 可以提供随机过程的全部统计信息。但是，在实际应用中，往往无法直接获取随机过程的联合概率分布函数，其求解的过程涉及非常复杂的数学运算。因此，人们退而求其次，寻找均值、方差、自协方差函数和自相关系数等更容易获取的低阶统计矩，从而对随机过程 $\{X_t\}$ 进行量化分析。令 X_t 为随机过程中任意时刻的结果，其为单元随机变量且遵从某一累积分布函数 $F_t(x)$，则 X_t 的相关特征统计信息的计算如下。

（1）均值函数序列

当 $\int_{-\infty}^{+\infty} x\mathrm{d}F_t(x) < +\infty$ 时，必定存在一个常数 μ_t，使随机变量 X_t 在该数值附近振荡。此时，常数 μ_t 称为随机过程 $\{X_t, t \in \mathbb{N}\}$ 在时刻 t 的均值函数：

$$\mu_t = E(X_t) = \int_{-\infty}^{+\infty} x\mathrm{d}F_t(x) \tag{2.49}$$

依上述条件代入所有时刻 t 的取值后，可以得到一个反映随机过程 $\{X_t, t \in \mathbb{N}\}$ 在每个时刻的平均水平的均值函数序列：$\{u_t, t \in \mathbb{N}\}$。

（2）方差函数序列

当 $\int_{-\infty}^{+\infty} x^2\mathrm{d}F_t(x) < +\infty$ 时，可定义随机过程的方差函数 $D(X_t)$，用于描述随机变量 X_t 围绕其均值 μ_t 做随机振荡时的平均振幅：

$$D(X_t) = E((X_t - \mu_t))^2 = \int_{-\infty}^{+\infty} (x - \mu_t)^2\mathrm{d}F_t(x) \tag{2.50}$$

依上述条件代入所有时刻 t 的取值后，可以得到随机过程 $\{X_t, t \in \mathbb{N}\}$ 的方差函数序列：$\{D(X_t), t \in \mathbb{N}\}$。

（3）自协方差函数与自相关系数

对于随机过程 $\{X_t, t \in \mathbb{N}\}$，任取两个时刻 t, s，则可定义 $\gamma(t, s)$ 为该随机过程的自协方差函数，$\rho(t, s)$ 为其自相关系数函数：

$$\gamma(t, s) = E((X_t - \mu_t)(X_s - \mu_s)) \tag{2.51}$$

$$\rho(t, s) = \frac{\gamma(t, s)}{\sqrt{D(X_t) D(X_s)}} \tag{2.52}$$

对于多元随机变量，协方差和相关系数可用于描述两个不同随机变量之间的相互影响程度。在随机过程中，自协方差函数和自相关系数描述了同一随机变量在两个不同时刻的结果的相关程度，度量了过去的行为对现在的影响。

以上统计特征无法像联合概率分布函数一样提供随机过程的全部统计信息，但它们各自代表了随机过程的某一重要统计特征，且易于求解。因此在对随机过程进行分析时，往往依赖这些统计特征的求解推断出整个随机过程的性质。

在处理随机过程时，该过程所含随机变量的样本数据越少越便于分析，越多分析越可靠。然而对于大部分实际问题，随机过程中任意时刻 t 的状态 X_t 都是一个随机变量，其取值呈分布性，需要大量的样本数据来进行统计量化。同时，由于时间维度 t 不可重复，该变量在任意时刻 t 的样本观测值 x_t 唯一。对于如此有限的样本，如果缺少其他额外信息的辅助，通常无法对随机过程进行可靠且有效的分析。为解决这一难题，下面将介绍随机过程的两个重要概念：平稳过程（stationary process）和遍历性（ergodicity）。

根据限制条件的严格程度，平稳过程有严平稳过程和宽平稳过程两种定义。前者限制条件极为严格，只有当随机过程的所有统计特征不随时间推移而发生变化时，才可以被认定为平稳过程。

定义 2.12 (严平稳过程) 如果对任意正整数 n 和整数 τ，任取 $t_1, t_2, \cdots, t_n \in \mathbb{N}$，随机过程 $\{X_t\}$ 的联合概率分布函数均满足：

$$F_{t_1, t_2, \cdots, t_m}(x_1, x_2, \cdots, x_m) = F_{t_1+\tau, t_2+\tau, \cdots, t_m+\tau}(x_1, x_2, \cdots, x_m) \tag{2.53}$$

则称随机过程 $\{X_t\}$ 为严平稳过程。

如前所述，由于随机过程的联合概率分布函数在实际应用中较难获取，很难使用严平稳过程的条件 [式 (2.53)] 对随机过程的平稳性进行判定。为此，通常使用相对宽松的宽平稳过程的条件，即只要保证随机过程的低阶矩平稳，就可认定随机过程的主要性质近似稳定。

定义 2.13 (宽平稳过程) 如果随机过程 $\{X_t\}$ 满足以下 3 个条件，则称 $\{X_t\}$ 是宽平稳过程或弱平稳过程：

（1）对于任何 $t \in \mathbb{N}$，一阶统计矩存在且为常数，即 $E(X_t) = \mu$；

（2）对于任何 $t \in \mathbb{N}$，二阶统计矩存在，即 $E(X_t^2) < +\infty$；

（3）对于任何 $t, s, k \in \mathbb{N}$ 且 $k + s - t \in \mathbb{N}$，自相关系数不随时间的推移而变化，即 $\gamma(t, s) = \gamma(k, k + s - t)$。

从上述定义可以看出，严平稳过程的条件比宽平稳过程更为严格。前者对随机过程的联合概率分布函数予以限制，以保证所有的统计特征都相同，而后者仅要求随机过程二阶平稳，对于高于二阶的矩并没有任何要求。无论是严平稳过程还是宽平稳过程，自协方差的平移不变性都是平稳过程的重要特征。对于任意整数 $s, t \in \mathbb{Z}$ 和 $k \in \mathbb{Z}$，两个随机变量 X_t, X_s 平移 k 时刻后得到的随机变量 X_{t+k}, X_{s+k} 的自协方差保持恒定：

$$\gamma(t, s) = \mathrm{cov}(X_t, X_s) = \mathrm{cov}(X_{t+k}, X_{s+k}) \tag{2.54}$$

故宽平稳过程又被称为二阶平稳过程。

在大多数情况下，如果一个随机过程满足严平稳过程的条件，那么也会满足宽平稳过程的条件。与之相反，满足宽平稳过程的条件的随机过程不一定是严平稳过程。但是，当随机过程服从多元正态分布时，宽平稳过程等同于严平稳过程。在实际应用中，如不加特殊说明，一般考虑宽平稳过程。如果随机过程不满足平稳条件，就称其为非平稳过程。

定义 2.14 (遍历性)　如果一个随机过程 $\{X_t\}$ 的各时间均值几乎处处收敛于相应的统计均值，则称 $\{X_t\}$ 具有遍历性。

在平稳过程中，每个随机变量的均值相同。此时，原本含有 n 个随机变量的均值函数序列 $\{\mu_t, t \in \mathbb{N}\}$ 会变为一个常量的常数序列 $\{\mu, t \in \mathbb{N}\}$，即原随机过程的多元随机变量可简化为单元随机变量。如果该随机过程同时满足遍历性，则原随机过程中不同时刻的观测样本可作为简化后单元随机变量的多次观测样本值 $x_t(\forall t \in \mathbb{N})$。由此可推导出该随机变量的均值和方差：

$$\mu_t = \frac{1}{n} \sum_{t=1}^{n} x_t \tag{2.55}$$

$$D(X_t) = \frac{1}{n-1} \sum_{t=1}^{n} (x_t - \mu)^2 \tag{2.56}$$

平稳过程和遍历性可有效简化随机过程：降低未知随机变量的维度，增加未知随机变量的样本数量，从而提高估计精度。

随机过程是随时间或空间（标号 t）变化的一组随机变量，可以通过随机变量序列的极限推广到随机过程的极限。以下为几种主要的收敛模式。

定义 2.15 (依概率收敛) 当随机过程 $\{X_n\}$ 符合以下条件时：

$$\lim_{n \to +\infty} P\left(|X_n - X| > \epsilon\right) = 0, \quad \epsilon > 0 \tag{2.57}$$

称该随机过程依概率收敛于随机变量 X，记作 $X_n \xrightarrow{P} X$。

定义 2.16 (几乎处处收敛) 当随机过程 $\{X_n\}$ 符合以下条件时：

$$P(\lim_{n \to +\infty} X_n = X) = 1 \tag{2.58}$$

称该随机过程几乎处处收敛或依概率 1 收敛于随机变量 X，记作 $X_n \xrightarrow{a.s.} X$。

几乎处处收敛即意味着依概率收敛，但是依概率收敛并不意味着几乎处处收敛。

定义 2.17 (依范数收敛) 当随机过程 $\{X_n\}$ 符合以下条件时：

$$\lim_{n \to +\infty} E(|X_n - X|^p) = 0, \quad p > 0, \quad E\left(|X_n^p + |X|^p|\right) < +\infty \tag{2.59}$$

称该随机过程依范数 ℓ^p 收敛或在第 p 阶均值上收敛于随机变量 X，记作 $X_n \xrightarrow{\ell^p} X$。

定理 2.2 (马尔可夫不等式) 对于随机变量 X 和任意常数 $\epsilon > 0$，下述不等式成立：

$$P(|X| \geqslant \epsilon) \leqslant \frac{1}{\epsilon^\alpha} E(|X|^\alpha), \quad \alpha > 0 \tag{2.60}$$

当 $\alpha = 2$ 时，用 $X - E(X)$ 代替马尔可夫不等式中的 X 可得：

$$P(|X - E(X)| \geqslant \epsilon) \leqslant \frac{1}{\epsilon^2} D(X) \tag{2.61}$$

上述定理表示依范数 ℓ^p 收敛即意味着依概率收敛，但逆命题一般情况下不成立：

$$\lim_{n \to +\infty} P(|X_n - X| > \epsilon) \leqslant \epsilon^{-p} E(|X_n - X|^p), \quad p, \epsilon \geqslant 0 \tag{2.62}$$

定义 2.18 (依均方收敛) 当随机过程 $\{X_n\}$ 依范数 ℓ^2 收敛时，称该随机过程依均方收敛于随机变量 X，也称为希尔伯特空间收敛：

$$\ell^2 = \ell^2(\Omega, \mathcal{F}, P) = \{X : E(X^2) < +\infty\} \tag{2.63}$$

其中，希尔伯特空间的内积定义为 $\langle X, Y \rangle = E(XY)$，范数定义为 $||X|| = \sqrt{\langle X, X \rangle}$。

由马尔可夫不等式可知，依均方收敛即意味着依概率收敛。正是由于以上结论，依概率收敛通常被称为弱收敛条件，几乎处处收敛和依范数 ℓ^p 收敛通常被称为强收敛条件。

在面对实际应用中的随机过程时，大数定律和中心极限定理是两个极为重要的工具，可有效简化问题，有着广泛的应用前景。

令 $X_1, X_2, \cdots, X_n$ 为一组独立同分布（independent identical distribution，i.i.d.）随机变量，它们拥有相同的数学期望 $E(X_i) = \mu$ 和有限的方差 $D(X_i) = \sigma^2 < +\infty$。

定理 2.3 (大数定律)　当 $n \to +\infty$ 时，样本均值几乎处处收敛于随机变量的均值 μ：

$$P\left(\lim_{n \to +\infty} \frac{\sum\limits_{i=1}^{n} X_i}{n} = \mu\right) = 1 \tag{2.64}$$

定理 2.4 (中心极限定理)　当 $n \to +\infty$ 时，样本均值几乎处处收敛于均值为 μ、方差为 σ^2/n 的正态分布：

$$\lim_{n \to +\infty} P\left(\frac{\sum\limits_{i=1}^{n} X_i - n\mu}{\sigma\sqrt{n}} \leqslant a\right) = \int_{-\infty}^{a} \frac{1}{\sqrt{2\pi}} \mathrm{e}^{-x^2/2} \mathrm{d}x \tag{2.65}$$

在实际应用中，很多系统的输出会受到大量相互独立的随机因素的共同影响。当每个因素的影响效果有限时，可通过中心极限定理证明这些因素的整体影响可近似为正态分布。中心极限定理可帮助人们充分利用正态分布优异的数学性质，大大简化对随机过程的推导与分析。

2.3　不确定性建模

数学建模是联系数学方法与应用问题的重要桥梁。传统数学建模多假设现实世界为确定状态，模型的输入、输出及模型自身的误差为确定常数或物理空间中的变量 $A(\boldsymbol{x}, t)$。不确定性建模包含参数建模和系统建模，是传统数学建模在概率空间的延伸。本节通过随机参数建模和随机系统建模两部分描述不确定性建模的过程。

2.3.1　随机参数建模

如第 1 章所述，受数据缺失、测量误差等多方面因素的影响，传统数学模型中的参数信息会呈现不确定性。此时需要结合概率知识，构建相应的随机参数模型。令 A 表示传统数学模型中的参数、边界条件、模型误差等信息：如果 A 在原系统中为常数，则将其转化为服从特定分布函数的随机变量 $A(\omega)$；否则将其作为随机过程 $A(\boldsymbol{x}, t, \omega)$ 进行处理。

根据不确定参数所服从的分布函数，可通过已有的程序生成一组相应的随机数值（也称为一组实现），用来量化描述该参数的可能取值。这些程序已发展得较为成熟，读者可阅读相关文献以了解其背后的数学算法[1-4]。对于均匀分布的随机参数，伪随机数是一种常用的方法，可在 $(0,1)$ 区间上生成所需的随机序列。对于非均匀分布的随机参数，则可通过求解该分布函数的逆函数，或者通过合格检验算法等方法生成随机序列[1,5,6]。

命题 2.1（逆函数法生成随机序列） 令 $F_X(x) = P(X \leqslant x)$ 为随机变量 X 的累积分布函数，$F_X^{-1}(u) = x$ 为其逆函数，U 为一个在区间 $(0,1)$ 上呈均匀分布且累积分布函数为 F_U 的随机变量，则可通过伪随机数在区间 $(0,1)$ 上生成一组 U 的随机序列，然后利用 X 作为随机变量 U 的函数，即 $F_X(x) \geqslant u$ 等价于 $F_X^{-1}(u) \leqslant x$，根据如下概率生成 X 的相应序列：

$$F_X(x) = P(X \leqslant x) = P\left(F_X^{-1}(u) \leqslant x\right) = P\left(u \leqslant F_X(x)\right) = F_U\left(F_X(x)\right) \tag{2.66}$$

此处假设累积分布函数 F_X 在所考虑的区间内是严格递增且连续的函数，从而使 $x = F_X^{-1}(u)(0 < u < 1)$ 为 $F_X(x) = u$ 的唯一解。如果随机变量不连续分布或存在间断点，此时累积分布函数 F_X 不再是严格递增的，寻找其反函数也更加复杂。受篇幅所限，本书仅考虑连续情况。

在实际应用中，当随机变量的累积分布函数的逆函数 $F_X^{-1}(u)$ 不存在显式表达时，需要寻找近似函数来生成所需的随机序列。对于标准正态分布函数 $X \sim \mathcal{N}(0, 1^2)$ 来说，虽然其逆函数 $F_X^{-1}(u)$ 并不具备显式表达，但可通过下述函数进行近似：

$$F_X^{-1}(u) \approx y - \frac{p_0 + p_1 y + p_2 y^2 + p_3 y^3 + p_4 y^4}{q_0 + q_1 y + q_2 y^2 + q_3 y^3 + q_4 y^4}, \quad y = \sqrt{-2\log(1-u)}, \quad 0.5 < u < 1$$

$$p_0 = 0.322232431088, \ p_1 = 1, \ p_2 = 0.342242088547, \ p_3 = 0.0204231210245$$
$$p_4 = 0.0000453642210148, \ q_0 = 0.099348462606, \ q_1 = 0.588581570495$$
$$q_2 = 0.531103462366, \ q_3 = 0.10353775285, \ q_4 = 0.0038560700634 \tag{2.67}$$

当系统的随机参数为多元随机变量或随机过程时，变量之间可能存在一定的相关性，此时生成的随机序列也需要反映这种相关性。对于一组协方差矩阵为 $\boldsymbol{C} \in \mathbb{R}^{n \times n}$ 的 n 维正态分布随机向量 $\boldsymbol{Y} = (Y_1, \cdots, Y_n)$，可利用正态分布的相互独立性等价于不相关性的特性对其进行参数化处理。

推论 2.1（正态分布随机向量的参数化处理） 令 $\boldsymbol{Z} \sim \mathcal{N}(0, \boldsymbol{I})$ 为 n 维互不相关的正态分布随机向量，$\boldsymbol{I}$ 为 n 阶单位矩阵。根据正态分布随机变量经线性变换后依然为正态分布的特性 [式 (2.19)]，可找到一个 $n \times n$ 阶矩阵 $\boldsymbol{A}$，使 $\boldsymbol{A}\boldsymbol{A}^{\mathrm{T}} = \boldsymbol{C}$，从而 $\boldsymbol{A}\boldsymbol{Z} \sim \mathcal{N}(\boldsymbol{0}, \boldsymbol{A}\boldsymbol{A}^{\mathrm{T}})$。所产生的新向量 $\boldsymbol{Y}'$ 遵循目标随机向量的概率分布和相关性特征：$\boldsymbol{Y}' = \boldsymbol{A}\boldsymbol{Z} \sim \mathcal{N}(\boldsymbol{0}, \boldsymbol{C})$[7]。

由于协方差矩阵 $\boldsymbol{C}$ 为实数组成的对称矩阵，可以通过楚列斯基分解（Cholesky decomposition）来获得一个下三角矩阵 $\boldsymbol{A}$，其元素 $a_{ij}(1 \leqslant i, j \leqslant n)$ 可由协方差矩阵的元素 c_{ij} 获得：

$$
\begin{aligned}
&a_{i1} = c_{i1}/\sqrt{c_{11}}, && 1 \leqslant i \leqslant n \\
&a_{ii} = \sqrt{c_{ii} - \sum_{k=1}^{i-1} a_{ik}^2}, && 1 < i \leqslant n \\
&a_{ij} = \left(c_{ij} - \sum_{k=1}^{j-1} a_{ik}a_{jk} \right)/a_{jj}, && 1 < j < i \leqslant n \\
&a_{ij} = 0, && i < j \leqslant n
\end{aligned} \tag{2.68}
$$

当系统随机参数为非正态分布时，可用罗森布拉特逆变换（Rosenblatt inverse transformation）将一组相互独立的标准正态分布随机向量 $\boldsymbol{Y} = (Y_1, \cdots, Y_n)$ 变为所需的非正态随机向量 $\boldsymbol{X} = (X_1, \cdots, X_n)$[8]。令目标随机向量 $\boldsymbol{X} = (X_1, \cdots, X_n)$ 的联合概率分布函数为 $F_{\boldsymbol{X}}(\boldsymbol{x}) = P(\boldsymbol{X} \leqslant \boldsymbol{x})$，$F_{\boldsymbol{Y}}(\boldsymbol{y}) = P(\boldsymbol{Y} \leqslant \boldsymbol{y})$ 为标准正态分布随机向量的累积分布函数，两者之间的关系可由如下方程描述：

$$
\begin{cases}
F_{Y_1}(y_1) = F_{X_1}(x_1) = P(X_1 \leqslant x_1) \\
F_{Y_2}(y_2) = F_{X_2|X_1}(x_2|x_1) = P(X_2 \leqslant x_2|X_1 = x_1) \\
\quad\vdots \\
F_{Y_n}(y_n) = F_{X_n|X_1,\cdots,X_{n-1}}(x_n|x_1,\cdots,x_{n-1}) \\
\qquad\qquad = P(X_n \leqslant x_n|X_1 = x_1, \cdots, X_{n-1} = x_{n-1})
\end{cases} \tag{2.69a}
$$

对上述方程求逆，即可通过罗森布拉特逆变换获得所需的非正态分布随机向量 $\boldsymbol{X}$：

$$
\begin{cases}
x_1 = F_{X_1}^{-1}\left[F_{Y_1}(y_1) \right] \\
x_2 = F_{X_2|X_1}^{-1}\left[F_{Y_2}(y_2)|x_1 \right] \\
\quad\vdots \\
x_n = F_{X_n|X_1,\cdots,X_{n-1}}^{-1}\left[F_{Y_n}(y_n)|x_1,\cdots,x_{n-1} \right]
\end{cases} \tag{2.69b}
$$

罗森布拉特逆变换中使用的条件概率密度函数可通过其联合概率密度函数 $f_{\boldsymbol{X}}$ 获得：

$$
f_{X_i|X_1,\cdots,X_{i-1}}(x_i|x_1,\cdots,x_{i-1}) = \frac{f_{X_1,\cdots,X_i}(x_1,\cdots,x_i)}{f_{X_1,\cdots,X_{i-1}}(x_1,\cdots,x_{i-1})} \tag{2.70}
$$

需要注意的是，上述变化依赖目标随机向量的联合概率分布函数或联合概率密度函数。随着变量的增多，联合概率分布函数或联合概率密度函数的获取也更加困难。

对高维随机向量的建模会引入高昂的计算成本。在实际操作中，人们掌握的计算资源往往有限，因此希望所处理的随机参数概率空间仅由少量、有限的随机变量组成，且随机变量之间相互独立或互不相关。主成分分析（principal component analysis，PCA）[9,10]、方差分析（analysis of variance，ANOVA）[11,12] 等统计类方法通过提取随机向量的低维特征子空间，实现对原有随机向量的降维。

随机过程 $\{X_t, t \in T\}$ 可以看成是由无穷个（相互关联的）随机变量组成的随机向量。为了有效处理，需将无限维度的随机向量近似为有限维度（n）的随机向量。一种方案是寻找合适的转换函数 $R(\cdot)$，使一组相互独立的有限个随机变量 $\{Y_1, \cdots, Y_n\}$ 等价于原随机过程，即 $X_t = R(\boldsymbol{Y})$，其中 $\boldsymbol{Y} = \{Y_1, \cdots, Y_n\}$。由于该方案将含无限维度指标集合 T 的随机过程近似为有限维度，这一转化过程势必引入误差，即近似向量需依照某一范数（ℓ^p）收敛于原随机过程：$X_t \xrightarrow{\ell^p} R(\boldsymbol{Y})$。另一种方案是将指标域离散为有限指标的集合，即考虑 $\{X_t\}$ 的有限维形式：$\{X_{t_1}, \cdots, X_{t_n}\}$。当 $n \to +\infty$ 时，离散更加精细，这一近似也更加准确，但会大幅增加计算成本。因此，在实际操作时，需要在保持合理精度的基础上，使用不同方法尽量降低随机过程的维数。

卡尔胡宁-勒夫展开（Karhunen-Loève expansion，KL 展开）是一种被广泛应用的降维方法[13]。通过该方法，可以将随机过程 $\{X_t\}$ 转化为一组线性叠加且互不相关的随机变量 $Y_i(\omega)$。

定义 2.19 (KL 展开)　令 $\mu_X(t)$ 和 $C(t,s) = \mathrm{cov}(X_t, X_s)$ 分别代表随机过程 $\{X_t\}$ 的均值和协方差函数，$\psi_i(\cdot)$ 为正交特征函数，λ_i 为相应特征值，则该随机过程可以表示为

$$X_t(\omega) = \mu_X(t) + \sum_{i=1}^{+\infty} \sqrt{\lambda_i} \psi_i(t) Y_i(\omega) \tag{2.71a}$$

$$\lambda_i \psi_i(t) = \int_T C(t,s) \psi_i(s) \mathrm{d}s, \qquad t \in T \tag{2.71b}$$

$$Y_i(\omega) = \frac{1}{\sqrt{\lambda_i}} \int_T (Y_t(\omega) - \mu_Y(t)) \psi_i(t) \mathrm{d}t, \qquad \forall i \tag{2.71c}$$

上式中随机变量 $Y_i(\omega)$ 的均值为 0 且互不相关，即 $E(Y_i) = 0$, $E(Y_i Y_j) = \delta_{ij} (i \neq j)$。

需要注意的是，上述 KL 展开 [式 (2.71a)] 等号右侧含有无穷个展开项 $Y_i(\omega)$，故其对原随机过程的转化不存在任何误差。但在实际操作中，有限的计算资源只能处理有限项的展开式，故需进行截断获得 KL 展开的近似表达[14]：

$$X_t(\omega) \approx \mu_X(t) + \sum_{i=1}^{n} \sqrt{\lambda_i} \psi_i(t) Y_i(\omega), \quad n \geqslant 1 \tag{2.72}$$

如前所述，对无穷维度的近似需要选择合理的近似维度 n，以实现计算精度与计算成本的平衡。在 KL 展开 [式 (2.71a)] 中，可根据特征值 λ_i 的衰减特性来选取截断位置。

性质 2.1 (特征值的衰减特性)　对于给定的协方差函数 $C(t,s)$，特征值的衰减速度反向依赖于随机过程中各随机变量相互关系（关联长度）的大小。

关联长度是描述随机过程中各随机变量关联强弱的指标。当关联长度较大时，随机过程中各随机变量密切相关，特征值呈现出快速衰减的趋势。此时，如掌握少量随机变量的信息，即可推出其余随机变量的信息。当关联长度为无穷大时，整个随机过程中的所有随机变量都紧密关联。在此情景下，整个随机过程可视为一个整体，只需知道单一随机变量即可推断其他所有随机变量的信息。从式 (2.71b) 中也可推出，此时会存在一个非零特征值与恒定特征函数相对应，其他特征值则衰减为 0。当随机过程的关联长度较小时，随机过程中各变量相关性较弱，特征值的衰减速度变缓。当关联长度为 0 时，整个随机过程中的各变量互不相关，即标准协方差函数为狄拉克函数：$C(t,s) = \delta(t-s)$。此时，式 (2.71b) 中的特征函数可以是任意正交函数，特征值为常数，即 $\lambda_i = 1$，且不会随着展开式项数 n 的增加而减小。

特征值的衰减特性为将 KL 展开 [式 (2.71a)] 截断成有限序列 [式 (2.72)] 提供了指导标准。在实际操作中，可通过测试特征值 λ_i 的衰减程度来决定截断位置 n，从而保证前 n 个特征值远大于之后的特征值。对于给定的截断位置 n，关联长度较大的随机过程可以用更少的展开项予以精确近似。根据正态分布随机变量及其线性组合的独立性特点，当随机过程 $\{X_t(\omega)\}$ 呈现正态分布时，其相应的 KL 展开中各随机变量 Y_i 为相互独立的高斯随机变量。当随机过程为非正态分布时，其 KL 展开中互不相关的随机变量 Y_i 并不一定相互独立，无法通过相互独立的随机变量来参数化该随机过程。但在实际操作中，还没有更好的近似方法，仍需假设各随机变量 Y_i 相互独立从而使用 KL 展开参数化原随机过程。KL 展开具有均方误差最小等一系列优秀特性。受篇幅所限，本书将不做过多展开。感兴趣的读者可以阅读参考文献 [13] 以更深入地了解 KL 展开的相关信息。

2.3.2　随机系统建模

如前所述，不确定性建模是传统数学建模在概率空间上的延伸。在保持原有机理模型不变的基础上，通过对模型中的不确定参数进行随机建模 $Z(\boldsymbol{x}, t, \omega)$，这些机理模型也随之扩展至参数的概率空间。此时，模型方程的解（系统状态）也受到随机参数的影响，成为随机变量 $u(\boldsymbol{x}, t; Z)$。下面结合第 2.1 节中微分方程模型的基本知识，以常微分方程和偏微分方程模型为例，介绍随机系统的建模。

考虑下述含 α、ψ 和 u_0 3 个随机变量的常微分方程模型：

$$\frac{\mathrm{d}u}{\mathrm{d}t}(t, \omega) = -\alpha(\omega)u + \psi(\omega), \qquad u(0) = u_0(\omega) \tag{2.73}$$

$$\alpha, \psi, u_0 \in \mathbb{R}^3, \qquad t \in [0, T], T > 0 \tag{2.74}$$

3 个随机变量分别存在于系统的控制方程和边界条件之中。此时方程的解为随机变量 $u(t, \omega)$，其定义域为时间和 3 个参数所处的概率空间 $[0, T] \times \mathbb{R}^3$。

如果 3 个随机变量相互独立，则可通过 $\boldsymbol{Z} = (Z_1, Z_2, Z_3) = (\alpha, \psi, u_0)$ 将上述初值问题的随机模型整理为

$$\frac{\mathrm{d}u}{\mathrm{d}t}(t, \omega) = -Z_1 u + Z_2, \qquad u(0) = Z_3 \qquad (2.75)$$

当 3 个随机变量之间存在相关性时，必然存在函数 $g_1(\cdot), g_2(\cdot)$，使 $\psi = g_1(\alpha), u_0 = g_2(\alpha)$。此时，常微分方程模型 [式 (2.73)] 可整理为单一随机变量（$Z = \alpha$）的随机模型：

$$\frac{\mathrm{d}u}{\mathrm{d}t}(t, \omega) = -Zu + g_1(Z), \qquad u(0) = g_2(Z) \qquad (2.76)$$

模型解 $u(t, Z)$ 的定义域也可随之简化为 $[0, T] \times \mathbb{R}$。

在上述示例中，随机变量为不随物理空间变化的随机常数。现在考虑含有随机过程的偏微分方程模型，以如下一维随机双曲型方程为例展示相关随机系统的建模。

$$\frac{\partial u}{\partial t} + \kappa(x, \omega) \frac{\partial u}{\partial x} = S(x, \omega), \qquad x \in (-1, 1), \quad t \in [0, T] \qquad (2.77a)$$

$$u(t, 1, \omega) = u_{\mathrm{r}}(\omega), \quad u(0, x) = u_{\mathrm{in}} \qquad (2.77b)$$

在此模型中，输送速度 κ 及源项 S 均为随机过程，即随空间位置变化的函数，边界条件 u_{r} 为随机常数，初值条件 u_{in} 为已知确定常数。

首先要对两个含无限随机变量的随机过程进行简化。令 n_κ 和 n_S 分别表示随机过程 κ 和 S 的 KL 展开 [式 (2.72)a] 的截断项数，则两个随机过程的有限项展开可写为

$$\kappa(x, \omega) \approx \widetilde{\kappa}(x, Z^\kappa) = \mu_\kappa(x) + \sum_{i=1}^{n_\kappa} \hat{\kappa}_i(x) Z_i^\kappa(\omega) \qquad (2.78)$$

$$S(x, \omega) \approx \widetilde{S}(x, Z^S) = \mu_S(x) + \sum_{i=1}^{n_S} \hat{S}_i(x) Z_i^S(\omega) \qquad (2.79)$$

在上式中，μ_κ 和 μ_S 代表两组随机过程的均值函数，$\hat{\kappa}_i(x)$ 和 $\hat{S}_i(x)$ 由随机过程 κ 和 S 各自的协方差函数特征值与特征向量来决定，而 $(Z_1^\kappa(\omega), \cdots, Z_{n_k}^\kappa(\omega))$ 和 $(Z_1^S(\omega), \cdots, Z_{n_S}^S(\omega))$ 分别代表两组相互独立的随机向量。

如果随机过程 κ 和 S 相互独立且分别与随机常数 u_{r} 独立，则可引入一个维度为 $d = n_\kappa + n_S + 1$ 的随机向量 $\boldsymbol{Z} = (Z_1, \cdots, Z_d) = (Z_1^\kappa, \cdots, Z_{n_\kappa}^\kappa, Z_1^S, \cdots, Z_{n_S}^S, u_{\mathrm{r}})$。此时，原随机双曲型方程 [式 (2.77a)] 可整理为

$$\frac{\partial u}{\partial t} + \widetilde{\kappa}(x, \boldsymbol{Z}) \frac{\partial u}{\partial x} = \widetilde{S}(x, \boldsymbol{Z}), \qquad x \in (-1, 1), \quad t \in [0, T] \qquad (2.80)$$

$$u(t, 1, \boldsymbol{Z}) = Z_d, \quad u(0, x) = u_{\mathrm{in}} \qquad (2.81)$$

模型解 $u(x, \boldsymbol{Z})$ 的定义域为 $[-1, 1] \times \mathbb{R}^d$。

　　综上所述，对于一个定义于物理空间 $\mathcal{D} \times (0, T](T > 0)$ 的控制方程 [式 (2.1)]，如其含有若干随机参数系统，则可通过 KL 展开等方法对相关随机参数和随机过程进行建模。简化为有限维度且相互独立的随机变量 $\boldsymbol{Z} = (Z_1, \cdots, Z_n) \in \mathbb{R}^n (n \geqslant 1)$ 后，原控制方程 [式 (2.1)] 的不确定性模型可写为

$$
\begin{cases}
\dfrac{\partial}{\partial t} \boldsymbol{u}(\boldsymbol{x}, t, \boldsymbol{Z}) = \mathcal{L}(\boldsymbol{u}), & \mathcal{D} \times (0, T] \times \mathbb{R}^n \\[2mm]
\mathcal{B}(\boldsymbol{u}) = 0, & \partial\mathcal{D} \times [0, T] \times \mathbb{R}^n \\[2mm]
\boldsymbol{u} = \boldsymbol{u}_0, & \mathcal{D} \times \{t = 0\} \times \mathbb{R}^n
\end{cases}
\tag{2.82}
$$

该方程解 $\boldsymbol{u}(\boldsymbol{x}, t, \boldsymbol{Z}) = (u_1, \cdots, u_{n_u})$ 定义于 $\mathcal{D} \times [0, T] \times \mathbb{R}^n \to \mathbb{R}^{n_u}$，且依某范数（$\ell^p$）收敛于原随机系统的真实解。

参 考 文 献

[1] GENTLE J E. Random number generation and Monte Carlo methods[M]. 2nd ed. New York: Springer, 2003.

[2] KNUTH D E. The art of computer programming[M]. 2nd ed. Boston: Addison Wesley, 1973.

[3] L'ECUYER P. Uniform random number generation[J]. Annals of Operations Research, 1994(53): 77-120.

[4] RIPLEY B D. Stochastic simulation[M]. New York: John Wiley & Sons, 1987.

[5] DEVROYE L. Non-uniform random variate generation[M]. New York: Springer, 1986.

[6] HÖRMANN W, LEYDOLD J, DERFLINGER G. Automatic nonuniform random variate generation[M]. Berlin: Springer-Verlag, 2004.

[7] ANDERSON T W. An introduction to multivariate statistical analysis[M]. Sydney: John Wiley & Sons, 1958.

[8] ROSENBLATT M. Remarks on a multivariate transformation[J]. The Annals of Mathematical Statistics, 1952, 3(23): 470-472.

[9] PEARSON K. On lines and planes of closest fit to systems of points in space[J]. The London, Edinburgh, and Dublin Philosophical Magazine and Journal of Science, 1901, 11(2): 559-572.

[10] HOTELLING H. Analysis of a complex of statistical variables into principal components[J]. Journal of Educational Psychology, 1933, 6(24): 417-441.

[11] RABITZ H, ALIŞ Ö F. General foundations of high-dimensional model representations[J]. Journal of Mathematical Chemistry, 1999(25): 197-233.

[12] SOBOL I M. Global sensitivity indices for nonlinear mathematical models and their monte carlo estimates[J]. Mathematics and Computers in Simulation, 2001, 1-3(55): 271-280.

[13] SCHWAB C, TODOR R A. Karhunen–Loève approximation of random fields by generalized fast multipole methods[J]. Journal of Computational Physics, 2006, 1(217): 100-122.

[14] LOÈVE M. Probability theory I[M]. 4th ed. Berlin: Springer-Verlag, 1977.

方法篇

第 3 章　参数不确定性量化方法

本章重点介绍 4 种常见的参数不确定量化方法：蒙特卡洛方法、统计矩微分方程法、广义多项式混沌法和分布法。其中，第 3.4 节展示了笔者在相关理论与数值实现上的重要工作。

3.1　蒙特卡洛方法及其扩展方法

蒙特卡洛（Monte Carlo，MC）方法也称为统计模拟方法，是最常用的一种不确定性量化方法。该方法伴随 20 世纪 40 年代中期科学技术的发展和电子计算机的发明而产生，是一种以概率统计理论为指导的数值仿真方法。蒙特卡洛方法操作简单易行，经过几十年的发展，已衍生出多种形式，被广泛应用于自然科学与工程技术领域。

根据所需求解不确定性问题的特性，蒙特卡洛方法可以划分为两类。第一类方法针对的问题本身具有内在随机性，可以借助蒙特卡洛方法来数值仿真随机过程。代表性的方法有动态蒙特卡洛（kinetic Monte Carlo）方法、量子蒙特卡洛（quantum Monte Carlo）方法等，这些方法多用于模拟物理中的多体问题、合金材料中的空位扩散问题等内在随机过程。

第二类方法针对的问题的随机性来源于人们的认知不确定性。此时事件本身为确定性事件，但由于人们无法获得其参数的真实取值或者系统模型具有未知误差，故将该问题转化为随机事件，进而求解随机事件出现的概率、数字期望等随机分布的特征以对事件结果予以量化。此时，蒙特卡洛方法通过随机采样，以随机事件出现的频率估计其概率，或以采样的数字特征估算随机变量的统计特征，并以此作为问题的解。

本节介绍第二类蒙特卡洛方法。第 3.1.1 节将重点介绍经典蒙特卡洛方法，然后针对该方法存在的不足，第 3.1.2 节和第 3.1.3 节将分别展示多级蒙特卡洛（multi-level Monte Carlo，MLMC）方法与拉丁超立方采样（Latin hypercube sampling，LHS）这两类解决方案，最后第 3.1.4 节将对蒙特卡洛方法的优缺点及适用范围加以总结。

3.1.1　经典蒙特卡洛方法

人们在很早以前就发现并使用概率论中的大数定律，这也是蒙特卡洛方法的基本思想来源。例如，在掷硬币这一简单的游戏中，人们通过观察硬币跌落后正反面向上的结果次数，发现可以用事件发生的"频率"来量化随机事件的"概率"，而随着掷硬币次数的增加，正反面结果出现的频率逐渐趋近 50%。

人们普遍认为最早的蒙特卡洛实验来源于 18 世纪法国博物学家布丰（Georges Louis Leclerc de Buffon）的投针实验。在该实验中，布丰向某个由平行且等间距的木板铺成的平面上随意投掷若干支长度为 l 的针。通过反复投针并求解针和木板的相交概率 P，可以近似获取圆周率 π。

在上述实验中，假设木板间距为 d，针的长度小于木纹间距，即 $l < d$。令 x 为针的中心与最近的平行木板之间的距离，θ 为针和平行木板之间的锐角，如图 3.1 所示。假设每次投针事件相互独立，则 $x \in [0, d/2]$ 和 $\theta \in [0, \pi/2]$ 为两个各自呈现均匀分布的随机变量，其概率密度函数分别为 $2/d$ 和 $2/\pi$。同时，上述随机变量之间相互独立，其联合概率密度函数可写为两个随机变量概率密度函数的乘积。

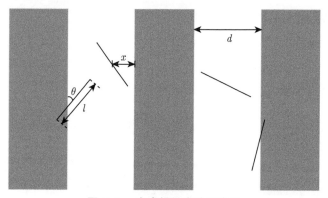

图 3.1　布丰投针实验示意图

接下来通过积分几何和频率观察两种方法分别得到针和木板相交的概率。在积分几何方法中，如果针和木板相交，则从图 3.1 可知 $x \leqslant l \sin \theta / 2$，其概率可以表示为

$$P\left(\theta \leqslant \pi/2,\, x \leqslant l\sin\theta/2\right) = \int_0^{\pi/2} \int_0^{l\sin\theta/2} \frac{2}{d}\frac{2}{\pi}\mathrm{d}x\,\mathrm{d}\theta = \frac{2l}{d\pi} \tag{3.1}$$

在频率观察方法中，假设 n 次投针里共有 m 支针与木板相交。随着投针次数的增加，即当 $n \to +\infty$ 时，针和木板相交的百分比 m/n 将逐步接近其理论概率值：$m/n \to P = 2l/(\pi d)$。此时，可以得到圆周率的近似计算公式：$\pi \approx 2nl/(md)$。

现代意义的蒙特卡洛方法（此处指经典蒙特卡洛方法）是由 4 位参与美国 20 世纪 40 年代开始实施的原子弹研制计划"曼哈顿工程"的科学家——波兰数学家乌拉姆（Stanislaw Marcin Ulam）、美国物理学家费米（Enrico Fermi）、美国数学家冯·诺伊曼（John von Neumann）和美国物理学家梅特罗波利斯（Nicholas Constantine Metropolis）一起发明的。在 20 世纪 30 年代，费米在研究中子扩散时首次使用了蒙特卡洛方法，但未发表相关结果。

随后,"曼哈顿工程"的科学家们在研究反应堆中裂变物质的中子连锁反应时,虽然知道中子与原子核之间的相互作用遵从量子力学规律,但只知道其相互作用发生的概率,而无法准确获得两者发生相互作用时的位置以及裂变产生的新中子的行进速率和方向。为了解决这一问题,乌拉姆发明了现代统计模拟方法,这个方法由冯·诺伊曼在世界第一台通用计算机——埃尼阿克计算机(ENIAC)上编程实现。他们依据中子与原子核之间产生相互作用的理论概率,随机采样获得了裂变位置以及新中子的行进速率和方向。在模拟大量中子行为后,科学家们对结果进行统计,得到了中子传输范围,并以此作为反应堆设计的依据。鉴于该项研究正值第二次世界大战期间,出于保密要求,乌拉姆、冯·诺伊曼和梅特罗波利斯对上述方法以驰名世界的蒙特卡洛赌场为代号相称。由于"蒙特卡洛"这一代号完美地表征了"曼哈顿工程"中科学家们所面临问题的随机特性,很快被大家所接受,并沿用至今。

经典蒙特卡洛方法由以下 3 个步骤组成。

(1)采样:根据所研究问题的随机分布概率,通过随机采样产生大量输入样本。

(2)实现:将上述输入样本代入原问题系统,进行数值仿真,从而获得相应的实现结果。

(3)统计:对上述实现结果进行统计,从而近似得到原问题解的数学期望、概率等统计特征。

从上述 3 个步骤可以看出,经典蒙特卡洛方法是一种基于大数定律的统计类量化方法,具有诸多优点。首先,经典蒙特卡洛方法可对原问题进行大量重复性仿真,是非嵌入式(non-invasive)的,并具有很好的适应性,可以作为系统现有仿真软件的"外挂"。其次,经典蒙特卡洛方法的收敛性特指概率意义下的收敛 [式 (2.57)],其收敛速度不因问题维度的增加而改变。上述优势使经典蒙特卡洛方法在诞生后迅速发展,用于美国的原子弹和氢弹研制,并被物理、物理化学、运筹学等领域的研究工作者广泛采用。而且,经典蒙特卡洛方法的每次数值实现为相互独立的事件,非常适合并行计算且节省存储单元,可以用于处理大型复杂问题。因此,随着电子计算机性能的快速发展,原本费时费力的复杂实验过程变得快速而简易。时至今日,经典蒙特卡洛方法的应用极为广泛,在流体力学、信息科学、系统科学、地质环境、宏观经济、计算机图形学、金融工程、气候变化、生物医药及机器学习等许多复杂问题中都得到了快速普及。

需要指出的是,经典蒙特卡洛方法存在一定的缺点。在经典蒙特卡洛方法中,随机事

相关科学家简介

　　乌拉姆(Stanislaw Marcin Ulam,1909—1984),波兰数学家,蒙特卡洛方法的发明者之一。他主要从事数学和核物理方面的研究。他与美国理论物理学家特勒(Edward Teller)合作提出的两级辐射内爆设计,后来被称为特勒-乌拉姆构型,是现代热核武器的基石。

件的数值仿真是基于随机数来进行的。但真实的随机数往往较难获取，冯·诺伊曼因而建议使用伪随机数（pseudo-random number）来代替。这种由非真实随机数所进行的数值仿真将给统计结果带来偏差。

经典蒙特卡洛方法的收敛速度也存在一定的问题，通过以下数学实例予以说明。令 $u(Z,t)$ 为随时间 t 变化的函数，Z 为随机变量，取值空间为 $Z \in \Omega = [0,1]$。该函数在某个时间段内的积分：

$$I_u = \int_0^1 u(Z,t)\,\mathrm{d}t \tag{3.2}$$

呈现随机化。接下来的目标是获得该积分的数学期望 $E(I_u)$。

在实际操作中，函数 $u(Z,t)$ 的解析表达式往往未知，故上述积分的数学期望无法通过直接积分的方式获取，但可以掌握该函数在随机变量特定取值下 Z_i（$i = 0,1,\cdots,N_M$）的数值信息 $u(Z_i,t)$。此时，如果在积分空间上均匀撒点 t_j（$j = 0,1,\cdots,N_q$），可以获得该函数在随机变量特定取值下的积分：

$$I_u(Z_i) = \frac{1}{N_q} \sum_{j=0}^{N_q} u(Z_i,t_j) \tag{3.3}$$

对于随机积分的数学期望，可以利用插值或多项式理论，在随机参数 Z 的取值空间 Ω 上对其近似：

$$
\begin{aligned}
I_u \approx P_N\left(u(Z)\right) &= \sum_{i=0}^{N_M} I_u(Z_i)\phi_i \\
&\approx \sum_{i=0}^{N_M} \left[\frac{1}{N_q}\sum_{j=0}^{N_q} u(Z_i,t_j)\right]\phi_i = \frac{1}{N_q}\sum_{j=0}^{N_q} P_N\left(u(Z,t_j)\right)
\end{aligned}
\tag{3.4}
$$

其中，$P_N(\cdot)$ 表示将目标函数投影到多项式空间的插值算子，ϕ_i 表示该投影下的线性函数或高阶多项式。为了方便理解，可以认为 ϕ_i 是帽子函数：

$$
\phi_i(Z) = \begin{cases}
\dfrac{Z - Z_{i-1}}{Z_i - Z_{i-1}}, & Z_{i-1} \leqslant Z < Z_i \\[2mm]
\dfrac{Z_{i+1} - Z}{Z_{i+1} - Z_i}, & Z_i \leqslant Z < Z_{i+1} \\[2mm]
0, & \text{其他}
\end{cases}
$$

相关科学家简介

　　费米（Enrico Fermi, 1901—1954），美国物理学家，1938 年诺贝尔物理学奖得主。他发现了超铀元素，探索中子引起的核反应，领导建成了世界上第一个原子核反应堆，被称为"核时代的建筑师"。元素周期表中的第 100 号元素镄（Fermium）以他的名字命名。

插值算子的精度可根据具体问题的需求调整。

伴随着随机样本容量 N_M 的增加，上述近似 [式 (3.4)] 逐步趋近真实的数学期望结果，整体计算量的量级为 $\mathcal{O}(N_M N_q)$。

以二范数误差的形式量化上述经典蒙特卡洛方法的结果的收敛效果：

$$\epsilon = \sqrt{E(\|I_u - \eta\|_{\ell_2}^2)} = \sqrt{E\left(\int_\Omega |I_u(Z) - \eta(Z)|^2 \mathrm{d}Z\right)} \tag{3.5}$$

$$\eta = \sum_{i=0}^{N_M}\left[\frac{1}{N_q}\sum_{j=0}^{N_q} u(Z_i, t_j)\right]\phi_i \tag{3.6}$$

由此可以得出经典蒙特卡洛方法的结果的二范数误差的量级为

$$\epsilon = \mathcal{O}\left(N_q^{-1/2} + N_M^{-1}\right) \tag{3.7}$$

在近似精度保持不变的情况下对总计算量进行优化，当 $N_M \sim \mathcal{O}(N_q^{1/2})$ 时，总计算量最小，约为 $\mathcal{O}(N_M^3)$，此时上述总误差的量级为 $\mathcal{O}(N_M^{-1})$。

由此可见，经典蒙特卡洛方法只能实现低于线性的收敛速度，但是带来呈指数增长的计算量。这一缺点不仅阻碍了经典蒙特卡洛方法对于小样本问题的近似，也使其计算成本随样本容量的增加而增加。经典蒙特卡洛方法也因此被冠以"简单粗暴"的标签。为了减缓上述缺点所带来的负面影响，人们陆续开发了多种扩展方法以提升收敛速度。下一节将向读者介绍其中广为使用的多级蒙特卡洛方法。

3.1.2 多级蒙特卡洛方法

多级蒙特卡洛方法是英国数学家和计算机科学家贾尔斯（Michael Bryce Giles）开发的一种高效蒙特卡洛方法。该方法受离散偏微分方程的多重网格思路启发，使用不同采样等级，可以显著降低计算成本。多级蒙特卡洛方法在金融领域被广泛采用，其数值分析与统计仿真相结合的理念也受到了环境、能源等领域研究工作者的关注。

接下来以上一节的数学问题 [式 (3.2)] 为例介绍多级蒙特卡洛方法的使用。首先定义新变量 l（$l \in \mathbb{N}$）为随机参数空间中的采样等级。在不同采样等级下，$l = 0, 1, \cdots, m$，随机参数样本可以表示为

$$\left\{Z_{li} = \frac{i}{2^l}\right\}_{i=0}^{2^l} \tag{3.8}$$

相关科学家简介

冯·诺伊曼（John von Neumann，1903—1957），美国数学家。他早期以算子理论、量子理论、集合论等方面的研究闻名。他是现代计算机科学的先驱，1945 年起陆续为研制电子数字计算机提供基础结构性的方案，被后人称为"计算机之父"。

此时重新定义插值算子：

$$P_{N(-1)} = 0, \qquad P_{N(m)} = \sum_{l=0}^{m} \left(P_{N(l)} - P_{N(l-1)} \right) \tag{3.9}$$

将上述信息代入式 (3.6)：

$$\eta = \sum_{l=0}^{m} \frac{1}{N_q} \sum_{j=0}^{N_q} (P_{N(l)} - P_{N(l-1)}) u(Z, t_j) \tag{3.10}$$

现在重新估计多级蒙特卡洛方法在不同采样等级下的误差和计算量。当采样等级最低时，$l = 0$，近似误差最大；当采样等级最高时，$l = m$，近似计算量最大，如表 3.1 所示。

表 3.1   多级蒙特卡洛方法在不同采样等级下的误差和计算量

采样等级	误差	计算量
0	$N_q^{-1/2}$	N_q
l	$2^{-l} N_q^{-1/2}$	$2^l N_q$
m	$2^{-m} N_q^{-1/2}$	$2^m N_q$

在保持精度不下降的前提下，为了尽可能地降低计算量，即满足 $N_M \sim 2^m \sim N_q^{1/2}$，调整积分空间中每一采样等级的样本数量。此时，每级近似 [式 (3.10)] 可以改为

$$\eta = \sum_{l=0}^{m} \frac{1}{N_{ql}} \sum_{j=0}^{N_{ql}} (P_{N(l)} - P_{N(l-1)}) u(Z, t_{lj}), \qquad l = 0, 1, \cdots, m \tag{3.11}$$

其误差和计算量取决于 N_{ql}。为方便计算，不妨取 $N_{ql} \sim 2^{-3l/2} N_q$。此时各级运算的总误差的量级与经典蒙特卡洛方法的误差精度相同：

$$\sum_{l=0}^{m} 2^{-l/4} N_{ql}^{-1/2} = \sum_{l=0}^{m} 2^{-l/4} \left(2^{-3l/2} N_q \right)^{-1/2} = \mathcal{O}\left(N_q^{-1/2} \right) = \mathcal{O}\left(N_M^{-1} \right) \tag{3.12}$$

而各级计算量的总和约为

$$\sum_{l=0}^{m} 2^l N_{ql} = \sum_{l=0}^{m} 2^l \left(2^{-3l/2} N_q \right)^{-1/2} = \mathcal{O}(N_q) = \mathcal{O}(N_M^2) \tag{3.13}$$

相比于经典蒙特卡洛方法的计算量有所降低：$\mathcal{O}(N_M^2) < \mathcal{O}(N_M^3)$。由此可见，多级蒙特卡洛方法可在保持精度的基础上，限制总计算量的增长速度。

相关科学家简介

梅特罗波利斯（Nicholas Constantine Metropolis，1915—1999），美国物理学家，蒙特卡洛方法的发明者之一。他与加拿大统计学家黑斯廷斯（Wilfred Keith Hastings）提出的梅特罗波利斯-黑斯廷斯算法对统计学的发展起到了至关重要的作用。他还领导了超级计算机 MANIAC 的设计与建造工作。

　　将多级蒙特卡洛方法推广到一般随机问题，令 $\boldsymbol{Z} = (Z_1, Z_2, \cdots, Z_{N_z}) \in \Omega \subset \mathbb{R}^{N_z}$ 表示一组随机参数，$\boldsymbol{y} = (\boldsymbol{x}, t) \in \Lambda$ 表示空间与时间的标度。对于一个光滑度为 $r \in \mathbb{N}$ 的目标函数 $u(\boldsymbol{Z}, \boldsymbol{y})$，在有限范数 $\ell_q(1 < q < +\infty)$ 下，如果满足条件 $r/d_1 > 1/q$，则可给出如下定义：

$$W_q^{r,0}(\Omega \times \Lambda) = \left\{ u \in \ell_q(\Omega \times \Lambda) : \frac{\partial^\alpha u}{\partial \boldsymbol{Z}^\alpha} \in \ell_q, |\alpha| \leqslant r \right\} \tag{3.14}$$

$$\|u\|_{W_q^{r,0}} = \left(\sum_{|\alpha| \leqslant r} \|\frac{\partial^\alpha u}{\partial \boldsymbol{Z}^\alpha}\|_{\ell_q^q} \right)^{1/q} \tag{3.15}$$

　　对于随机变量 $\boldsymbol{Z}$，$W_q^{r,0}$ 代表索伯列夫空间（Sobolev space），而空间和时间的标度 $\boldsymbol{y}$ 则代表有限范数空间 ℓ_q 函数。

　　现在定义不同采样等级下的插值算子：

$$P_{N(l)}(u) = \sum_{i=0}^{N_{Zl}} u(\boldsymbol{Z}_{li}) \phi_{li} \tag{3.16}$$

这里 N_{Zl} 表示随机参数空间上的 l 级采样总量，$\boldsymbol{Z}_{li}$ 表示随机参数在 l 级的第 i 个取值。

　　如果条件 $r/N_{\boldsymbol{Z}l} > 1/q$ 成立，则存在一组大于 0 的常数 $\{c_1, c_2, c_3\}$ 满足如下不等式：

$$c_1 2^{N_{zl}} \leqslant N_{\boldsymbol{Z}l} \leqslant c_2 2^{N_{zl}} \tag{3.17}$$

$$\|\boldsymbol{I} - P_{N(l)}\| \leqslant c_3 2^{-rl} \tag{3.18}$$

上述不等式可用于估计多级蒙特卡洛方法的误差，从而确定在各采样等级下随机参数的样本数量 $N_{\boldsymbol{Z}l}$。需要注意的是，在多维随机参数的情况下，插值函数 ϕ_{li} 必然存在。例如，在二维随机参数空间中，可以利用数值有限元方法，构造三角形网格并在网格上定义线性函数；以此类推，在三维乃至更高维的情况下，总能找到多边形网格以构造较为简单的线性函数用于插值。

　　在上述定义的基础上，多级蒙特卡洛方法可以表示为

$$\eta = \sum_{l=0}^m \frac{1}{N_{ql}} \sum_{j=0}^{N_{ql}} (P_{N(l)} - P_{N(l-1)}) u(\boldsymbol{Z}, \boldsymbol{y}_{lj})$$

$$= \sum_{l=0}^m \left\{ \sum_{i=0}^{N_{Zl}} \left[\frac{1}{N_{ql}} \sum_{j=0}^{N_{ql}} u(\boldsymbol{Z}_{li}, \boldsymbol{y}_{lj}) \right] \phi_{li}$$

$$- \sum_{i=0}^{N_{\boldsymbol{Z}(l-1)}} \left[\frac{1}{N_{ql}} \sum_{j=0}^{N_{ql}} u(\boldsymbol{Z}_{l-1,i}, \boldsymbol{y}_{lj}) \right] \phi_{l-1,i} \bigg\} \tag{3.19}$$

此时，多级蒙特卡洛方法的有限范数误差可表示为

$$\epsilon(\eta) = \left(\|u - \eta\|_{\ell_q^p} \right)^{1/p} \tag{3.20}$$

其中，$p = \min\{2, q\}$。在实际使用中，一般只考虑平方误差，即取 $p = 2$。

上述误差 [式 (3.20)] 描述了多级蒙特卡洛方法的收敛效果。对于计算量和误差的上界，可以推导出如下结论。

定理 3.1 对于有限范数 $\ell_q(1 < q < +\infty)$，必然存在两个大于 0 的常数 c_1, c_2，分别用于衡量多级蒙特卡洛方法的计算量上界和误差上界。此时，如果用 M 表示计算量，对于每个正整数 $M > 1$，都存在参数 m 和一组数值 $\{N_{\boldsymbol{Z}_l}\}_{l=1}^m$，使多级蒙特卡洛方法的估测值 η [式 (3.19)] 的计算量上界为 $c_1 M$，且对于每个光滑度为 r 的目标函数 $u \in W_q^{r,0}, \|u\|_{W_q^{r,0}} \leqslant 1$，其多级蒙特卡洛方法的估测值的误差上界为

$$\epsilon(\eta) \leqslant c_2 \begin{cases} M^{-r/N_{\boldsymbol{Z}}}, & \dfrac{r}{N_{\boldsymbol{Z}}} < 1 - \dfrac{1}{p} \\[3mm] M^{1/p-1} \log M, & \dfrac{r}{N_{\boldsymbol{Z}}} = 1 - \dfrac{1}{p} \\[3mm] M^{1/p-1}, & \dfrac{r}{N_{\boldsymbol{Z}}} > 1 - \dfrac{1}{p} \end{cases} \tag{3.21}$$

该定理的详细论证过程请查阅参考文献 [1]。上述定理说明，当 $r/N_{\boldsymbol{Z}}$ 很小时，即低阶目标函数存在于高维随机空间，提高采样等级 l 和增加随机参数样本数量 N_M 都无法有效提升多级蒙特卡洛方法的效果。反之，当 $r/N_{\boldsymbol{Z}}$ 很大时，即高度光滑的目标函数存在于低维随机空间，提高采样等级 l 和增加随机参数样本数量 N_M 可以提升多级蒙特卡洛方法的效果。因此，在固定误差的前提下，总能找到一组采样样本，使多级蒙特卡洛方法的下降速度为 $M^{-r/N_{\boldsymbol{Z}}}$。

同理，如果固定 $p = 2$，并把随机参数 $\boldsymbol{Z}$ 限制于巴拿赫空间（Banach space），则可以得到如下结论：

$$\left(\|u - \eta\|_{\ell_{+\infty}}^2 \right)^{1/2} \leqslant c_2 \begin{cases} M^{-r/N_{\boldsymbol{Z}}} \log M^{r/N_{\boldsymbol{Z}}}, & \dfrac{r}{N_{\boldsymbol{Z}}} < \dfrac{1}{2} \\[3mm] M^{-1/2} \log M^{3/2}, & \dfrac{r}{N_{\boldsymbol{Z}}} = \dfrac{1}{2} \\[3mm] M^{-1/2} \log M^{1/2}, & \dfrac{r}{N_{\boldsymbol{Z}}} > \dfrac{1}{2} \end{cases} \tag{3.22}$$

通过上述定理，可以发现多级蒙特卡洛方法在保持经典蒙特卡洛方法精度的同时，将计算量的增长速度限制为线性增加。为了进一步展示多级蒙特卡洛方法的优势，借用以下案例予以说明。

对于一维随机椭圆方程：

$$\frac{\mathrm{d}}{\mathrm{d}x}\left[(1+Z_1 x)\frac{\mathrm{d}u}{\mathrm{d}x}\right] = -50Z_2^2, \quad x \in [0,1] \tag{3.23}$$

该方程的边界条件为 $u(x=0) = u(x=1) = 0$。Z_1 表示取值空间为 $(0,1)$ 的均匀分布随机变量，Z_2 为正态分布随机变量，满足 $Z_2 \sim \mathcal{N}(0,1^2)$。

接下来计算目标函数 u 的积分：

$$I_u = \int_0^1 u(x)\mathrm{d}x \tag{3.24}$$

此处采用均匀采样，采样间距为 $2^{-(l+1)}$。图 3.2 展示了在不同采样等级下的数值结果，两幅图像分别为上述积分的均值与方差（对结果进行取对数运算）在插值算子 $P_{N(l)}$ 和 $P_{N(l)} - P_{N(l-1)}$ 及不同采样等级下的变化。可以看出，在插值算子 $P_{N(l)}$ 下，均值与方差基本不随采样等级 l 的变化而改变；而在插值算子 $P_{N(l)} - P_{N(l-1)}$ 下，均值与方差的对数都随着采样等级 l 的增加呈现出线性下降趋势。

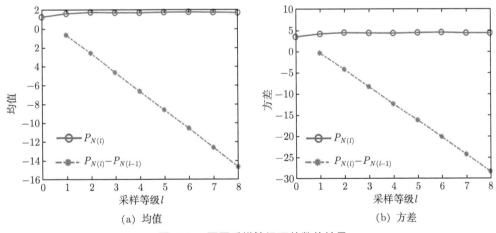

图 3.2 不同采样等级下的数值结果

图 3.3（a）展示了在不同精度（误差上界 ϵ）下多级蒙特卡洛方法的采样数量。显而易见，采样数量随着精度的增高（即 ϵ 的降低）而飞速增长。图 3.3（b）展示了经典蒙特卡洛方法和多级蒙特卡洛方法的计算总量与精度之间的关系。相比于经典蒙特卡洛方法，多级蒙特卡洛方法的计算量显著下降，且随精度变化的幅度不大。读者可以查阅参考文献 [2] 来获得上述例子的更多信息。

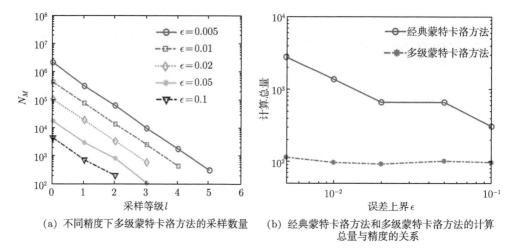

(a) 不同精度下多级蒙特卡洛方法的采样数量　(b) 经典蒙特卡洛方法和多级蒙特卡洛方法的计算
　　　　　　　　　　　　　　　　　　　　总量与精度的关系

图 3.3　多级蒙特卡洛方法的采样数量与计算总量

3.1.3　拉丁超立方采样

经典蒙特卡洛方法和多级蒙特卡洛方法都需要在随机变量的空间上进行采样。由于样本数量往往有限，采样方法直接影响着数值结果的精准性。如果所有样本点都集中于随机空间上很小的区域内，蒙特卡洛方法及其拓展方法的误差都会陡然增大。

假设能够生成区间 $[0,1]$ 上符合均匀分布的随机数 Z_0，可以通过以下方式生成一个概率密度函数为 f_Z 的随机数 Z：

$$Z = F_Z^{-1}(Z_0) \tag{3.25}$$

其中，$F_Z(Z)$ 表示随机变量 Z 的累积分布函数，即 $F_Z(Z) = \int_0^Z f_Z \mathrm{d}Z'$，而 F_Z^{-1} 表示其逆函数。

考虑两个相互独立的随机变量 (Z_1, Z_2)，其中，Z_1 是定义于取值空间 $\Omega = [0,1]$ 上服从均匀分布的随机变量，而 Z_2 是定义于 $\Omega_2 = [0,1]$ 上服从三角分布的随机变量。通常的采样思路是在空间 $[0,1]$ 上等距抽取随机数字 $(Z_1^{(i)}, Z_2^{(i)})$，然后利用式 (3.25) 生成所需的随机数字 (Z_1, Z_2)。但是，由于上述采样依赖于累积分布函数，所生成的样本多来自概率值较大的空间区域。即使在概率值较小的区域，如果由随机变量组成的目标函数 $g(Z_1, Z_2)$ 的取值较大，数学期望的计算也会受到很大影响。

为了解决上述问题，接下来介绍一种有效的采样方法——拉丁超立方采样。以上述二维随机采样为例，拉丁超立方采样将随机参数的概率空间 $\Omega = \Omega_1 \times \Omega_2$ 划分成若干互不相交的子集 Ω^i，在每个子集中单独抽取样本。这样分层的采样方法可以保证出现小概率样本，避免样本过于集中于大概率区域。

在上述二维例子中，首先将 (Z_1, Z_2) 划分为若干等距区间 (Ω_1^i, Ω_2^i)，在每个区间内利用式 (3.25) 抽取随机样本 $(Z_1^{(i)}, Z_2^{(i)})$。将这些样本随机组合后，所产生的新样本 $(Z_1^{(i)}, Z_2^{(j)})$ 会更加均匀地分布于样本空间之中，兼顾了小概率事件。

图 3.4 展示了在二维随机空间中，使用一般性采样和拉丁超立方采样进行 5 次采样后的样本分布情况。可以看出，一般性采样很容易遗漏图下方的小概率区域，丢失重要的样本信息，而拉丁超立方采样选取的样本分布得更加均匀，能捕捉小概率事件。

随机样本可能也存在相互关联的情况，科学家们开发了相应的采样方法，详情可查阅参考文献 [3]。读者如对更高阶数的采样方法感兴趣，也可查阅参考文献 [4]，此处不再赘述。

3.1.4　蒙特卡洛方法的优缺点及适用范围

蒙特卡洛方法是一种广泛应用于科学研究和工程实践的不确定性量化方法。它原理简单，只需对原有系统进行大量重复性仿真，即可逼近随机系统状态的真实概率分布。由于不需要对原系统进行任何改动，蒙特卡洛方法作为一种非嵌入式方法，适用于白盒（机理清晰）、灰盒（机理复杂）和黑盒（机理不明）系统的分析和处理。同时，该方法的收敛速度独立于随机参数的维度，故可以处理含大量随机参数的系统。

蒙特卡洛方法也存在若干缺点。首先，其量化原理基于概率论的大数定律，但也受制于此。在实际操作中，往往需要上千次的仿真才能得到较好的收敛结果，但对于核爆破、气候变化、第一性原理计算等极为复杂的随机系统，其单次仿真成本极高，无法支撑大量重复性数值试验。其次，第 3.1.1 节所研究的经典蒙特卡洛方法的收敛速度特指对随机系统状态均值的收敛速度。伴随着统计矩阶数的升高，经典蒙特卡洛方法的收敛速度逐步放缓。例如，要近似随机系统状态的三阶中心矩偏度，经典蒙特卡洛方法所需的样本数量将远多于一阶统计矩均值的样本总量。

为了降低经典蒙特卡洛方法的计算成本，本节介绍了多级蒙特卡洛方法和拉丁超立方采样。前者基于数值仿真中的多重网格，结合了递归性的控制变量方法与不同分辨率的随机模拟，具有很好的灵活性；后者则专注于仿真前对随机参数的均匀性采样，避免了随机样本过于集中在某些特定区域而影响最终统计结果。

除了量化认知不确定性的系统，蒙特卡洛方法也被广泛应用于对内在不确定性系统的仿真。从 20 世纪 40 年代开始，蒙特卡洛方法被用于描述中子链反应的平均场效应。在费米（Enrico Fermi）、图灵（Alan Mathison Turing）、马尔可夫（Andrey Markov）、卡恩（Herman Kahn）等科学巨人的推动下，量子蒙特卡洛方法、动态蒙特卡洛方法等基于经典蒙特卡洛方法思想的方法被先后提出，丰富了物理、化学、材料等诸多领域的研究方法。

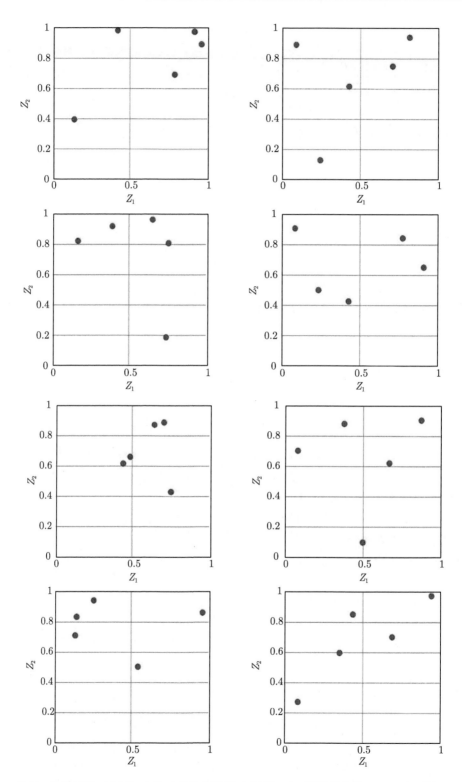

图 3.4 使用一般性采样（左列）和拉丁超立方采样（右列）对二维随机参数 (Z_1, Z_2) 进行 5 次采样后样本的分布情况

随着信息时代的开启，蒙特卡洛方法的思想也被广泛应用于电子工程系统。在信号处理中，人们开发了序贯蒙特卡洛（sequential Monte Carlo）方法，即粒子滤波（particle filter）用于处理噪声问题。该方法也可用于量化系统的模型不确定性，第 4.1 节将对此进行介绍。

以下是笔者对蒙特卡洛方法在部分领域的应用概述，希望能对读者有所启发。

- 物理

蒙特卡洛方法在物理中的应用十分广泛。在统计物理中，蒙特卡洛方法可以用于计算简单粒子和聚合物系统的统计场理论，其中量子蒙特卡洛方法可以用于解决量子系统的多体问题；在实验粒子物理中，蒙特卡洛方法可以用于设计探测器，从而将实验数据与理论值进行比较；在天体物理中，蒙特卡洛方法可以用于模拟星系演化和粗糙行星表面的微波辐射传输。

- 微电子

在微电子工程中，蒙特卡洛方法可以用于分析和模拟数字集成电路中的工艺偏差造成的整体性能影响。

- 地质统计和冶金学

在地质统计和冶金学中，蒙特卡洛方法作为矿物处理流程设计的基础，有助于定量风险分析。

- 可再生能源

在风能产量分析中，蒙特卡洛方法可以用于预估风电场在生命周期内的平均发电量及浮动。

- 自动化

蒙特卡洛方法是同步定位和映射算法的核心，通常应用于随机滤波器，可以用于确定机器人及自动驾驶系统的位置。

- 电信网络

规划无线网络时，可利用蒙特卡洛方法生成大量关于用户数量、位置和服务需求的随机样本，从而评估网络整体性能并进行优化。

- 可靠性工程

在可靠性工程中，蒙特卡洛方法常用于计算特定部件级响应下的系统级平均响应。例如，对于一个构造在地震活跃带上的交通网络，在给定组件（如桥梁、道路）失效率的情况下，可使用蒙特卡洛方法评估该交通网络特定终端的可靠性。

- 信号处理

在信号处理中，粒子滤波器和序列蒙特卡洛方法属于一类平均场粒子方法，对给定噪声和局部观测的信号过程进行采样，测量并计算其后验分布。

- 气候变化

世界气象组织和联合国环境规划署联合建立的政府间气候变化专门委员会（Intergovernmental Panel on Climate Change，IPCC）使用蒙特卡洛方法评估温室气体、气溶胶和人为外力等不确定性因素对全球整体温度变化的平均影响。

- 计算生物学

在无法进行物理实验的情况下，蒙特卡洛方法可以帮助生物学家进行数值实验，仿真基因组、蛋白质中的化学反应，并推演在断开化学键，在特定位置引入杂质，改变局部、整体结构，引入外部场等特殊场景下，生物系统的平均反应。蒙特卡洛方法已被广泛应用于计算生物学的各个领域。

- 电子游戏

基于蒙特卡洛方法的蒙特卡洛树搜索技术被广泛应用于确定战棋类回合制电子游戏中的最佳走位。该方法将所有可能的动作组织于一个搜索树中，从根节点出发，选择最优的子节点，直到到达叶节点，从而估计每个动作的潜在影响。

- 计算机图形学

计算机图形学中的路径跟踪方法也称为蒙特卡洛射线跟踪，即通过随机跟踪可能的光路径样本来渲染三维空间场景。该方法通过对任意给定的像素重复采样，最终使样本均值收敛到绘制方程的正确解，是当前最精确的三维图形绘制方法之一。

- 设计和视觉特效

蒙特卡洛仿真可以帮助设计师求解不同场景下的全局光照，生成逼真的虚拟三维模型图像，被广泛应用于电子游戏开发、建筑、设计及电影特效中。

- 搜索和救援

海上定位搜救系统可以利用蒙特卡洛方法来估算待救援船只的可能位置。在生成大量随机样本后，可根据这些样本生成多个搜索模式，通过优化总体成功概率，可找到最快捷且便利的救援方案。

- **商业和金融**

蒙特卡洛方法在商业领域通常用于评估不同决策方案所带来的不确定性及相关风险。商业风险分析师通过蒙特卡洛方法可以将销售额、商品和劳动力价格、利率、汇率、不同风险事件（如合同的取消或税法的变更）的影响等各类不确定性因素纳入变量中。蒙特卡洛方法在金融领域多用来模拟项目进度，通过对每个任务的最差与最好情况进行估计，确定整个项目的投资和财务估值。蒙特卡洛方法也被用于期权定价和违约风险分析。

3.2　统计矩微分方程法

统计矩微分方程（moment differential equation，MDE）法的发展历史悠久，曾一度被认为是蒙特卡洛方法的替代方法。该方法基于传统的数学分析，核心是构建和求解系统未知状态的统计矩控制方程，从而获取系统状态的统计信息。相较于蒙特卡洛方法的重复性仿真，统计矩微分方程法对每阶统计矩只需进行一次求解。

由于统计矩微分方程法在水文地质建模领域的应用已较为成熟，本节以该领域的实际应用为例，详细讲解这一方法的使用。第 3.2.1 节将对该方法及其背景进行简单介绍，第 3.2.2 节和第 3.2.3 节将分别展示加性与乘性噪声下统计矩微分方程法的使用。

3.2.1　方法简介

如前所述，受困于实际应用中系统的复杂度和工程操作的难度，可采集的数据往往很有限。利用这些有限样本所构建的系统参数模型势必存在不确定性，而含有这些参数的数理方程也被视为不确定系统。

以水文地质中常见的对流扩散反应（advection dispersion reaction，ADR）方程为例。该方程常用于描述某个浓度为 $C(\boldsymbol{x},t)$ 的物质在地下水流中的浓度变化过程，是一个偏微分方程[5]：

$$\phi\frac{\partial C}{\partial t} = \nabla \cdot (\boldsymbol{D}\nabla C) - \nabla \cdot (\boldsymbol{U}C) + R(C) \tag{3.26}$$

其中，$\boldsymbol{U}(\boldsymbol{x},t)$ 是对流系数，也称达西速度（Darcy velocity）；$R(C)$ 表示水流中物质的化学反应过程；$\boldsymbol{D}$ 代表水粒子的扩散速度，是二阶可微函数；ϕ 为地下物质（土壤、岩石等）的渗透率。

在真实的地下世界里，物质在水流中的传播过程极为复杂，而地层由于不同时期地理运动的沉积，其地质组成、结构以及性质均呈现出强烈的异质性（heterogeneity）分布。因此，式（3.26）中所有的水流参数或函数（$\boldsymbol{D},\boldsymbol{U},R(C),\phi$）都应表示为随机变量或随机函数。此外，鉴于测量设备自身的误差以及信息传输中可能存在的人为因素，所采集的数据

集 $\mathcal{M}$ 也或多或少地附带一定误差，也应表示为随机变量。上述因素使含随机变量的对流扩散反应方程 [式（3.26）] 变为随机方程，其解即物质浓度 $C(\boldsymbol{x}, t)$ 也成为随机变量。

最直接求解物质浓度的方法就是蒙特卡洛方法。如第 3.1 节所述，可以通过对随机参数进行大量采样：$\{\boldsymbol{D}_i, \boldsymbol{U}_i, R_i(C), \phi_i\}_{i \in \Sigma}^N$，代入对流扩散反应方程 [式（3.26）] 后反复求解，获得相应浓度 C_i 的精确解或数值解，并对此进行统计，获得数学期望 $E(C) = \dfrac{1}{|\Sigma|} \sum\limits_{i \in \Sigma} C_i$。但是，在实际应用中，渗透率 $\phi(\boldsymbol{x})$、扩散系数 $\boldsymbol{D}(C(\boldsymbol{x}))$ 等随机参数往往随空间位置的变化而变化，即任意一组观测点的样本 $\boldsymbol{x}_j$ 仅对应一组随机向量。也就是说，上述随机参数需要用随机过程来描述，而相应的取值空间为任意大小。此时，任何在概率空间中的有限展开式都无法得到精确定义在该空间的光滑函数。由前文可知，收敛速度为 $N^{1/2}$、计算量至少为 $N^{3/2}$ 的蒙特卡洛方法，其收敛所需的样本量呈现指数增长，不适用于含随机过程或高维随机向量方程的求解。

为了解决上述问题，科学家们开发了统计矩微分方程法，并发展为一套行之有效的理论体系。不同于蒙特卡洛方法直接求解对流扩散反应方程 [式 (3.26)]，统计矩微分方程法会构造系统状态每一阶统计矩的控制方程，并予以求解。均值和方差为该方法通常考虑的两类统计矩信息。

3.2.2　加性噪声随机参数

首先考虑加性噪声随机参数。假设只考虑实验室环境或者水流、土壤结构简单的区域。此时，系统的随机影响仅来源于降雨、人工实验设备等外部因素的叠加，而对流扩散反应方程 [式 (3.26)] 可以写为

$$\phi \frac{\partial C}{\partial t} = \nabla \cdot (\boldsymbol{D} \nabla C) - \nabla \cdot (\boldsymbol{U} C) + R(\boldsymbol{x}, t) \tag{3.27}$$

其不确定性仅来源于化学反应 $R(\boldsymbol{x}, t)$。

接下来根据式 (3.27) 推导未知浓度均值的控制方程。假设随机参数 $R(\boldsymbol{x}, t)$ 的概率密度函数可以由 $f_R(r)$ 表示。浓度受化学反应的影响，可作为随机参数 R 的函数，则其数学期望可以表示为

$$E(C(\boldsymbol{x}, t)) \equiv \overline{C}(\boldsymbol{x}, t) = \int C(r; \boldsymbol{x}, t) f_R(r) \mathrm{d}r \tag{3.28}$$

在式 (3.27) 等号两侧对随机参数 R 做积分运算。浓度 C 作为随机空间的有界函数，其导数光滑，故可交换 $\boldsymbol{x}, t$ 和 R 上的导数和积分以得到浓度均值的控制方程 $\overline{C}(\boldsymbol{x}, t)$：

$$\phi \frac{\partial \overline{C}}{\partial t} = \nabla \cdot (\boldsymbol{D} \nabla \overline{C}) - \nabla \cdot (\boldsymbol{U} \overline{C}) + \overline{R}(\boldsymbol{x}, t) \tag{3.29}$$

该方程为确定方程，其解 $\overline{C}$ 是系统状态的均值。

可以看出，统计矩微分方程法不同于蒙特卡洛方法，不需要重复求解原随机方程 [式 (3.27)]，仅需要求解一次相应的均值方程，即可得到未知浓度的一阶统计矩。如果需要求解系统状态的方差（二阶中心统计矩），可遵循相似思路，构建方差的控制方程，根据二阶中心统计矩的定义 [式 (2.27)]，在随机空间 R 上进行积分。同样的思路也适用于更高阶统计矩方程的推导。

除了假设 R 为随机参数，也可以假设式 (3.27) 的初值条件和边界条件为随机参数。假设该方程解的定义区间为 $\mathcal{D}$，其边界 $\partial\mathcal{D}$ 涵盖方程所有类型的边界条件：令第一类边界条件（狄利克雷边界条件）为 $\partial\mathcal{D}_\mathrm{D}$，第二类边界条件（诺伊曼边界条件）为 $\partial\mathcal{D}_\mathrm{N}$，第三类边界条件（罗宾边界条件）为 $\partial\mathcal{D}_\mathrm{R}$，即 $\partial\mathcal{D}_\mathrm{D} \cup \partial\mathcal{D}_\mathrm{N} \cup \partial\mathcal{D}_\mathrm{R} = \partial\mathcal{D}$。此时，式 (3.27) 的边界条件可以表示为

$$C = C_b, \qquad \boldsymbol{x} \in \partial\mathcal{D}_\mathrm{R} \tag{3.30a}$$

$$\boldsymbol{n} \cdot (\alpha \boldsymbol{U} C - \boldsymbol{D}\nabla C) = J_b, \qquad \boldsymbol{x} \in \partial\mathcal{D}_\mathrm{N} \cup \partial\mathcal{D}_\mathrm{R} \tag{3.30b}$$

其中，C_b 和 J_b 分别表示边界上的随机浓度和流量，$\boldsymbol{n}$ 表示边界上的单位向量，而系数 α 可以表示为

$$\alpha(\boldsymbol{x}) = \begin{cases} 0, & \boldsymbol{x} \in \partial\mathcal{D}_\mathrm{N} \\ 1, & \boldsymbol{x} \in \partial\mathcal{D}_\mathrm{R} \end{cases}$$

式 (3.27) 的初值条件可表示为

$$C(\boldsymbol{x},0) = C_0(\boldsymbol{x}), \qquad \boldsymbol{x} \in \mathcal{D} \tag{3.30c}$$

其中，C_0 表示已知的随机初值条件。

为了求解含上述随机边界条件和初值条件 [式 (3.30)] 的对流扩散反应方程 [式 (3.27)]，可以使用格林函数（Green function），用 $G(\boldsymbol{x}, \boldsymbol{y}, t - \tau)$ 表示。此时，$G(\boldsymbol{x}, \boldsymbol{y}, t - \tau)$ 满足：

$$\phi\frac{\partial G}{\partial t} = \nabla \cdot (\boldsymbol{D}\nabla G) - \nabla \cdot (\boldsymbol{U}G) + \delta(\boldsymbol{x} - \boldsymbol{y})\delta(t - \tau) \tag{3.31}$$

$$G(\boldsymbol{x}, 0) = 0 \tag{3.32}$$

$$G_b = 0, \qquad \boldsymbol{x} \in \partial\mathcal{D}_\mathrm{R} \tag{3.33}$$

$$\boldsymbol{n} \cdot (\alpha \boldsymbol{U} G - \boldsymbol{D}\nabla G) = 0, \qquad \boldsymbol{x} \in \partial\mathcal{D}_\mathrm{N} \cup \partial\mathcal{D}_\mathrm{R} \tag{3.34}$$

根据格林函数的定义，浓度可以表达为

$$C(\boldsymbol{x},t) = \int_0^t \int_\mathcal{D} R(\boldsymbol{y}, \tau) G \mathrm{d}\boldsymbol{y}\, \mathrm{d}\tau + \int_\mathcal{D} C_0(\boldsymbol{y}) G(\boldsymbol{x}, \boldsymbol{y}, t) \mathrm{d}\boldsymbol{y}$$

$$+ \int_0^t \int_{\partial \mathcal{D}_{\mathrm{D}}} C_b(\boldsymbol{y}, \tau) \boldsymbol{n} \cdot \nabla_{\boldsymbol{y}} G \mathrm{d} \boldsymbol{y} \mathrm{d} \tau + \int_0^t \int_{\partial \mathcal{D}_{\mathrm{N}} \cup \partial \mathcal{D}_{\mathrm{R}}} J_b(\boldsymbol{y}, \tau) G \mathrm{d} \boldsymbol{y} \mathrm{d} \tau \quad (3.35)$$

为了获得浓度的均值，可以根据其定义，对浓度表达式 [式 (3.35)] 在随机参数空间上进行积分。由于该表达式中仅有 $R(\boldsymbol{x}, t)$ 为随机参数，在其空间上积分后，可以将表示式整理为 R 的均值与 G 的乘积：

$$\overline{C}(\boldsymbol{x}, t) = \int_0^t \int_{\mathcal{D}} \overline{R}(\boldsymbol{y}, \tau) G \mathrm{d} \boldsymbol{y} \mathrm{d} \tau + \int_{\mathcal{D}} \overline{C}_0(\boldsymbol{y}) G(\boldsymbol{x}, \boldsymbol{y}, t) \mathrm{d} \boldsymbol{y}$$

$$+ \int_0^t \int_{\partial \mathcal{D}_{\mathrm{D}}} \overline{C}_b(\boldsymbol{y}, \tau) \boldsymbol{n} \cdot \nabla_{\boldsymbol{y}} G \mathrm{d} \boldsymbol{y} \mathrm{d} \tau + \int_0^t \int_{\partial \mathcal{D}_{\mathrm{N}} \cup \partial \mathcal{D}_{\mathrm{R}}} \overline{J}_b(\boldsymbol{y}, \tau) G \mathrm{d} \boldsymbol{y} \mathrm{d} \tau \quad (3.36)$$

对于更高阶统计矩的求解，可以依照上述思路，根据所需统计矩的定义，对解的积分表达式 [式 (3.35)] 进行相应推导。例如，对于浓度的协方差 $\sigma_C^2 = E(C^2) - \overline{C}^2$，读者可以对解 [式 (3.35)] 进行平方运算，然后取数学期望，获得一个含有随机参数 R 的协方差的积分：

$$\mathrm{Cov}_R = E\left(R(\boldsymbol{y}, \tau) \overline{R}(\hat{\boldsymbol{y}}, \hat{\tau})\right) - \overline{R}(\boldsymbol{y}, \tau) \overline{R}(\boldsymbol{y}, \tau) \overline{R}(\hat{\boldsymbol{y}}, \hat{\tau}) \quad (3.37)$$

此处方差的具体表达式推导烦琐，读者可以查阅参考文献 [6]。

接下来以一个简单实例说明如何使用统计矩微分方程法。为了方便理解，对式 (3.27) 进一步简化，仅考虑一维空间的情况。随机项 R 为空间信息的随机函数，令 $R = -zx$，其系数 z 满足正态分布，令 $z \sim \mathcal{N}(1, 0.1^2)$。考虑池塘、喷泉等相对简单的实验室环境，即渗漏率 $\phi = 0$。同时，假设扩散系数和对流系数为常数，令 $U = 0$，$D = 1$。在上述情况下，随机方程 [式 (3.27)] 可以表示为

$$\frac{\mathrm{d}^2 C}{\mathrm{d} x^2} = -zx, \qquad x \in [0, 1] \quad (3.38\mathrm{a})$$

其边界条件为

$$C(0) = C(1) = 0 \quad (3.38\mathrm{b})$$

此时格林函数可以写为

$$G(x, y) = \begin{cases} -x(1-y), & x < y \\ -y(1-x), & x > y \end{cases} \quad (3.39)$$

将格林函数代入式 (3.35)，即可得到浓度解：

$$C(x) = \int_0^1 zy G(x, y) \mathrm{d} y = -\frac{z}{6}\left(x^3 - x\right) \quad (3.40)$$

再根据式 (3.36)，可获得浓度解的一阶统计矩：

$$\overline{C} = \int_{-\infty}^{+\infty} \overline{z} y G(x, x_0) \mathrm{d}y = -\frac{1}{6}\overline{z}(x^3 - x) = -\frac{1}{6}(x^3 - x) \tag{3.41}$$

此处 $\overline{z}$ 表示随机系数的均值：$\overline{z} = 1$。

同理，浓度解的方差可以整理为

$$\sigma_C^2 = \frac{1}{3600}(x^3 - x)^2 \tag{3.42}$$

至此，可以画出系统状态的均值和标准差（方差的算术平方根）的空间分布图，如图 3.5 所示。不需要用蒙特卡洛方法对方程反复求解，只需要计算含有格林函数的积分即可直接得到系统状态的均值和方差等统计信息。

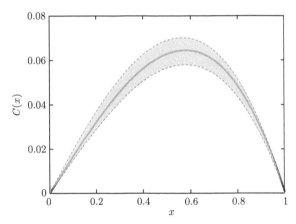

图 3.5　通过统计矩微分方程法获得的系统状态 $C(x)$ 的均值（蓝色实线）和标准差（灰色区域）

3.2.3　乘性噪声随机参数

上一小节所考虑的加性噪声的作用是将原随机系统等价为一个含不确定性的线性系统，因此可以得到关于系统解的精确表达式 [式 (3.35)]。但是，当对流速度 U 等系统自身的参数为随机变量或随机函数，即不确定性以乘性噪声的形式作用于整个方程时，只能在少数特殊情况下获得浓度解的精确表达式。在通常情况下，浓度解的统计矩需利用闭包予以近似。

首先引入雷诺分解（Reynolds decomposition），将一个随机项表示为其均值与噪声的和。这样原随机方程 [式 (3.27)] 的随机参数和随机系统状态可以表示为

$$\boldsymbol{U} = \overline{\boldsymbol{U}} + \boldsymbol{U}', \quad R = \overline{R} + R', \quad C = \overline{C} + C' \tag{3.43}$$

需要注意的是，在上述分解中，噪声的均值为 0。这样对雷诺分解取均值时，式 (3.43) 的等号两侧才能相等。

将雷诺分解 [式 (3.43)] 代入随机方程 [式 (3.27)] 后，对结果在随机参数 $\boldsymbol{U}$ 的取值空间上进行积分，可以得到一个浓度均值的控制方程：

$$\phi \frac{\partial \overline{C}}{\partial t} = \nabla \cdot \left(\boldsymbol{D} \nabla \overline{C} \right) - \nabla \cdot \left(\overline{\boldsymbol{U}}\,\overline{C} + E(\boldsymbol{U}'C') \right) + \overline{R}(\boldsymbol{x}, t) \tag{3.44}$$

但是，还需要清楚其中的混合统计矩 $E(\boldsymbol{U}'C')$，才可求解式 (3.44)，获得浓度均值 $\overline{C}$。虽然已知随机参数 $\overline{\boldsymbol{U}}$ 的概率分布函数，但其与系统状态 C 的联合概率分布函数仍然未知，这也使得无法直接计算积分方程 [式 (3.44)] 中的混合统计矩 $E(\boldsymbol{U}'C')$。

为此，可以利用原随机方程 [式 (3.27)] 的格林函数来表示混合统计矩。首先将雷诺分解 [式 (3.43)] 代入原随机方程 [式 (3.27)]，然后在等号两侧乘以雷诺分解中的噪声 $\boldsymbol{U}'$，再对整个结果取数学期望，最后可以整理得到：

$$E(\boldsymbol{U}'C') = \int_0^t \int_{\mathcal{D}} \left\{ \alpha \nabla_{\boldsymbol{y}} \cdot E(\boldsymbol{U}'C') - \beta \nabla_{\boldsymbol{y}} \overline{C} - \gamma \overline{C} \right\} \mathrm{d}\boldsymbol{y}\mathrm{d}\tau$$
$$- \int_0^t \int_{\Gamma_R} \left\{ \alpha E(\boldsymbol{U}'^{\mathrm{T}}C') - \beta \overline{C} \right\} \boldsymbol{n}\mathrm{d}\boldsymbol{y}\mathrm{d}\tau \tag{3.45}$$

其中，积分参数 α, β, γ 也被称为核函数，分别表示为

$$\alpha(\boldsymbol{x}, t; \boldsymbol{y}, \tau) = E\left(G(\boldsymbol{x}, t; \boldsymbol{y}, \tau) \boldsymbol{U}'(\boldsymbol{x}, t) \right) \tag{3.46a}$$

$$\beta(\boldsymbol{x}, t; \boldsymbol{y}, \tau) = E\left(G(\boldsymbol{x}, t; \boldsymbol{y}, \tau) \boldsymbol{U}'(\boldsymbol{x}, t) \boldsymbol{U}'^{\mathrm{T}}(\boldsymbol{x}, t) \right) \tag{3.46b}$$

$$\gamma(\boldsymbol{x}, t; \boldsymbol{y}, \tau) = E\left(G(\boldsymbol{x}, t; \boldsymbol{y}, \tau) \boldsymbol{U}'(\boldsymbol{x}, t)\, R'(\boldsymbol{x}, t) \right) \tag{3.46c}$$

需要注意的是，此时的格林函数 G 由于其控制方程 [式 (3.31)] 含有随机参数 $\boldsymbol{U}$，自身也呈现随机化。因此，上述含有随机格林函数的核函数 α, β, γ [式 (3.46)] 无法直接通过计算获得，需要近似简化。

在过去的 30 多年里，科学家们开发了众多用于近似上述核函数 [式 (3.46)] 的方法，而这些方法或多或少都依赖于原随机系统本身的物理特性，具有一定的局限性。读者可以根据实际情况，选择合理的近似方法。例如，有人通过量子力学中常用的摄动分析（perturbation analysis）来计算混合统计矩，该方法假设在随机参数的雷诺分解中，噪声项远小于均值项，但这一假设也大大限制了摄动分析的应用范围，使其仅适合误差微小的随机参数，而在某些极端情况下，基于摄动分析的统计矩微分方程法甚至无法有效收敛。除此之外，科学家们也使用过两点或者四点闭包予以近似，使用这两种方法的前提都是随机参数 $\boldsymbol{U}$ 呈现正态分布，遗憾的是，这一理想状况与现实观测往往存在着不小差距。

如果使用量级分析（order-of-magnitude analysis），则可以依照随机核函数 [式 (3.46)] 中各项的大小，将其近似为

$$\alpha(\boldsymbol{x}, t; \boldsymbol{y}, \tau) \approx \overline{G}\, E(\boldsymbol{U}'(\boldsymbol{x}, t)) = 0 \tag{3.47a}$$

$$\beta(\boldsymbol{x}, t; \boldsymbol{y}, \tau) \approx \overline{G}\, E(\boldsymbol{U}'(\boldsymbol{x}, t)\boldsymbol{U}'^{\mathrm{T}}(\boldsymbol{x}, t)) \tag{3.47b}$$

$$\gamma(\boldsymbol{x}, t; \boldsymbol{y}, \tau) \approx \overline{G}\, E(\boldsymbol{U}'(\boldsymbol{x}, t)\, R'(\boldsymbol{x}, t)) \tag{3.47c}$$

其中，$\overline{G}$ 为随机格林函数的数学期望，$E\left(\boldsymbol{U}'(\boldsymbol{x}, t)\boldsymbol{U}'^{\mathrm{T}}(\boldsymbol{x}, t)\right)$，$E\left(\boldsymbol{U}'(\boldsymbol{x}, t)\, R'(\boldsymbol{x}, t)\right)$ 为已知概率分布的随机参数的协方差矩阵，可以通过计算得到。此时，混合统计矩 [式 (3.45)] 变为

$$E(\boldsymbol{U}'C') \approx \int_0^t \int_{\mathcal{D}} \left\{ \beta \nabla_{\boldsymbol{y}} \overline{C} + \gamma \overline{C} \right\} \mathrm{d}\boldsymbol{y}\mathrm{d}\tau \tag{3.47d}$$

将式 (3.47d) 代入浓度的均值方程 [式 (3.44)] 中，可以得到一个微积分方程，其形式与传统菲克扩散（Fickian diffusion）存在较大差异，也从侧面说明了物质在非均匀介质中平均传输的异菲克特性。

如果使用蒙特卡洛方法，就无法从统计分析中发现这一物理现象。因此，统计矩微分方程法的一个重要优势就是其良好的解析能力，有助于发现和分析微小的随机现象。

综上所述，统计矩微分方程法通常以系统状态的均值和方差这两个统计矩为研究目标。前者可用于描述系统状态的平均反应，后者则用来量化前者的预测可靠性。除非在极为理想的情况下，统计矩微分方程法需要借助闭包近似这一额外条件来求解均值和方差。因此，在实际应用中，为了避免引入过多近似增加误差，往往不会计算更高阶的统计矩，也无法获得系统状态的全部统计信息。

相较于蒙特卡洛方法，统计矩微分方程法的计算成本较低，其主要计算量来自格林函数的数值求解，所需计算的方程数量等于其时空数值网格总量 N_{ele}。统计矩微分方程法可以根据其自身 3 个重要特性降低数值计算成本。第一，格林函数为对称函数，仅需计算其一半网格点数 ($N_{\mathrm{ele}}/2$) 的控制方程。第二，格林函数定义于狄拉克函数，计算时仅需考虑该点在时空的有限邻域内的瞬间反应，无须求解整个网格空间。第三，统计矩微分方程法的系数为随机参数的均值，无须考虑局部信息。因此，统计矩微分方程法的计算网格相较于蒙特卡洛方法的求解网格更为粗糙，大大降低了总计算成本。

3.3　广义多项式混沌法

广义多项式混沌（generalized polynomial chaos，gPC）法是当下常用的参数不确定性量化方法之一，其核心目标是在特定的多项式空间中，构建目标系统的随机参数（输入）与系统状态（输出）的函数关系模型。

广义多项式混沌法根植于正交多项式与逼近理论，具有深厚的数学理论支撑。为了方便读者迅速掌握该方法的基本原理，本节侧重于其使用方法的讲解。第 3.3.1 节将简单介绍相关基本概念，第 3.3.2 节和第 3.3.3 节将分别展示两种数值实现路径：随机加廖尔金法（stochastic Galerkin method）和随机配置法（stochastic collocation method）。最后，将对上述两种数值实现路径进行比较和小结。

3.3.1 基本概念

控制论的奠基人——维纳在 1938 年的工作中，针对高斯随机过程的分解，首次提出了多项式混沌一词。不同于动力系统中的混沌现象，维纳所研究的多项式混沌法特指作为正交基的埃尔米特多项式。虽然其有效性在后来的工作中已被证明，但是伴随着相对沉寂的半个世纪，当代多项式混沌法的研究由美国南加州大学的加尼姆（Roger G. Ghanem）在 20 世纪末重新开启。他与合作者将埃尔米特多项式作为正交基，用于描述正态分布的随机过程，并在多项式空间上将其与有限元方法结合，成功应用于含随机参数输入的动力学模型之中[7]。加尼姆开创的方法获得了迅速发展。为了提高多项式混沌法的普适性，美国布朗大学的修东滨（Dongbin Xiu）和卡尼亚达克斯（George Karniadakis）提出了基于阿斯基体系（Askey scheme）的广义多项式混沌法，将随机参数扩展至含非高斯分布的随机过程。该方法用谱方法表示随机空间，通过不同种类的多项式组合来实现最优的收敛性，大大扩展了经典多项式混沌法的适用范围，为不确定性量化方法的应用提供了坚实的理论基础。在此基础上，世界各地的科学家们逐步验证了广义多项式混沌法在各种偏微分方程中的应用[8,9]，给出了分段多项式基函数、小波基函数和多元广义多项式混沌等多个定义，进一步放宽了基准多项式的光滑条件，完善了广义多项式混沌法的数学理论。

简而言之，广义多项式混沌法利用正交多项式 ϕ 近似目标函数。假设系统状态 u 不仅在时空上变化，同时受到总量为 N_Z 的随机参数 $\boldsymbol{Z} = (Z_1, \cdots, Z_{N_Z}) \in \Omega \subset \mathbb{R}^{N_Z}$ 的影响，则其系统状态 $u(\boldsymbol{x}, t, \boldsymbol{Z})$ 可以通过 N_{gpc} 阶广义多项式混沌展开 $v_{N_{\mathrm{gpc}}}$ 近似为

$$u(\boldsymbol{x}, t, \boldsymbol{Z}) \approx v_{N_{\mathrm{gpc}}}(\boldsymbol{x}, t, \boldsymbol{Z}) = \sum_{|\boldsymbol{i}|=0}^{N_{\mathrm{gpc}}} \hat{v}_{\boldsymbol{i}}(\boldsymbol{x}, t) \Phi_{\boldsymbol{i}}(\boldsymbol{Z})$$

相关科学家简介

维纳（Norbert Wiener，1894—1964），美国数学家，控制论的奠基人，随机过程和噪声信号处理的先驱。他提出的"维纳测度"是现代概率测度论的基础。他的著作《控制论》不仅促成了一门新兴学科的诞生，还启发了诸如人工智能、认知科学、现代经济理论等多个领域的发展。

相关科学家简介

加尼姆（Roger Georges Ghanem，1963— ），美国数学家，多项式混沌理论的奠基人之一。他作为不确定性量化的先驱，研究领域涉及概率建模与随机计算、结构动力学与地震工程、动力系统辨识与控制等，是美国工业与应用数学学会、美国土木工程师学会、美国机械工程师学会、美国计算机学会等多个行业学会会士。

$$= \sum_{|\boldsymbol{i}|=0}^{N_{\mathrm{gpc}}} \hat{v}_{(i_1,\dots,i_{N_Z})}(\boldsymbol{x},t)\,\phi_{i_1}(Z_1)\cdots\phi_{i_{N_Z}}(Z_{N_Z}) \qquad (3.48)$$

此处假定各随机参数相互独立，其联合概率分布函数和联合概率密度函数分别由 $F_{\boldsymbol{Z}}(\boldsymbol{Z}')$ 和 $\mathrm{d}F_{\boldsymbol{Z}}$ 表示。广义多项式混沌展开的下角标为多元标识 $\boldsymbol{i}=(i_1,\cdots,i_{N_Z})\in\mathbb{N}^{N_Z}$，此处用全等级型体系表示，即下角标数值为各项单标识的和：$|\boldsymbol{i}|=i_1+\cdots+i_{N_Z}$。

广义多项式混沌展开的各项系数为 $\hat{v}_{\boldsymbol{i}}(\boldsymbol{x},t)$，其基函数为正交多项式，其中，$\Phi_{\boldsymbol{i}}(Z)$ 表示阶数为 $\boldsymbol{i}$ 的多元正交多项式，$\phi_{i_{N_Z}}(Z_{N_Z})$ 表示阶数为 i_{N_Z}、随机参数为 Z_{N_Z} 的单元正交多项式。正交多项式满足下述正交特性：

$$E(\Phi_{\boldsymbol{i}}(\boldsymbol{Z})\Phi_{\boldsymbol{j}}(\boldsymbol{Z})) = \int_{\Omega} \Phi_{\boldsymbol{i}}(\boldsymbol{Z}')\Phi_{\boldsymbol{j}}(\boldsymbol{Z}')\,\mathrm{d}F_{\boldsymbol{Z}}(\boldsymbol{Z}') = \gamma_{\boldsymbol{i}}\delta_{\boldsymbol{i},\boldsymbol{j}}, \qquad 0 \leqslant |\boldsymbol{i}|,|\boldsymbol{j}| \leqslant N_{\mathrm{gpc}} \qquad (3.49)$$

其中，$\gamma_{\boldsymbol{i}}$ 为正交多项的标准系数，$\delta_{\boldsymbol{i},\boldsymbol{j}}$ 为多元克罗内克 δ 函数（Kronecker delta function）：

$$\delta_{\boldsymbol{i},\boldsymbol{j}} = \prod_{d=1}^{N_Z} \delta_{i_d,j_d} = \begin{cases} 1, & i_d = j_d \\ 0, & i_d \neq j_d \end{cases} \qquad (3.50)$$

可以看出，在上述正交关系中 [式 (3.49)]，随机参数 $\boldsymbol{Z}$ 的联合概率密度函数 $\mathrm{d}F_{\boldsymbol{Z}}$ 决定正交多项式的形式种类，也称为权重 w。

广义多项式混沌展开 [式 (3.48)] 是在加权二范数 l_w^2 下对系统状态 u 的最佳逼近，其收敛速度可以表示为

$$\|u(\boldsymbol{Z})-v_{N_{\mathrm{gpc}}}(\boldsymbol{Z})\|_{l_w^2}^2 = \int_{\Omega} |u(\boldsymbol{Z}')-v_{N_{\mathrm{gpc}}}(\boldsymbol{Z}')|^2 \mathrm{d}F_{\boldsymbol{Z}}(\boldsymbol{Z}') \leqslant cN_{\mathrm{gpc}}^{-\lambda} \to 0, \qquad N_{\mathrm{gpc}} \to +\infty \qquad (3.51)$$

此处 $c\in\mathbb{R}$ 为实数空间上任意一个常数，$\lambda>0$ 表示系统状态 u 与随机参数 $\boldsymbol{Z}$ 之间真实函数关系 $u(\boldsymbol{Z})$ 的光滑度测量指标。在实际应用中，一般只需要通过低阶广义多项式混沌展开，即可精准近似相对光滑的函数关系 $u(\boldsymbol{Z})$。

接下来将系统地介绍广义多项式混沌展开 [式 (3.48)] 的正交多项式 ϕ、收敛性、维度与标识 $\boldsymbol{i}$，并展示如何通过广义多项式混沌展开来获得系统状态均值、方差、概率密度函数等统计特征的近似。

相关科学家简介

修东滨（Dongbin Xiu），美国数学家。他开创性地提出了广义多项式混沌法并奠定了相关理论基础，为不确定性量化的推广提供了重要支撑。先后获得了美国自然科学基金委 CAREER 奖和美国俄亥俄州终身杰出学者奖。他的著作 *Numerical Methods for Stochastic Computations: A Spectral Method Approach* 是学习随机计算数值方法的重要参考书之一。

1. 正交多项式

多项式指由若干个单项式相加组成的代数式，通常可以写为如下形式：

$$\phi_n(x) = \sum_{i=0}^{n} a_i x^i, \quad n \in \mathbb{N} \tag{3.52}$$

其中，n 称为多项式的阶数，a_i 为第 i 个单项式的系数。一个 n 阶多项式共含有 $n+1$ 个系数。

定义 3.1 (正交多项式)　令 $\omega \in \Omega$ 为一个存在于空间 Ω 的正度量。如果一个 n 维的多项式系统 $\phi_n(x)(n \in \mathbb{N})$ 满足下述积分关系，则称之为关于度量 $\omega > 0$ 的正交多项式系统：

$$\int_\Omega \phi_n(x)\,\phi_m(x)\,\mathrm{d}\omega(x) = \gamma_n \delta_{mn} = \begin{cases} \gamma_n, & m \neq n \\ 0, & m = n \end{cases}, \quad m, n \in \mathbb{N} \tag{3.53}$$

如果上式中的度量 ω 连续，则可以理解为某个特定的密度函数 $w(x)$，结合前文中广义多项式混沌展开的定义 [式 (3.48)]，该度量为随机参数的概率密度函数。同理，如果度量 ω 离散，则可以理解为空间 Ω 中每个赋值点 x_i 的权重 w_i。此时，上述正交多项式的数学定义 [式 (3.53)] 可写为

$$\sum_i^{+\infty} \phi_n(x_i)\,\phi_m(x_i)w_i = \gamma_n \delta_{mn}, \quad m, n \in \mathbb{N} \tag{3.54}$$

上述正交多项式的定义也可以通过加权内积 $(u, v)_\omega$ 这一运算形式进行理解：

$$(u, v)_\omega = \int_\Omega u(x)v(x)\mathrm{d}\omega(x) \tag{3.55a}$$

$$(u, v)_\omega = \int_\Omega u(x)v(x)\,w(x)\mathrm{d}x \text{(连续度量)} \tag{3.55b}$$

$$(u, v)_\omega = \sum_i u(x_i)v(x_i)\,w_i(x_i) \text{(离散度量)} \tag{3.55c}$$

此时正交多项式的定义 [式 (3.53)] 可整理为

$$(\phi_m, \phi_n)_w = \gamma_n \delta_{mn} = \begin{cases} \gamma_n, & m \neq n \\ 0, & m = n \end{cases}, \quad m, n \in \mathbb{N} \tag{3.56}$$

需要注意的是，正交多项式的归一化常数大于 0：$\gamma = (\phi_n, \phi_n)_\omega = \|\phi_n\|_\omega^2 > 0$。当该常数取值为 1 时，$\gamma_n = 1$，上述多项式系统 ϕ_n 为归一化的正交多项式。

对于同一种类的正交多项式，其不同阶数的表达式可由以下法瓦尔定理（Favard therorem）[10] 得到。

定理 3.2 (法瓦尔定理)　所有在实线上的正交多项式 $\{\phi_n(x), n \in \mathbb{N}\}$ 均满足 3 项递推关系式：

$$
\begin{cases}
\phi_{-1}(x) = 0 \\
\phi_0(x) = 1 \\
\phi_{n+1}(x) = \{A_n(x) + B_n\}\phi_n(x) - C_n\phi_{n-1}(x), \quad n \geqslant 0
\end{cases}
\tag{3.57}
$$

这里 A_n, B_n, C_n 为任意实数序列，且 $A_n \neq 0, C_n \neq 0, C_n A_n A_{n-1} > 0$。

正交多项式种类多样，绝大部分可统一表示为超几何序列的形式。

定义 3.2 (超几何序列)　如果序列 $_rF_s$ 满足如下条件，则称之为超几何序列：

$$
_rF_s(a_1, \cdots, a_r; b_1, \cdots, b_s; z) = \sum_{k=0}^{+\infty} \frac{(a_1)_k \cdots (a_r)_k z^k}{(b_1)_k \cdots (b_s)_k k!}
\tag{3.58}
$$

其中，$b_i \neq 0, -1, -2, \cdots$，$(a)_n$ 的定义为

$$
(a)_n = \begin{cases}
a, & n = 0 \\
a(a+1)\cdots(a+n-1), & n = 1, 2, \cdots
\end{cases}
\tag{3.59}
$$

此处 r, s 为超几何序列 $_rF_s$ 的参数。如果 $a \in \mathbb{N}^+$，则 $(a)_n = (a+n-1)!/(a-1)!$；如果 $a \in \mathbb{R}^+$，则可用伽马函数 $\Gamma(\cdot)$ 表示：$(a)_n = \Gamma(a+n)/\Gamma(a)$。

不同参数组合 (r, s) 会产生迥异的超几何序列 $_rF_s$。数学家们通常使用阿斯基体系（Askey scheme）对这些超几何序列进行分类。图 3.6 展示了在阿斯基体系下，不同超几何序列之间的关系。所有多项式都可追溯至图 3.6 顶端的两个 $_4F_3$ 类超几何序列：连续形式的威尔逊多项式（Wilson polynomial）和离散形式的拉卡多项式（Racah polynomial）。

此外，图 3.6 中连接线两端的不同多项式之间存在着转化关系，即连线顶端的多项式可通过对其部分参数取极限的方式获得连线底端的多项式。例如，$_2F_1$ 类超几何序列的迈克斯纳多项式 $M_n(x; \beta, c)$ 与 $_1F_1$ 类超几何序列的查理耶多项式 $C_n(x; a)$ 相连，两者之间的转化关系为

$$
\lim_{\beta \to +\infty} M_n(x; \beta, \frac{a}{a+\beta}) = C_n(x; a)
$$

相关科学家简介

　　卡尼亚达克斯（George EM Karniadakis），美国数学家。他在不确定性量化、神经网络上做出了重要贡献，与美国数学家修东滨一同提出了广义多项式混沌法，开创性地提出了物理感知网络（physics-informed neural network，PINN），研究方向涵盖概率论、随机仿真、偏微分方程和复杂生物系统的多尺度建模等。

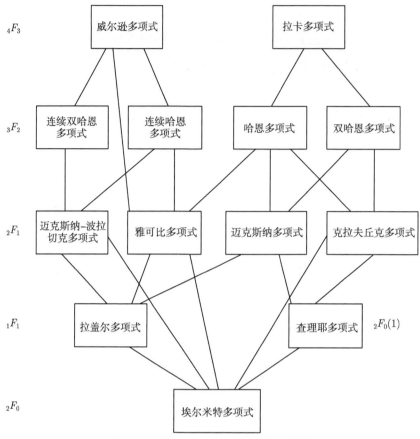

$_4F_3$ 威尔逊多项式   拉卡多项式

$_3F_2$ 连续双哈恩多项式   连续哈恩多项式   哈恩多项式   双哈恩多项式

$_2F_1$ 迈克斯纳–波拉切克多项式   雅可比多项式   迈克斯纳多项式   克拉夫丘克多项式

$_1F_1$ 拉盖尔多项式   查理耶多项式 $_2F_0(1)$

$_2F_0$ 埃尔米特多项式

图 3.6   超几何序列的阿斯基体系 [13]

图 3.6 中埃尔米特多项式 $H(x)$ 属于 $_2F_0$ 类超几何序列，它与 $_1F_1$ 类超几何序列的雅可比多项式 $J_n^{(\alpha,\beta)}$ 之间的转化关系为

$$\lim_{\alpha \to +\infty} \alpha^{-\frac{1}{2}n} P_n^{(\alpha,\alpha)}\left(\frac{x}{\sqrt{\alpha}}\right) = \frac{H_n(x)}{2^n n!}$$

对于多元概率分布函数，其广义多项式混沌基函数可由维纳-阿斯基体系（Wiener-Askey scheme) 的单元多项式的乘积组成。读者如需了解更多关于超几何序列和阿斯基体系的信息，可以查阅参考文献 [11]、[12] 以对正交多项式的性质进行更深层次的了解。

如前所述，正交多项式 $\{\Phi_i(\boldsymbol{Z})\}$ 的种类由随机参数的概率密度函数 $\mathrm{d}F_{\boldsymbol{Z}}$ 决定。表 3.2 列举了一些较为常见的分布函数及其所对应的正交多项式。

接下来将简单介绍几种常用于广义多项式混沌基函数的正交多项式。此处将重点讨论标准化的连续型多项式。通过适当地缩放，下述多项式的定义域可调整为 $[-1, 1]$、$\mathbb{R}$ 和 $(0, +\infty)$ 等有界区间、整实线和半实线。

表 3.2　常见的分布函数及相应的广义多项式混沌基函数

分布类型	分布函数	广义多项式混沌基函数	定义域
连续分布	高斯分布	埃尔米特多项式（Hermite polynomial）	$(-\infty, +\infty)$
	τ 分布	拉盖尔多项式（Laguerre polynomial）	$[0, +\infty)$
	β 分布	雅可比多项式（Jacobi polynomial）	$[a, b]$
	均匀分布	勒让德多项式（Legendre polynomial）	$[a, b]$
离散分布	泊松分布	查理耶多项式（Charlier polynomial）	$\{0, 1, 2, \cdots\}$
	二项分布	克拉夫丘克多项式（Kravchuk polynomial）	$\{0, 1, \cdots, n\}$
	负二项分布	迈克斯纳多项式（Meixner polynomial）	$\{0, 1, 2, \cdots\}$
	超几何分布	哈恩多项式（Hahn polynomial）	$\{0, 1, \cdots, n\}$

例 3.1 (埃尔米特多项式)　埃尔米特多项式是定义于实数域 $\mathbb{R}$ 上的连续多项式：

$$\mathrm{H}_n(x) = (\sqrt{2}x)^n\, {}_2F_0\left(-\frac{n}{n}, -\frac{n-1}{2}; \phi; -\frac{2}{x^2}\right) \tag{3.60}$$

$$\int_{-\infty}^{+\infty} \mathrm{H}_m(x)\mathrm{H}_n(x)w(x)\mathrm{d}x = n!\delta_{mn} \tag{3.61}$$

这里 $w(x) = \mathrm{e}^{\frac{-x^2}{2}}/\sqrt{2\pi}$。通过它的三项递推关系可知：

$$\mathrm{H}_{n+1}(x) = x\mathrm{H}_n(x) - n\mathrm{H}_{n-1}(x), \quad n > 0 \tag{3.62}$$

由此可推导出埃尔米特多项式的表达式，并将前几阶表达式列于表 3.3。

需要注意的是，上述埃尔米特多项式表达式与经典的埃尔米特多项式 $\widetilde{\mathrm{H}}_n(x)$ 在缩放系数上略有不同：

$$\widetilde{\mathrm{H}}_{n+1}(x) = 2x\widetilde{\mathrm{H}}_n(x) - 2n\widetilde{\mathrm{H}}_{n-1}(x), \quad n > 0$$

$$\int_{-\infty}^{+\infty} \widetilde{\mathrm{H}}_m(x)\widetilde{\mathrm{H}}_n(x)\widetilde{w}(x)\mathrm{d}x = 2^n n!\delta_{mn}$$

此处权重函数为 $\widetilde{w}(x) = \mathrm{e}^{\frac{-x^2}{2}}/\sqrt{\pi}$。在稍后的讨论中将使用 $\mathrm{H}_n(x)$ 的定义。

表 3.3　埃尔米特多项式部分阶的表达式

阶数	表达式
0	$\mathrm{H}_0(x) = 1$
1	$\mathrm{H}_1(x) = x$
2	$\mathrm{H}_2(x) = x^2 - 1$
3	$\mathrm{H}_3(x) = x^3 - 3x$
4	$\mathrm{H}_4(x) = x^4 - 6x^2 + 3$
5	$\mathrm{H}_5(x) = x^5 - 10x^3 + 15x$

例 3.2 (雅可比多项式) 雅可比多项式是定义于 $[-1, 1]$ 上的连续多项式：

$$J_n^{(\alpha,\beta)}(x) = \frac{(\alpha+1)_n}{n!} {}_2F_1\left(-n, n+\alpha+\beta+1; \alpha+1; \frac{1-x}{2}\right) \tag{3.63}$$

$$\int_{-1}^{1} J_n^{(\alpha,\beta)}(x) J_m^{(\alpha,\beta)}(x) w(x) \mathrm{d}x = h_n^2 \delta_{mn} \tag{3.64}$$

其中，

$$h_n^2 = \frac{(\alpha+1)_n (\beta+1)_n}{n!(2n+\alpha+\beta+1)(\alpha+\beta+2)_{n-1}} \tag{3.65}$$

$$w(x) = \frac{\Gamma(\alpha+\beta+2)}{2^{\alpha+\beta+1}\Gamma(\alpha+1)\Gamma(\beta+1)}(1+x)^\alpha(1+x)^\beta \tag{3.66}$$

它的三项递推关系为

$$\begin{aligned}
x J_n^{(\alpha,\beta)}(x) &= \frac{2(n+1)(n+\alpha+\beta+1)}{(2n+\alpha+\beta+1)(2n+\alpha+\beta+2)} J_{n+1}^{(\alpha,\beta)}(x) \\
&+ \frac{\beta^2-\alpha^2}{(2n+\alpha+\beta)(2n+\alpha+\beta+2)} J_n^{(\alpha,\beta)}(x) \\
&+ \frac{2(n+\alpha)(n+\beta)}{(2n+\alpha+\beta)(2n+\alpha+\beta+2)} J_{n-1}^{(\alpha,\beta)}(x)
\end{aligned} \tag{3.67}$$

例 3.3 (勒让德多项式) 勒让德多项式是定义于 $[-1, 1]$ 上的连续多项式，也是当 $\alpha = \beta = 0$ 时雅可比多项式的特殊情形：

$$\mathrm{P}_n(x) = J_n^{(0,0)} = {}_2F_1\left(-n, n+1; 1; \frac{1-x}{2}\right) \tag{3.68}$$

$$\int_{-1}^{1} \mathrm{P}_n(x)\mathrm{P}_m(x)\mathrm{d}x = \frac{2}{2n+1}\delta_{mn} \tag{3.69}$$

通过它的三项递推关系：

$$\mathrm{P}_n + 1 = \frac{2n+1}{n+1}x\mathrm{P}_n(x) - \frac{n}{n+1}\mathrm{P}_{n-1}(x), \quad n > 0 \tag{3.70}$$

可以推导其前几阶的表达式，如表 3.4 所示。

例 3.4 (拉盖尔多项式) 拉盖尔多项式是定义于 $[0, +\infty)$ 上的连续多项式：

$$\mathrm{L}_n^\alpha(x) = \frac{\alpha+1_n}{n!} {}_1F_1(-n; \alpha+1; x), \quad \alpha > -1 \tag{3.71}$$

且满足以下条件：

$$(n+1)\mathrm{L}_{n+1}^\alpha(x) = (-x+2n+\alpha+1)\mathrm{L}_n^\alpha(x) - (n+\alpha)\mathrm{L}_{n-1}^\alpha(x), \quad n > 0 \tag{3.72}$$

$$\int_0^{+\infty} \mathrm{L}_m^\alpha(x)\mathrm{L}_n^\alpha(x)w(x)\mathrm{d}x = \frac{\Gamma(n+\alpha+1)}{n!}\delta_{m,n} \tag{3.73}$$

其权重为 $w(x) = \mathrm{e}^{-x}x^\alpha$。需要注意的是，拉盖尔多项式主要系数的符号会随多项式阶数的增加而改变。

表 3.4　勒让德多项式的部分表达式

阶数	表达式
0	$\mathrm{P}_0(x) = 1$
1	$\mathrm{P}_1(x) = x$
2	$\mathrm{P}_2(x) = \dfrac{1}{2}\left(3x^2 - 1\right)$
3	$\mathrm{P}_3(x) = \dfrac{1}{2}\left(5x^3 - 3x\right)$
4	$\mathrm{P}_4(x) = \dfrac{1}{8}\left(35x^4 - 30x^2 + 3\right)$
5	$\mathrm{P}_5(x) = \dfrac{1}{8}\left(63x^5 - 70x^3 + 15x\right)$

2. 正交多项式的收敛性

加权二范数是一种常用的度量标准，被广泛用于科学研究和工程实践中。在加权二范数 l_w^2 下，广义多项式混沌展开是目标函数 u 的最佳逼近。这一优良的收敛性源于作为广义多项式混沌基函数的正交多项式。接下来将重点介绍这一特性。

首先通过加权二范数定义多项式对函数的逼近。对于正权重函数 $w(x) > 0$，其定义于加权二范数 l^2 的内积可以写为

$$(u, v)_{l_w^2} = \int_\Omega u(x)v(x)w(x)\mathrm{d}x \tag{3.74}$$

相应的加权二范数定义为

$$\|u\|_{l_w^2} = \sqrt{\int_I u^2(x)w(x)\mathrm{d}x} \tag{3.75}$$

令 $P_N(\cdot)$ 为加权二范数的投影算子，$P_N(u) \in \mathbb{P}_n$ 为函数 u 通过内积运算 [式 (3.74)] 在多项式空间 $\mathbb{P}_n$ 的正交投影：

$$P_N(u) \triangleq \sum_{k=0}^N \widehat{u}_k \phi_k(x) \tag{3.76}$$

$$\widehat{u}_k \triangleq \frac{1}{\|\phi_k\|_{l_w^2}^2}(u, \phi_k)_{l_w^2}, \quad 0 \leqslant k \leqslant N \tag{3.77}$$

其中，$\{\phi_m\}_{k=0}^N \subset (P)_n$ 表示一组正交多项式：

$$(\phi_m(x), \phi_n(x))_{l_w^2(I)} = ||\phi_m||_{l_w^2(I)}^2 \delta_{m,n}, \quad 0 \leqslant m, n \leqslant N \tag{3.78}$$

根据施瓦兹不等式（Schwarz inequality），函数投影的加权二范数 [式 (3.76)] 小于或等于原函数的加权二范数：

$$||P_N(u)||_{l_w^2} \leqslant ||u||_{l_w^2} \tag{3.79}$$

同时，根据帕塞瓦尔等式（Parseval equality），原函数 u 的加权二范数可以整理为

$$||u||_{l_w^2}^2 = \sum_{k=0}^{+\infty} \widehat{u}_k^2 ||\phi_k||_{l_w^2}^2 \tag{3.80}$$

定理 3.3（加权二范数下的最佳逼近） 对于任意函数 u 和任意非负整数 $N \in \mathbb{N}$，其正交投影 $P_N(u)$ 是加权二范数下对自身的最佳逼近：

$$||u - P_N(u)||_{l_w^2} = \inf_{\psi \in \mathbb{P}_n} ||u - \psi||_{l_w^2} \tag{3.81}$$

此处投影的逼近误差 $u - P_N(u)$ 也具有正交性：

$$\int_I (u - P_N(u))\phi w \, \mathrm{d}x = (u - P_N(u), \phi)_{l_w^2} = 0, \quad \forall \phi \in \mathbb{P}_N \tag{3.82}$$

除了上述加权二范数的定义，也可以通过无穷范数来描述多项式对函数的逼近。根据魏尔斯特拉斯判别法（Weierstrass discriminant），在有界、封闭空间上定义的任意连续函数都可由某个多项式来进行一致逼近。还可以进一步证明，对于任意给定的连续函数 $u(x)$，存在唯一的最佳逼近多项式 $\phi_n(u)$ [14]，该多项式 $\phi_n(u)$ 也称为函数 $u(x)$ 的最佳一致逼近：

$$\lim_{n \to +\infty} ||f - \phi_n(f)||_{+\infty} = 0 \tag{3.83}$$

对于任意函数 u，其正交投影的逼近效果（收敛速度）不仅依赖于该函数的光滑程度（可导性），也受正交多项式种类 $\{\phi_k\}$ 的影响：

$$\lim_{N \to +\infty} ||u - P_N(u)||_{l_w^2} = 0 \tag{3.84}$$

对于某一固定阶数 N 的正交投影，原函数 u 越光滑，其正交投影的近似误差越小。在传统数值方法中，有限差分近似和有限元逼近的收敛速度不取决于原函数的光滑程度。正交投影的这一收敛性也称为谱收敛（spectral convergence）。

例 3.5 ($|\sin(\pi x)|^3$ 和绝对值函数 $|x|$ 的勒让德多项式投影)　用勒让德多项式分别对函数 $|\sin(\pi x)|^3$ 和 $|x|$ 进行投影。需要注意的是，这两个函数均为有限次可导，其中，$|\sin(\pi x)|^3$ 的光滑程度高于 $|x|$。图 3.7 展示了不同阶数下两个函数的勒让德多项式投影的收敛误差。由图中的曲线斜率可以看出，勒让德多项式对两个函数投影的收敛速度截然不同。$|\sin(\pi x)|^3$ 更高的可导性使得其投影的收敛速度比 $|x|$ 更快。

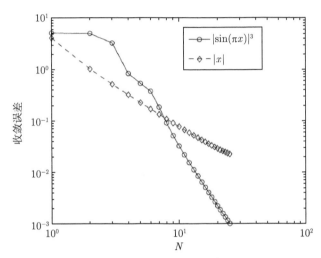

图 3.7　不同阶数下的勒让德多项式对 $|\sin(\pi x)|^3$ 和 $|x|$ 投影的收敛误差 [13]

如果函数 u 为解析函数，即任意次光滑，则其正交投影的谱收敛速度呈指数型增长，远快于任意代数阶收敛：

$$||u - P_N(u)||_{l_w^2} \sim ce^{-\lambda N}||f||_{l_w^2} \tag{3.85}$$

例 3.6 [$\cos(\pi x)$ 的勒让德多项式投影]　用勒让德多项式对函数 $\cos(\pi x)$ 进行正交投影。图 3.8 显示了该投影的收敛误差随多项式阶数的变化情况。可以看出，随着更高阶的多项式用于正交投影，其收敛误差呈现指数型降低。

如果函数 u 为非解析函数，则其正交投影的收敛速度将不再优于代数型收敛。当函数 u 为不连续函数时，其正交投影的收敛会非常缓慢。

例 3.7 (符号函数的勒让德多项式投影)　符号函数 $\mathrm{sgn}(x)$ 在零点具有不连续性，其表达式为

$$\mathrm{sgn}(x) = \begin{cases} 1, & x > 0 \\ -1, & x < 0 \end{cases} \tag{3.86}$$

用勒让德多项式对 $\mathrm{sgn}(x)$ 进行投影，其表达式可展开为

$$\mathrm{sgn}(x) = \sum_{n=0}^{+\infty} \frac{(-1)^n (4n+3)(2n)!}{2^{2n+1}(n+1)!n!} \mathrm{P}_{2n+1}(x) \tag{3.87}$$

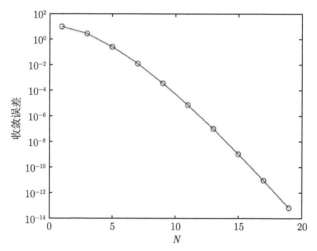

图 3.8 不同阶数下的勒让德多项式对 $\cos(\pi x)$ 投影的收敛误差 [13]

图 3.9 展示了上述正交投影 [式 (3.87)] 在不同阶数下的结果。可以看出，与原函数相比，正交投影在阶跃点（不连续点）会持续振荡，且不随多项式阶数 N 的增加而消失。这种振荡产生的原因是使用了全局光滑的基函数来近似局部不连续的函数。这个现象被称为吉布斯现象（Gibbs phenomenon），常见于傅里叶级数分解、信号采样等。受篇幅所限，不展开深入讨论，感兴趣的读者可以查阅参考文献 [15]。

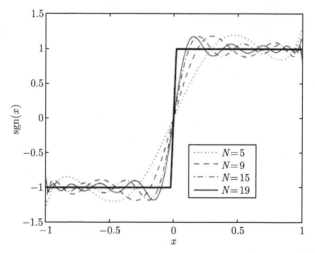

图 3.9 不同阶数下的勒让德多项式对 $\mathrm{sgn}(x)$ 的正交投影 [13]

3. N 阶展开式的维度与标识

系统状态的随机维度即系统中随机参数的数量 N_Z。在广义多项式混沌展开中 [式 (3.48)]，多元下标 $\boldsymbol{i} = (i_1, \cdots, i_{N_Z})$ 表示在各随机维度上正交多项式的阶数。在高维随机输入的情况下 $N_Z \gg 1$，广义多项式混沌展开的多元下标有若干种构成方式，而展开式系数的总量也随之改变，直接影响其收敛。接下来将介绍常用的 4 种多元下标。

（1）张量（tensor）型多元下标

张量型多元下标体系可提供最为全面的多元下标。在该体系下，每个随机维度的多项式阶数均为最高值。也就是说，对于一个随机维度为 N_Z、多项式最高阶数为 N_{gpc} 的广义多项式混沌展开，其系数总量为 $N_{\mathrm{gpc}}^{N_Z}$。由此可见，该展开式的计算量将随着参数维度的增加而呈现出几何级数的增长，会不可避免地造成维数灾难（curse of dimensionality），计算成本高昂。

（2）全等级（total degree）型多元下标

全等级型多元下标体系是较为常用的体系，也是本节所采用的标准。对于一个随机维度为 N_Z、多项式最高阶数为 N_{gpc} 的广义多项式混沌展开，全等级型多元下标的表达式为

$$\boldsymbol{i} = \left\{ (i_1, i_2, \cdots, i_{N_Z}) \left| \sum_{n=1}^{N_Z} i_n \leqslant N_{\mathrm{gpc}} \right. \right\} \tag{3.88}$$

此时广义多项式混沌展开的系数总量较张量型多元下标体系有所减少，$N_p = \dim \mathcal{P}_{N_{\mathrm{gpc}}}^{N_Z}$，可由下面的组合表达式计算得出：

$$N_p = \dim \mathcal{P}_{N_{\mathrm{gpc}}}^{N_Z} = \begin{pmatrix} N_{\mathrm{gpc}} + N_Z \\ N_{\mathrm{gpc}} \end{pmatrix} \tag{3.89}$$

在全等级型多元下标体系中，广义多项式混沌展开的系数总量为组合数形式，存在大量的待定系数，虽然其总量较张量型大大减少，但是随着参数维度的增加，依然会产生维数灾难。如何选取合适的多元下标体系，以求精度与计算量之间的平衡，依旧是计算数学领域亟待解决的问题之一。为了解决这一问题，近年发展了多种多元下标体系，其中，斯莫利亚克型是较为常见的一种。

（3）斯莫利亚克（Smolyak）型多元下标

斯莫利亚克型多元下标可有效减少广义多项式混沌展开的系数。对于一个随机维度为 N_Z、多项式最高阶数为 N_{gpc} 的广义多项式混沌展开，斯莫利亚克型多元下标可表

示为

$$\boldsymbol{i} = \left\{ (i_1, i_2, \cdots, i_{N_Z}) \,\middle|\, \sum_{n=1}^{N_Z} f(i_n) \leqslant f(N_Z) \right\}, \qquad f(i) = \begin{cases} 0, & i = 0 \\ 1, & i = 1 \\ \lceil \log_2(i) \rceil, & i \geqslant 2 \end{cases} \quad (3.90)$$

此处 $\lceil \cdot \rceil$ 为取顶符号,即上取整函数。$\lceil x \rceil$ 表示不小于 x 的最小整数,如 $\lceil 3.633 \rceil = 4$,$\lceil -2.263 \rceil = -2$。

(4)双曲交叉(hyperbolic cross)型多元下标

双曲交叉型多元下标在大多数情况下属于斯莫利亚克型多元下标的子集,但其进一步减少了下标数量,计算成本低于斯莫利亚克型。对于一个随机维度为 N_Z、多项式最高阶数为 N_{gpc} 的广义多项式混沌展开,其双曲交叉型多元下标表达式为

$$\boldsymbol{i} = \left\{ (i_1, i_2, \cdots, i_{N_Z}) \,\middle|\, \prod_{n=1}^{N_Z} (i_n + 1) \leqslant N_{\mathrm{gpc}} + 1 \right\} \quad (3.91)$$

为了更加直观地展示全等级型、斯莫利亚克型和双曲交叉型多元下标体系的差异,图 3.10 描绘了二维和三维随机参数情况下,3 种多元下标的分布。其中,对于二维随机变量 [见图 3.10(a)],广义多项式混沌展开的最高阶数为 $N_{\mathrm{gpc}} = 10$;对于三维随机变量 [见图 3.10(b)],广义多项式混沌展开的最高阶数为 $N_{\mathrm{gpc}} = 8$。可以看出,在两类随机维度下全等级型多元下标都是最多的,而斯莫利亚克型和双曲交叉型多元下标均包含于全等级型,且部分下标共享。

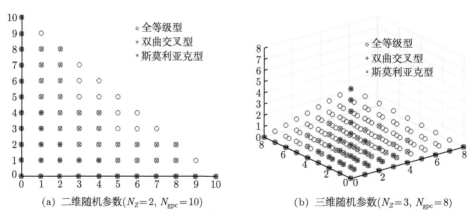

(a)二维随机参数($N_Z = 2$, $N_{\mathrm{gpc}} = 10$)   (b)三维随机参数($N_Z = 3$, $N_{\mathrm{gpc}} = 8$)

图 3.10   二维和三维随机参数下,全等级型、斯莫利亚克型和双曲交叉型多元下标的分布情况

为了进一步展示 3 种多元下标体系对展开式的影响,表 3.5~表 3.7 分别列举了全等级型、斯莫利亚克型和双曲交叉型多元下标在 3 种维度($N_Z = 2, 3, 5$)随机参数下广义多项式混沌展开系数的总量。从这 3 个表中可以看出,在随机参数维度固定的情况下,广

义多项式混沌展开系数的总量随着所用正交多项式的最高阶数的增加而上升。不同的多元下标体系，其系数总量也有所差异：全等级型最多，双曲交叉型最少。上述差异随参数维度的增加而愈发明显。例如，在 $N_Z = 2$, $N_{\text{gpc}} = 8$ 情况下，双曲交叉型的系数总量为 23 个，几乎是全等级型系数总量（45 个）的一半；而在 $N_Z = 5$ 情况下，面对同样最高阶数（$N_{\text{gpc}} = 8$），双曲交叉型的系数总量（111 个）不到全等级型的系数总量（1287 个）的十分之一。

表 3.5　$N_Z = 2$ 时，3 种多元下标体系的广义多项式混沌展开系数总量

N_{gpc}	广义多项式混沌展开系数总量		
	全等级型	斯莫利亚克型	双曲交叉型
2	6	5	5
3	10	11	8
4	15	13	10
5	21	23	14
6	28	25	16
7	36	27	20
8	45	29	23

表 3.6　$N_Z = 3$ 时，3 种多元下标体系的广义多项式混沌展开系数总量

N_{gpc}	广义多项式混沌展开系数总量		
	全等级型	斯莫利亚克型	双曲交叉型
2	10	7	7
3	20	22	13
4	35	25	16
5	56	60	25
6	84	63	28
7	120	66	38
8	165	69	44

表 3.7　$N_Z = 5$ 时，3 种多元下标体系的广义多项式混沌展开系数总量

N_{gpe}	广义多项式混沌展开系数总量		
	全等级型	斯莫利亚克型	双曲交叉型
2	21	11	11
3	56	56	26
4	126	61	31
5	252	226	56
6	462	231	61
7	792	236	96
8	1287	241	111

除了上述 4 种多元下标体系，科学家们也开发了其他形式的多元下标可供选择。由于这一分支领域仍处于前沿研究，不同学者对同一体系尚有不同定义，未形成统一标准。因此本书不做更多介绍，对此感兴趣的同学可以查阅参考文献 [16]。

　　需要注意的是，无论选择何种多元下标体系，在实际操作中，通常用单一下标予以简化表达。本章使用的是被最广泛采用的分次字典序，即对于两个不同的多元下标：$i < j$，当且仅当 $|i| < |j|$ 且两者差值向量的首个非零元素为正整数。表 3.8 以四维随机变量情况下的全等级型多元下标为例。在分次字典序列中，多元下标依照单一下标的升序进行排列。

表 3.8　$N_Z = 4$ 时，全等级型多元下标 i 的分次字典序

$|i|$	多元下标	单一下标 k	$|i|$	多元下标	单一下标 k
0	(0 0 0 0)	1		(2 0 0 0)	6
	(1 0 0 0)	2		(1 1 0 0)	7
	(0 1 0 0)	3		(1 0 1 0)	8
	(0 0 1 0)	4		(1 0 0 1)	9
	(0 0 0 1)	5		(0 2 0 0)	10
1			2	(0 1 1 0)	11
				(0 1 0 1)	12
				(0 0 2 0)	13
				(0 0 1 1)	14
				(0 0 0 2)	15

4. 广义多项式混沌展开的统计特征

　　广义多项式混沌展开在随机参数 $\boldsymbol{Z}$ 的多项式空间上，构建了系统状态和随机参数的近似函数关系：$v_{N_{\mathrm{gpc}}}(\boldsymbol{x}, t; \boldsymbol{Z})$。以此函数关系为基础，由数学期望和方差的定义可以得到系统状态均值和方差的近似。

　　系统状态均值：

$$
\begin{aligned}
\mu_u(t) &\triangleq E(u(\boldsymbol{x}, t; \boldsymbol{Z})) \approx E(v_{N_{\mathrm{gpc}}}(\boldsymbol{x}, t; \boldsymbol{Z})) \\
&= \int \sum_{|\boldsymbol{i}| \leqslant N_{\mathrm{gpc}}} \hat{v}_{\boldsymbol{i}}(\boldsymbol{x}, t) \, \Phi_{\boldsymbol{i}}(\boldsymbol{Z}') \, \mathrm{d}F_{\boldsymbol{Z}}(\boldsymbol{Z}') \\
&= \hat{v}_{\boldsymbol{0}}(\boldsymbol{x}, t)
\end{aligned}
\tag{3.92}
$$

　　系统状态方差：

$$
\begin{aligned}
\sigma_u^2(\boldsymbol{x}, t; \boldsymbol{Z}) &\triangleq E\left(\left(u(\boldsymbol{x}, t; \boldsymbol{Z}) - \mu_u(\boldsymbol{x}, t)\right)^2\right) \\
&\approx E\left(\left(v_{N_{\mathrm{gpc}}}(\boldsymbol{x}, t; \boldsymbol{Z}) - \hat{v}_{\boldsymbol{0}}(\boldsymbol{x}, t)\right)^2\right) \\
&= \sum_{0 < |\boldsymbol{i}| < N_{\mathrm{gpc}}} \left[\hat{v}_{\boldsymbol{i}}^2(\boldsymbol{x}, t)\right]
\end{aligned}
\tag{3.93}
$$

同理，系统状态的其他统计特征也可以根据广义多项式混沌展开来进行估算。

除上述使用数学期望、方差的定义的方式外，也可以利用蒙特卡洛方法进行撒点估计，此时需先对随机参数进行广泛采样，代入广义多项式混沌展开获得相应的系统状态近似结果，最后对上述结果进行统计即可获得相应统计特征。在实际操作中，概率密度函数、累积分布密度等高阶统计矩较难通过数学期望、方差等获得，此时蒙特卡洛方法不失为一种更为快速高效的近似方法。

广义多项式混沌展开的核心目标是构建随机参数与系统状态之间的近似函数。此类近似模型被称为替代模型（surrogate model），在流体力学中也被称为响应面（response surface）。如前所述，广义多项式混沌展开作为一种显式型函数关系，通过将随机参数 Z 的数值（输入）代入式 (3.48)，即可获得系统状态信息（输出），无须对原系统进行求解，避免了烦琐的计算。同时，由于广义多项式混沌展开呈现自然指数型收敛，具有第二范数下的最佳收敛速度。

在广义多项式混沌展开中，随机参数作为原系统的输入，其统计信息往往已知，即式 (3.48) 中的多项式 $\Phi(Z)$ 为已知信息。此时，为了构建广义多项式混沌展开，需通过数值方法来获取多项式的系数 $\hat{v}_i(\boldsymbol{x},t)$。接下来将详细介绍随机加廖尔金法（stochastic Galerkin method）和随机配置法（stochastic collocation method）这两种常用的数值实现方法。

3.3.2 随机加廖尔金法

随机加廖尔金法来自数值计算中的有限元法。对于拥有控制方程的随机系统，随机加廖尔金法旨在推导一组关于系统状态广义多项式混沌展开系数 $\hat{v}$ 的方程，并对其进行求解，从而获得系数的取值。该方法的步骤总结如下。

系统状态 $u(\boldsymbol{x},t,\boldsymbol{Z})$ 定义于时空 $(\boldsymbol{x},t)\in(D,[0,T])$，且该随机系统含有 N_Z 维随机参数 $\boldsymbol{Z}=(Z_1,\cdots,Z_{N_z})\in\Omega\subset\mathbb{R}^{N_z}$，其满足如下控制方程和边界条件：

$$\frac{\partial}{\partial t}u(\boldsymbol{x},t,\boldsymbol{Z})=\mathcal{L}(u) \tag{3.94a}$$

$$\begin{cases} u(\boldsymbol{x},t)=0, & \boldsymbol{x}\in\partial D \\ u(\boldsymbol{x},0)=u_0, & \boldsymbol{x}\in D \end{cases} \tag{3.94b}$$

控制方程中 $\mathcal{L}(u)$ 表示微分算子，可为任意形式。边界条件和初值条件 [式 (3.94b)] 视具体问题而定，可为第一类边界条件、第二类边界条件或第三类边界条件。

第一步，选定多项式展开阶数 N_{gpc}，分别构建随机参数和系统状态的广义多项式混沌展开：

$$Z_j \approx Z_{(j,\,N_{\mathrm{gpc}})} = \sum_{|\boldsymbol{i}|=0}^{N_{\mathrm{gpc}}} \hat{Z}_{(j,\,\boldsymbol{i})} \Phi_{\boldsymbol{i}}(Z_j), \quad j = 1, \cdots, N_Z \tag{3.95a}$$

$$u(\boldsymbol{x}, t, \boldsymbol{Z}) \approx v_{N_{\mathrm{gpc}}}(\boldsymbol{x}, t, \boldsymbol{Z}) \tag{3.95b}$$

第二步，在控制方程 [式 (3.94a)] 和边界条件、初值条件 [式 (3.94b)] 的等号两侧分别乘以随机参数的正交多项式 $\Phi_{\boldsymbol{k}}(\boldsymbol{Z})$，$|\boldsymbol{k}| = 0, \cdots, N_{\mathrm{gpc}}$：

$$\frac{\partial}{\partial t} u(\boldsymbol{x}, t, \boldsymbol{Z}) \, \Phi_{\boldsymbol{k}}(\boldsymbol{Z}) = \mathcal{L}(u) \, \Phi_{\boldsymbol{k}}(\boldsymbol{Z}) \tag{3.96a}$$

$$\begin{cases} u(\boldsymbol{x}, t) \, \Phi_{\boldsymbol{k}}(\boldsymbol{Z}) = 0, & \boldsymbol{x} \in \partial D \\ u(\boldsymbol{x}, 0) \, \Phi_{\boldsymbol{k}}(\boldsymbol{Z}) = u_0 \, \Phi_{\boldsymbol{k}}(\boldsymbol{Z}), & \boldsymbol{x} \in D \end{cases} \tag{3.96b}$$

第三步，在式 (3.96) 中代入随机参数和系统状态的广义多项式混沌展开 [式 (3.95)]：

$$\frac{\partial}{\partial t} v_{N_{\mathrm{gpc}}} \, \Phi_{\boldsymbol{k}}(\boldsymbol{Z}) = \mathcal{L}\left(v_{N_{\mathrm{gpc}}}\right) \Phi_{\boldsymbol{k}}(\boldsymbol{Z}) \tag{3.97a}$$

$$\begin{cases} v_{\boldsymbol{x},\,N_{\mathrm{gpc}}} \, \Phi_{\boldsymbol{k}}(\boldsymbol{Z}) = 0 \\ v_{t_0,\,N_{\mathrm{gpc}}} \, \Phi_{\boldsymbol{k}}(\boldsymbol{Z}) = u_0 \, \Phi_{\boldsymbol{k}}(\boldsymbol{Z}) \end{cases} \tag{3.97b}$$

第四步，对式 (3.97) 取数学期望，然后利用多项式 $\Phi_{\boldsymbol{k}}(\boldsymbol{Z})$ 的正交特性 [式 (3.49)]，可获得一组共 N_{gpc} 个多项式系数的方程：

$$E\left(\frac{\partial}{\partial t} \hat{v}_{\boldsymbol{i}} \Phi_{\boldsymbol{k}}(\boldsymbol{Z}) \Phi_{\boldsymbol{k}}(\boldsymbol{Z})\right) = E\left(\mathcal{L}\left(\sum_{|\boldsymbol{i}|=0}^{N_{\mathrm{gpc}}} \hat{v}_{\boldsymbol{i}}(\boldsymbol{x}, t)\Phi_{\boldsymbol{i}}(\boldsymbol{Z})\right) \Phi_{\boldsymbol{k}}(\boldsymbol{Z})\right) \tag{3.98a}$$

$$\begin{cases} E\left(\hat{v}_{\boldsymbol{i}} \Phi_{\boldsymbol{k}}(\boldsymbol{Z}) \Phi_{\boldsymbol{k}}(\boldsymbol{Z}) \Phi_{\boldsymbol{k}}(\boldsymbol{Z})\right) = 0 \\ E\left(\hat{v}_{\boldsymbol{i}}(\boldsymbol{x}, t = 0) \Phi_{\boldsymbol{k}} \Phi_{\boldsymbol{k}}(\boldsymbol{Z})\right) = E\left(u_0 \Phi_{\boldsymbol{k}}(\boldsymbol{Z})\right) = u_0 \, E\left(\Phi_{\boldsymbol{k}}(\boldsymbol{Z})\right) \end{cases} \tag{3.98b}$$

第五步，求解式 (3.98)，从而获得系数 $\hat{v}$，代入式 (3.95b) 得到系统状态的广义多项式混沌模型。

从上述步骤可以看出，随机加廖尔金法充分利用了多项式的正交特性 [式 (3.49)]，将原系统状态 u 的随机控制方程 [式 (3.94)] 转化为 $N_{\mathrm{gpc}} + 1$ 个关于多项式系数 $\hat{v}$ 的确定控制方程 [式 (3.98)]。由于上述系数方程在推导中未做任何近似假设，其方程解与多项式真实系数之间的误差较小。因此，随机加廖尔金法被认为是广义多项式混沌法较为精确的数值实现。

接下来将通过两个简单的实例了解随机加廖尔金法的数值实现步骤。

例 3.8 (常微分方程)　考虑含单个随机参数的常微分方程：

$$\frac{\mathrm{d}}{\mathrm{d}t}u(t, Z) = -\alpha(Z)u, \qquad u(t = 0, Z) = u_0 \tag{3.99}$$

此处 α 为正态分布的随机变量：$\alpha(Z) \sim \mathcal{N}(\mu, \sigma^2)$。

目标是用随机加廖尔金法获得该常微分方程解的广义多项式混沌展开。根据随机加廖尔金法的步骤，首先构建随机输入的 N_{gpc} 阶广义多项式混沌展开：

$$\alpha \approx \alpha_{N_{\mathrm{gpc}}}(Z) = \sum_{i=0}^{N_{\mathrm{gpc}}} \hat{\alpha}_i \Phi_i(Z) \tag{3.100}$$

由于 α 符合正态分布，上式中的正交多项式为埃尔米特多项式：$\Phi_i(Z) \equiv \mathrm{H}_i(Z)$。

方程解 u 的 N_{gpc} 阶广义多项式混沌展开则可以写为

$$u \approx v_{N_{\mathrm{gpc}}}(t, Z) = \sum_{i=0}^{N_{\mathrm{gpc}}} \hat{v}_i(t) \mathrm{H}_i(Z) \tag{3.101}$$

原系统控制方程 [式 (3.99)] 的等号两侧均乘以随机参数的埃尔米特多项式 $\mathrm{H}_k(Z)(k = 0, \cdots, N_{\mathrm{gpc}})$：

$$\frac{\mathrm{d}}{\mathrm{d}t}u(t, Z)\,\mathrm{H}_k(Z) = -\alpha(Z)\,u(t, Z)\,\mathrm{H}_k(Z) \tag{3.102a}$$

$$u(t = 0, Z)\,\mathrm{H}_k(Z) = u_0\,\mathrm{H}_k(Z) \tag{3.102b}$$

将随机参数和系统状态的多项式展开 [式 (3.100) 和式 (3.101)] 代入上式中，

$$\sum_{i=0}^{N_{\mathrm{gpc}}} \frac{\mathrm{d}}{\mathrm{d}t}\hat{v}_i(t)\,\mathrm{H}_i(Z)\,\mathrm{H}_k(Z) = -\sum_{i=0}^{N_{\mathrm{gpc}}}\sum_{j=0}^{N_{\mathrm{gpc}}} \hat{\alpha}_i\,\mathrm{H}_i(Z)\,\hat{v}_j(t)\,\mathrm{H}_j(Z)\,\mathrm{H}_k(Z) \tag{3.103a}$$

$$u(t = 0, Z)\,\mathrm{H}_k(Z) = u_0\,\mathrm{H}_k(Z) \tag{3.103b}$$

对式 (3.103) 等号两侧取数学期望。利用埃尔米特多项式的正交特性，将原随机系统转化为确定系统：

$$\sum_{i=0}^{N_{\mathrm{gpc}}} E\left(\frac{\mathrm{d}}{\mathrm{d}t}\hat{v}_k(t)\,\mathrm{H}_k(Z)\,\mathrm{H}_k(Z)\right) = -\sum_{i=0}^{N_{\mathrm{gpc}}}\sum_{j=0}^{N_{\mathrm{gpc}}} E\left(\hat{\alpha}_i\,\mathrm{H}_i(Z)\,\hat{v}_j(t)\,\mathrm{H}_j(Z)\,\mathrm{H}_k(Z)\right)$$

$$\frac{\mathrm{d}}{\mathrm{d}t}\hat{v}_k E\left(\mathrm{H}_k(Z)\,\mathrm{H}_k(Z)\right) = -\sum_{i=0}^{N_{\mathrm{gpc}}}\sum_{j=0}^{N_{\mathrm{gpc}}} \hat{\alpha}_i\,\hat{v}_j E\left(\mathrm{H}_i(Z)\,\mathrm{H}_j(Z)\,\mathrm{H}_k(Z)\right) \tag{3.104}$$

代入正交多项式的标准化系数 $E(\Phi_k(Z)\Phi_k(Z)) = \gamma_k$，所需求解的方程组为

$$\frac{\mathrm{d}\hat{v}_k}{\mathrm{d}t} = -\frac{1}{\gamma_k} - \sum_{i=0}^{N_{\mathrm{gpc}}} \sum_{j=0}^{N_{\mathrm{gpc}}} \hat{\alpha}_i \hat{v}_j E\left(\mathrm{H}_i(Z)\,\mathrm{H}_j(Z)\,\mathrm{H}_k(Z)\right), \qquad \forall k = 0, \cdots, N \quad (3.105)$$

针对上式中的埃尔米特多项式，根据其定义 [式 (3.49)]，获得相关数学期望的数值：

$$\gamma_k = k!, \quad k \geqslant 0 \tag{3.106}$$

$$e_{ijk} = E\left(\mathrm{H}_i(Z)\,\mathrm{H}_j(Z)\,\mathrm{H}_k(Z)\right) = \frac{i!j!k!}{(s-i)!\,(s-j)!\,(s-k)!} \tag{3.107}$$

此处需注意 $s \geqslant i, j, k$，且 $2s = i + j + k$ 为偶数。

如果随机参数 α 不是正态分布，上式中的 γ_k 和 e_{ijk} 可能不具备解析表达式。此时可通过辛普森法则（Simpson rule）等数值积分格式来计算这些正交多项式的数学期望。

通过随机加廖尔金法，可以获得一组关于多项式系数 $\hat{v}_i$ 的确定常微分方程。读者可以通过龙格-库塔法（Runge-Kutta method）等经典数值方法求解这 $N_{\mathrm{gpc}} + 1$ 个方程组，此处将不做赘述。

接下来通过一维浅水方程展示随机加廖尔金法式处理非线性偏微分方程的过程。

例 3.9 (偏微分方程)　一维浅水方程也被称为圣维南方程（Saint-Venant equations），被广泛用于洪峰预测、水库溃坝评估等工程领域，其方程形式为一维空间的非线性双曲型方程：

$$\frac{\partial u}{\partial t} + u^{\frac{3}{4}} \frac{\partial u}{\partial x} = S(x, t) \tag{3.108a}$$

$$\begin{cases} u(0, t) = \sin(\pi t) \\ u(x, 0) = \alpha \end{cases} \tag{3.108b}$$

系统的初值条件 α 为已知分布的随机变量，其对应的正交多项式为 $\Phi(Z)$。

首先，按照随机加廖尔金法的步骤构建随机初值条件 α 和系统解 u 的 N_{gpc} 阶广义多项式混沌展开：

$$\alpha \approx \alpha_{N_{\mathrm{gpc}}}(Z) = \sum_{i=0}^{N_{\mathrm{gpc}}} \hat{\alpha}_i \Phi_i(Z) \tag{3.109a}$$

$$u \approx v_{N_{\mathrm{gpc}}}(x, t, Z) = \sum_{i=0}^{N_{\mathrm{gpc}}} \hat{v}_i(x, t) \Phi_i(Z) \tag{3.109b}$$

然后，将原系统控制方程及其边界与初值条件 [式 (3.108)] 的等号两侧均乘以随机参数的正交多项式 $\Phi_k(Z)(k = 0, \cdots, N_{\text{gpc}})$：

$$\frac{\partial u}{\partial t}\Phi_k(Z) + u^{\frac{3}{4}}\frac{\partial u}{\partial x}\Phi_k(Z) = S(x,t)\Phi_k(Z) \tag{3.110a}$$

$$\begin{cases} u\,(0,t)\,\Phi_k(Z) = \sin(\pi t)\Phi_k(Z), \\ u\,(x,0)\,\Phi_k(Z) = \alpha\Phi_k(Z) \end{cases} \tag{3.110b}$$

将随机参数和系统状态的多项式展开 [式 (3.109a) 和式 (3.109b)] 分别代入上式：

$$\sum_{i=0}^{N_{\text{gpc}}}\frac{\partial}{\partial t}\hat{v}_i(x,t)\Phi_i(Z)\Phi_k(Z) + \sum_{i=0}^{N_{\text{gpc}}}\sum_{j=0}^{N_{\text{gpc}}}[\hat{v}_i(x,t)\Phi_i(Z)]^{\frac{3}{4}}\frac{\partial}{\partial x}\hat{v}_j(x,t)\Phi_j(Z)\Phi_k(Z)$$
$$= S(x,t)\Phi_k(Z) \tag{3.111a}$$

$$\begin{cases} \displaystyle\sum_{i=0}^{N_{\text{gpc}}}\hat{v}_i(0,t)\Phi_i(Z)\Phi_k(Z) = \sin(\pi t)\Phi_k(Z) \\ \displaystyle\sum_{i=0}^{N_{\text{gpc}}}\hat{v}_i\,(x,0)\,\Phi_i(Z)\Phi_k(Z) = \sum_{i=0}^{N_{\text{gpc}}}\hat{\alpha}_i\Phi_i(Z)\Phi_k(Z) \end{cases} \tag{3.111b}$$

最后，对新方程、新边界条件和初值条件 [式 (3.111)] 的等号两侧取数学期望，并利用多项式 $\Phi_k(Z)$ 的正交特性 [式 (3.49)]，可以获得：

$$\frac{\partial}{\partial t}\hat{v}_k\,(x,t)\,E\,(\Phi_i\,(Z)\,\Phi_k(Z)) + \sum_{i=0}^{N_{\text{gpc}}}\sum_{j=0}^{N_{\text{gpc}}}E\left((\hat{v}_i(x,t)\Phi_i(Z))^{\frac{3}{4}}\frac{\partial}{\partial x}\hat{v}_j(x,t)\Phi_j(Z)\Phi_k(Z)\right)$$
$$= S(x,t)E\,(\Phi_k(Z)) \tag{3.112a}$$

$$\begin{cases} \hat{v}_k\,(0,t)\,E\,(\Phi_k(Z)\,\Phi_k(Z)) = \sin(\pi t)E\,(\Phi_k(Z)) \\ \hat{v}_k\,(x,0)\,E\,(\Phi_k(Z)\,\Phi_k(Z)) = \hat{\alpha}_k E\,(\Phi_k(Z)\,\Phi_k(Z)) \end{cases} \tag{3.112b}$$

现在得到了系统状态 u 的广义多项式混沌展开的系数方程组。式 (3.112) 中的 $E(\Phi_k(Z))$、$E(\Phi_k(Z)\Phi_k(Z))$ 和非线性项（第二项）均可以通过数学期望的定义获得：

$$E(\Phi_k(Z)) = \int \Phi_k(Z')\mathrm{d}F_Z(Z') \tag{3.113a}$$

$$E(\Phi_k(Z)\Phi_k(Z)) = \int \Phi_k(Z')\Phi_k(Z')\mathrm{d}F_Z(Z') = \gamma_k \tag{3.113b}$$

$$\sum_{i=0}^{N_{\text{gpc}}}\sum_{j=0}^{N_{\text{gpc}}}E\left((\hat{v}_i(x,t)\Phi_i(Z))^{\frac{3}{4}}\frac{\partial}{\partial x}\hat{v}_j(x,t)\Phi_j(Z)\Phi_k(Z)\right)$$

$$= \int \sum_{i=0}^{N_{\mathrm{gpc}}} \sum_{j=0}^{N_{\mathrm{gpc}}} (\hat{v}_i(x,t)\varPhi_i(Z'))^{\frac{3}{4}} \frac{\partial}{\partial x}\hat{v}_j(x,t)\varPhi_j(Z')\varPhi_k(Z')\mathrm{d}F'_Z(Z') \quad (3.113c)$$

此处非线性项可能不具备显式解，需要通过辛普森法则等数值积分法则对其进行数值逼近。随机加廖尔金法将原圣维南方程转化为 N_{gpc} 个多项式系数 $\hat{v}_i$ 的耦合方程组。新方程在形式上与原方程相同，都是一维空间双曲型方程。因此可选用原方程的解法器对新方程予以求解。

从以上两个例子可以看出，随机加廖尔金法充分利用了正交多项式的特性，但也存在不足之处。首先，虽然系统状态 u 的随机控制方程被转化为多项式系数 $\hat{v}_i$ 的确定控制方程，但是待解方程数量有所增加，且在某些情况下还需求解原方程的项的特殊积分。其次，随机加廖尔金法依赖对原系统控制方程 [式 (3.94)] 的推导。如果该控制方程形式复杂且呈现强烈非线性，则会给多项式系数方程 [式 (3.98)] 的推导带来较大挑战。由此可见，当原系统过程呈现黑盒形式时，很难通过随机加廖尔金法来获取系统状态的广义多项式混沌展开系数，需要借助随机配置法的特性构建替代模型。

3.3.3　随机配置法

随机配置法被广泛用于广义多项式混沌法的数值实现。相比于随机加廖尔金法，该方法无须推导新的控制方程，因此可处理复杂的非线性系统或者黑盒系统。同时，该方法根植于对原系统的随机采样，可直接使用原系统已有的解法器，因而可作为"外挂"模块独立于原系统框架，简单易行。基于上述优点，随机配置法自提出后迅速发展，目前已成为广义多项式混沌法的主流方法 [17]。其中，插值法和离散投影法（也称为拟谱法，pseudo-spectral method）[18] 是两类常用的随机配置法。

1. 插值法

插值法通过一组随机系统的样本 $\varTheta_{N_M} = \left\{ \boldsymbol{Z}^{(j)},\, u^{(j)} \right\}_{j=1}^{N_M}$，构建系统状态广义多项式混沌展开的近似，从而使得该展开模型在上述样本点上的取值与原随机系统 $\varTheta_{N_M} = \left\{ \boldsymbol{Z}^{(j)},\, u_{N_{\mathrm{gpc}}}^{(j)} \right\}_{j=1}^{N_M}$ 相同。

对于含单元随机变量（$N_Z = 1$）的系统，可以使用拉格朗日插值（Lagrange interpolation）构建广义多项式混沌展开 $w_{\mathrm{gpc}}(Z)$：

$$w_{\mathrm{gpc}}(Z) = \sum_{j=1}^{M} u(Z^{(j)})L_j(Z), \quad L_j(Z^{(i)}) = \delta_{ij}, \qquad 1 \leqslant i,\, j \leqslant M \quad (3.114)$$

对于多元随机变量（$N_Z > 1$）的系统，将这些数据代入广义多项式混沌展开 [式 (3.123)]

后，得到一组关于未知系数 $\hat{\boldsymbol{w}}$ 的方程：

$$\boldsymbol{A}^{\mathrm{T}}\hat{\boldsymbol{w}} = \boldsymbol{u} \tag{3.115}$$

即

$$\begin{pmatrix} \Phi_1(Z^{(1)}) & \Phi_1(Z^{(2)}) & \cdots & \Phi_1(Z^{(N_M)}) \\ \Phi_2(Z^{(1)}) & \Phi_2(Z^{(2)}) & \cdots & \Phi_2(Z^{(N_M)}) \\ \vdots & \vdots & & \vdots \\ \Phi_{N_p}(Z^{(1)}) & \Phi_{N_p}(Z^{(2)}) & \cdots & \Phi_{N_p}(Z^{(N_M)}) \end{pmatrix} \begin{pmatrix} \hat{w}_1 \\ \hat{w}_2 \\ \vdots \\ \hat{w}_{N_p} \end{pmatrix} = \begin{pmatrix} u(Z^{(1)}) \\ u(Z^{(2)}) \\ \vdots \\ u(Z^{(N_M)}) \end{pmatrix} \tag{3.116}$$

其中，上角标 ^{T} 表示矩阵转置，$\boldsymbol{A}$ 是一个类似于范德蒙德矩阵（Vandermonde matrix）的多项式系数矩阵。

需要注意的是，一旦样本集合 $\Theta_{N_M} = \left\{ \boldsymbol{Z}^{(j)}, u^{(j)} \right\}_{j=1}^{N_M}$ 给定，根据矩阵 $\boldsymbol{A}$ 的行列式是否为 0，可以判断出插值是否存在。除非样本总量等于未知系数总量，即 $N_M = N_p$，且矩阵 $\boldsymbol{A}$ 满秩，否则上述方程组 [式 (3.115)] 的解不唯一。可以根据以下情况来选择不同的方法实现随机配置法。

（1）$N_M > N_p$：方程组为超定方程组，解不存在，但可以用最小二乘法来获得数值解。

（2）$N_M = N_p$：方程组为恰定方程组，有唯一解，可以用最小正交插值法来求解。

（3）$N_M < N_p$：方程组为欠定方程组，有无穷个解，可以用压缩感知来寻找一个稀疏解 [19]。

虽然插值法所构建的广义多项式混沌展开在样本节点处（$\boldsymbol{Z} \in \{\boldsymbol{Z}_j\}_{j=1}^{N_M}$）误差最小，但是它在样本节点之间（$\boldsymbol{Z} \notin \{\boldsymbol{Z}_j\}_{j=1}^{N_M}$）的误差不可忽视。在一维随机空间下，如果系统状态与随机参数的关系为连续函数，上述非样本节点的误差可以表示为

$$\epsilon_{N_{\mathrm{gpc}}}(Z) = u(Z) - w_{N_{\mathrm{gpc}}}(Z) = \frac{u^{(N_M)}(\xi)}{N_M!} \prod_{j=1}^{N_M} (Z - Z_i) \tag{3.117}$$

此处 $u^{(N_M)}$ 为函数 $u(Z)$ 的第 N_M 阶导数，$\xi \in \Omega$ 为随机参数的某个取值。

样本的选取也依照广义多项式混沌展开的基函数而定。如果在随机参数的取值空间上，按照等间距的形式来对多项式进行插值，即使目标函数形式简单，插值结果也会在区间边缘处导致振荡，使得多项式投影无法收敛。图 3.11 展示了在区间 $[-1,1]$ 上使用等间距样条对 5 阶多项式和 9 阶多项式插值的龙格函数（Runge function）$u(Z) = 1/(1 + 25Z^2)$。可以看出均匀分布节点上的多项式插值在端点处有较大误差。这一现象由德国数学家龙格（Carl Runge）在探索不同阶的多项式插值的函数逼近时发现，被称为龙格现象。该现象与前文所说的吉布斯现象相似，表明使用高阶多项式插值并不能保证提高插值的准确性。

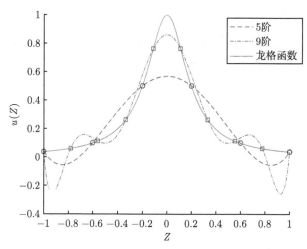

图 3.11　龙格函数及其 5 阶、9 阶多项式插值逼近

为了减小龙格现象的影响，人们可以使用非等间距的分段低阶多项式样条，或者使用高次插值。由于一个 N 阶正交多项式存在 N 个不同的实数零点，且这些零点往往呈现非均匀分布，因此正交多项式的零点非常适合作为高次插值的样本节点。

例 3.10 (勒让德多项式的零点)　定义于空间 $Z \in [-1, 1]$ 的 N 阶勒让德多项式 $\mathrm{P}_N(Z)$，其零点聚集于区间 $[-1, 1]$ 两端，其两个相邻零点的间距为

$$l = \cos \frac{(k - \frac{1}{2})\pi}{N + \frac{1}{2}} - \cos \frac{k\pi}{N + \frac{1}{2}}, \quad 1 \leqslant k \leqslant N \tag{3.118}$$

当勒让德多项式的阶数 N 很大时，靠近两端（$k \approx 1$ 或 $k \approx N$）的零点间距 L 满足：$L \propto N^{-2}$，而处于其他位置的相邻零点间距为 $l \propto N^{-1}$。

现选取勒让德多项式的零点作为样条，对前述龙格函数进行插值。图 3.12 分别展示了在区间 $[-1, 1]$ 上，使用勒让德多项式零点和切比雪夫多项式零点为插值样条的龙格函数 $u(Z) = 1/(1 + 25Z^2)$。与图 3.11 相比，可以看出插值的精准性有了很大的提升，且随着多项式阶数的提高，精度得到进一步提升。

2. 离散投影法

离散投影法是一种基于数值积分法则的数值求解框架。其通过一组系统样本 $\Theta_{N_M} = \{Z^{(j)}, u^{(j)}\}_{j=1}^{N_M}$，在随机参数空间上使用特定的积分法则来计算广义多项式混沌展开的系数。相比于插值法，离散投影法对样本总量 N_M 和未知多项式系数总量 N_p 的关系不做要求。

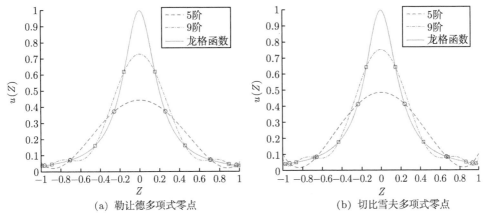

(a) 勒让德多项式零点　　　　　　　　　　(b) 切比雪夫多项式零点

图 3.12　龙格函数及使用勒让德多项式零点和切比雪夫多项式零点为插值样条的逼近结果

在离散投影法中，假设多项式展开 $w_{N_{\mathrm{gpc}}}(\boldsymbol{Z})$ 在随机参数空间上的积分与系统真实状态 $u(\boldsymbol{Z})$ 在同个空间的积分相同，即：

$$\int_{\Omega} w_{N_{\mathrm{gpc}}}(\boldsymbol{Z})\mathrm{d}F(\boldsymbol{Z}) = \int_{\Omega}\sum_{|\boldsymbol{i}|=0}^{N_{\mathrm{gpc}}}\hat{w}_{\boldsymbol{o}}\Phi_{\boldsymbol{i}}(z)\mathrm{d}F(\boldsymbol{Z}) = \int_{\Omega} u(\boldsymbol{Z})\mathrm{d}F(\boldsymbol{Z}) \tag{3.119}$$

此时对于构成广义多项式混沌展开的基函数 $\Phi_j(\boldsymbol{Z})$，可以得到：

$$\int_{\Omega}\sum_{|\boldsymbol{i}|=0}^{N_{\mathrm{gpc}}}\hat{w}_{\boldsymbol{i}}\Phi_{\boldsymbol{i}}(\boldsymbol{Z})\Phi_j(\boldsymbol{Z})\mathrm{d}F(\boldsymbol{Z}) = \int_{\Omega} u(\boldsymbol{Z})\Phi_j(\boldsymbol{Z})\mathrm{d}F(\boldsymbol{Z}) \tag{3.120}$$

运用基函数的正交特性 [式 (3.49)]，将式 (3.120) 重新整理，并获得多项式系数的积分表达式：

$$\hat{w}_{\boldsymbol{i}} = \frac{1}{\gamma_i}\int_{\Omega} u(\boldsymbol{Z})\Phi_{\boldsymbol{i}}(\boldsymbol{Z})\mathrm{d}F(\boldsymbol{Z}) \tag{3.121}$$

此时，求解多项式系数的问题就变为随机参数空间上的积分问题。选取固定的积分法则，通过样本集 Θ_{N_M} 即可求解 $\hat{w}_{\boldsymbol{i}}$。在实际操作中，可以使用正交多项式的零点 $\boldsymbol{Z}^{(j)}$ 作为积分样本点，来构建精准的积分规则：

$$\hat{w}_{\boldsymbol{i}} = \frac{1}{\gamma_{\boldsymbol{i}}}\sum_{j=1}^{N_M} u\left(\boldsymbol{Z}^{(j)}\right)\Phi_{\boldsymbol{i}}\left(\boldsymbol{Z}^{(j)}\right)w\left(\boldsymbol{Z}^{(j)}\right) \tag{3.122}$$

其中，$w\left(\boldsymbol{Z}^{(j)}\right)$ 为样本点 $\boldsymbol{Z}^{(j)}$ 在特定积分法则下的权重。

3. 高维度随机变量处理

对于一个总量为 N_Z 的随机参数系统 $(\boldsymbol{Z} = (Z_1, \cdots, Z_{N_Z}) \in \Omega \subset \mathbb{R}^{N_Z})$，随机配置法的目标是通过一组原随机系统的样本 $\Theta_{N_M} = \left\{\boldsymbol{Z}^{(j)}, u^{(j)}\right\}_{j=1}^{N_M}$，构建系统状态广义多项式混

沌展开 $v_{N_{\mathrm{gpc}}}$ [式 (3.48)] 的近似:

$$u(\boldsymbol{x}, t, \boldsymbol{Z}) \approx v_{N_{\mathrm{gpc}}}(\boldsymbol{x}, t, \boldsymbol{Z}) \approx w_{N_{\mathrm{gpc}}}(\boldsymbol{x}, t, \boldsymbol{Z})$$

$$= \sum_{|\boldsymbol{i}|=0}^{N_{\mathrm{gpc}}} \hat{w}_{\boldsymbol{i}}(\boldsymbol{x}, t) \Phi_{\boldsymbol{i}}(\boldsymbol{Z})$$

$$= \sum_{|\boldsymbol{i}|=0}^{N_{\mathrm{gpc}}} \hat{w}_{(i_1, \cdots, i_{N_Z})}(\boldsymbol{x}, t)\, \phi_{i_1}(Z_1) \cdots \phi_{i_{N_Z}}(Z_{N_Z}) \tag{3.123}$$

需要注意的是，随机配置法所构建的广义多项式混沌展开 $w_{N_{\mathrm{gpc}}}$ 为原系统状态广义多项式混沌展开 $v_{N_{\mathrm{gpc}}}$ 的近似。为了减少由此产生的误差，往往要求该近似依特定范数 p 收敛于系统状态 u:

$$\| w_{N_{\mathrm{gpc}}} - u \|_{\ell^p} \to 0, \quad N_M \to +\infty \tag{3.124}$$

在实际操作中，通常选用二范数，即 $p = 2$。如基础篇所述，依范数收敛为强收敛。当替代模型 $w_{N_{\mathrm{gpc}}}$ 满足依范数收敛时，其必然依概率收敛（弱收敛）于随机系统状态 u。

虽然所有经典采样法都可归类为配置法，但是随机配置法具有更强的收敛性。例如在蒙特卡洛采样中，系统状态的样本集合 $\Theta_{N_M} = \left\{ \boldsymbol{Z}^{(j)}, u^{(j)} \right\}_{j=1}^{N_M}$ 是根据随机参数 $\boldsymbol{Z}$ 的分布来随机生成的，其收敛性特指对系统状态某个统计信息（如统计矩）的收敛，属于弱收敛的范畴。随机配置法则与此不同，其样本集合通常根据特定的容积积分法则（高维空间的面积积分法则），在随机参数取值空间 Ω 上选取符合积分法则的固定节点。这种确定性采样方法源于经典多元逼近理论，可战略性地配置样本节点以逼近正确解，实现强收敛。

需要注意的是，在低维随机空间（$N_Z \leqslant 5$）中，可对随机配置法的预设节点开展误差分析等公式推导工作。令 m_i 为随机参数 Z_i 的一维节点，$\Theta_1^{m_i}$ 为该随机参数的节点子集合，则 N_Z 维随机空间的总节点数和节点总集可以用张量积的形式表现:

$$N_M = m_1 \times \cdots \times m_{N_Z}, \qquad \Theta_{N_M, \boldsymbol{z}} = \left\{ \boldsymbol{Z}^{(j)} \right\}_{j=1}^{N_M} = \Theta_1^{m_1} \times \cdots \times \Theta_1^{m_{N_Z}} \tag{3.125}$$

上述基于一维节点张量积的结构可以保留所有一维积分法则的性质，并可对全空间进行精准的误差分析。但是，随着维度 N_Z 的增加，如果每个随机维度的节点数相同，即 $m_1 = m_2 = \cdots = m_{N_Z} = m$，张量积结构的节点总数将呈现出指数型增长: $N_M = m^{N_Z}$。由此产生的广义多项式混沌展开 $w_{N_{\mathrm{gpc}}}$ 固然具有良好的结构以便于分析，但是其整体收敛速度也势必放缓:

$$u - w_{N_{\mathrm{gpc}}} \propto m^{-\lambda/N_Z}, \qquad N_Z \geqslant 1 \tag{3.126}$$

进而引发维数灾难。因此基于张量积的节点多用于含低维随机参数的系统，即 $N_Z < 5$。

　　为了应对这一挑战，科学家们开发了稀疏网格、自适应性网格、自适应稀疏网格配置法等多种方法以处理高维随机空间的计算问题。由于该领域研究仍处于前沿热点，在有限篇幅内无法覆盖全部相关内容，本小节将重点介绍稀疏网格和积分节点搜索法这两种常用的降低随机空间预设节点数量的方法。

（1）稀疏网格配置法

　　如前所述，基于张量积的样本总节点数量会随着随机参数维度的增加而呈现指数型增长，进而导致居高不下的计算成本。为了减小其影响，在维度较高时通常选用稀疏网格作为随机配置法中的节点集合。稀疏网格最早由苏联科学家斯莫利亚克（Sergey A. Smolyak）于 1963 年提出 [20]。斯莫利亚克在研究张量积问题时，从张量积的构成形式出发，提出了稀疏网格，并在此基础上探索插值与积分问题。稀疏网格作为张量积网格的子集，大大减少了所需配点的数量，在一定程度上缓解了高维空间带来的计算成本。

　　构造高维稀疏网格要基于相互嵌套的一维网格。首先考虑一维单变量函数 $u(Z)$ 在该参数取值空间 Ω 上的积分：

$$I^l[u] = \int_{\Omega} u(Z)\mathrm{d}Z = \sum_{i=1}^{N_M^l} w_{(l,i)} u\left(Z_{(l,i)}\right) \tag{3.127}$$

其中，l 代表使用的积分水平，N_M^l 为该积分水平下所用的节点总数，$w_{(l,i)}$ 为该水平下节点 i 的积分权重。

　　令 $\Theta_1^l = \{Z_{(l,1)}, Z_{(l,2)}, \cdots, Z_{(l,N_M^l)}\}$ 表示一维情况下积分水平为 l 的积分网格。若此一维积分网格 Θ_1^l 在不同积分水平下满足以下条件：

$$\Theta_1^{l=i} \in \Theta_1^{l=j}, \qquad \forall i < j \tag{3.128}$$

则称 Θ_1^l 为嵌套积分网格。在通过嵌套积分网格来构造稀疏网格时，不同积分水平下的节点之间存在重合，因此可以大大减少稀疏网格的总节点数量。

　　在高维情况下（$N_Z > 1$），斯莫利亚克稀疏网格的构造方法可以表示为

$$I_{N_Z}^{l_{\text{tot}}}[u] = \sum_{|\boldsymbol{l}| \leqslant l_{\text{tot}}} \left(\Delta^{l_1} \otimes \cdots \otimes \Delta^{l_{N_Z}}\right) \tag{3.129}$$

此处 $l_1, l_2, \cdots, l_{N_Z}$ 代表每个随机维度上的积分水平，l_{tot} 为整体积分水平，且 $l_1 + l_2 + \cdots + l_{N_Z} = |\boldsymbol{l}| \leqslant l_{\text{tot}}$。上式中的 Δ^{l_i} 表示同个随机参数的一维积分在相邻积分水平下的差值：$\Delta^i = I^i - I^{i-1}$，其中 $I^0 = 0$。

　　斯莫利亚克稀疏网格 [式 (3.129)] 也可表示为如下形式：

$$I_{N_Z}^{l_{\text{tot}}}[u] = \sum_{l_{\text{tot}} - N_Z + 1 \leqslant |\boldsymbol{l}| \leqslant l_{\text{tot}}} (-1)^{l_{\text{tot}} - |\boldsymbol{l}|} \begin{pmatrix} N_Z - 1 \\ l_{\text{tot}} - |\boldsymbol{l}| \end{pmatrix} \left(I^{l_1} \otimes \cdots \otimes I^{i_{N_Z}}\right) \tag{3.130}$$

上述斯莫利亚克稀疏网格可以用于随机配置法的插值实现或者离散投影。由于两种方法所用的样本节点相同，接下来将重点介绍几种基于特定积分法则的常用稀疏网格，并通过具体例子向读者展示稀疏网格与张量积网格之间的差别。对插值法感兴趣的读者可以查阅参考文献 [21] 以获得更多信息。

- **以克伦肖-柯蒂斯积分构造的稀疏网格**

克伦肖-柯蒂斯积分（Clenshaw-Curtis integration）法则是一种被广泛使用的一维积分法则。它适用于积分区域 $[-1, 1]$，在数值上具有稳定性质。该法则的积分节点为切比雪夫多项式的非等距零点或极值点。对于含有 N_M^l 个节点、积分水平为 l 的克伦肖-柯蒂斯积分，其积分的代数精度为 $N_M^l - 1$ 阶，积分节点数量等于：

$$N_M^1 = 1, \quad N_M^l = 2^{l-1} + 1, \qquad l \geqslant 2 \tag{3.131}$$

通过上述积分节点数量，可以在一维取值空间 $[-1, 1]$ 内得到嵌套的积分节点，它们的坐标和权重分别为

$$Z_{(l, i)} = -\cos\frac{i - 1}{N_M^1 - 1}\pi \tag{3.132a}$$

$$w_{(l, 1)} = w_{(l, N_M^l)} = \frac{1}{N_M^l\left(N_M^l - 2\right)} \tag{3.132b}$$

$$\begin{aligned}
w_{(l, j)} = w_{(l, N_M^l + 1 - j)} = \frac{2}{n_l - 1}&\left[1 - \frac{\cos(j - 1)}{N_M^l\left(N_M^l - 2\right)}\pi \right. \\
&\left. -2\sum_{k=1}^{(N_M^l - 3)/2} \frac{1}{4k^2 - 1}\cos\frac{2k(j - 1)}{N_M^l - 1}\pi \right], \quad j = 2, \cdots, N_M^l - 1
\end{aligned} \tag{3.132c}$$

以上提供了一维情况下不同积分水平的克伦肖-柯蒂斯积分法则。读者可按照斯莫利亚克稀疏网格公式 [式 (3.130)]，在上述一维公式的基础上构造高维网格。例如，在二维空间 $(N_Z = 2)$ 中，斯莫利亚克稀疏网格 [式 (3.130)] 表示为

$$I_2^{l_{\text{tot}}}[u] = \sum_{l_1 + l_2 = l_{\text{tot}}} \left(I^{l_1} \otimes I^{l_2}\right) - \sum_{l_1 + l_2 = l_{\text{tot}} - 1} \left(I^{l_1} \otimes l^{l_2}\right) \tag{3.133a}$$

对应的积分网格为

$$\Theta_{N_M, \boldsymbol{z}} = \bigcup_{l_{\text{tot}} - 2 + 1 \leqslant |\boldsymbol{l}| \leqslant l_{\text{tot}}} \left(\Theta_1^{l_1} \times \cdots \times \Theta_1^{l_2}\right) \tag{3.133b}$$

将上述一维克伦肖-柯蒂斯积分法则代入斯莫利亚克稀疏网格之中，得到在不同积分水平下，二维稀疏网格的积分节点总数。表 3.9 列举了基于克伦肖-柯蒂斯积分法则的稀疏网

格和全张量积网格的积分节点总数对比。可以看出，除了最低积分水平 ($l = 2$) 外，稀疏网格的积分节点总数在任意积分水平下都小于全张量积网格。两者之间的差异随着积分水平的增长，即积分精度的提高而逐渐拉大。在积分水平 $l = 10$ 的情况下，稀疏网格的积分节点总数还不到全张量积网格的 $1/40$。

表 3.9　不同积分水平下，基于克伦肖-柯蒂斯积分法则的稀疏网格和全张量积网格的积分节点总数对比

积分水平	稀疏网格积分节点总数	全张量积网格积分节点总数
2	1	1
3	5	9
4	13	25
5	29	81
6	65	289
7	145	1089
8	321	4225
9	705	16641
10	1537	66049

图 3.13 展示了在二维空间中，当积分水平 $l = 7$ 时，基于克伦肖-柯蒂斯积分法则的稀疏网格与全张量积网格的积分节点分布。此处两种网格的积分节点都选用了切比雪夫节点 [式 (3.132a)]，即在取值边缘相对稠密，在取值中心相对稀疏。但是，由于克伦肖-柯蒂斯积分的嵌套特性，其二维积分节点总数仅为 145，而全张量积网格的每个维度都有 33 个积分节点，积分节点总数为 $33^2 = 1089$。

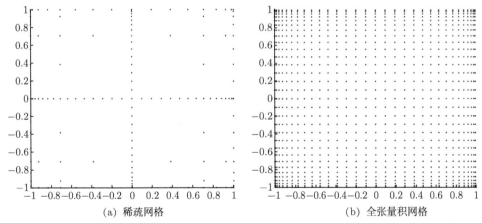

(a) 稀疏网格　　　　　　　　　(b) 全张量积网格

图 3.13　基于克伦肖-柯蒂斯积分法则的稀疏网格与全张量积网格的积分节点分布 [13]

- **以高斯-勒让德积分构造的稀疏网格**

对于参数取值空间为 $[-1, 1]$ 的函数积分，也可以使用高斯-勒让德积分（Gauss-Legendre integration）法则来构造稀疏网格。高斯-勒让德积分法则基于高斯积分公式，常用于积分权重为常数的场景。

首先考虑如下一维积分问题：

$$\int_{-1}^{1} u(Z)\mathrm{d}Z \approx \sum_{i=1}^{N_M^l} w_{(l,i)}\, u\left(Z_{(l,i)}\right) \tag{3.134}$$

其积分节点总数 N_M^l 与克伦肖-柯蒂斯积分法则 [式 (3.131)] 相同。

含有 N_M^l 个节点、积分水平为 l 的克伦肖-柯蒂斯积分，其积分的代数精度为 $2N_M^l - 1$ 阶。将式 (3.134) 整理为积分节点坐标和积分权重的方程：

$$\int_{-1}^{1} Z^j \mathrm{d}Z = \sum_{i=1}^{N_M^l} w_{(l,i)}\left(Z_{(l,i)}^j\right), \qquad j = 0,1,\cdots,2N_M^l - 1 \tag{3.135}$$

通过对上式进行求解，可以发现基于高斯-勒让德积分法则的积分节点为勒让德多项式的零点，节点的积分权重为

$$w_{(l,j)} = \frac{2}{1 - Z_{(l,\,,i)}^2}\left[\frac{\mathrm{d}\mathrm{P}_n}{\mathrm{d}Z}(Z_{(l,i)})\right]^2 \tag{3.136}$$

以上展示了一维情况下不同积分水平的高斯-勒让德积分法则。读者可以将这些一维信息代入斯莫利亚克稀疏网格公式 [式 (3.130)]，即可构造高维网格。

相比于克伦肖-柯蒂斯积分法则，高斯-勒让德积分法则在相同积分节点总数下，可以获得更高的代数精度。但是，由于其积分节点没有嵌套特性，使得其通过斯莫利亚克公式构造的稀疏网格积分节点数高于通过克伦肖-柯蒂斯积分法则构造的稀疏网格，也必然造成额外的计算负担。因此，如何构造一种高精度且嵌套的积分网格仍然是计算数学领域的热点问题。有一种方式是通过拓展积分节点的形式来实现多项式阶数的最大化，进而构造对称的积分结构；以此为基础，人们拓展高斯-勒让德积分法则，在积分节点数量为 $N_M^l = 2^l - 1$ 时，可以实现 $3 \times 2^{l-1} - 1$ 的代数精度。读者想要了解这种方法在随机配置法中的应用可以参阅参考文献 [22]。

- **以高斯-埃尔米特积分构造的稀疏网格**

前述两种积分法则都是针对随机参数的取值为有限区域 $[-1,1]$ 的情况。当随机参数的取值为全空间时，例如随机变量服从正态分布，基于克伦肖-柯蒂斯积分法则或者高斯-勒让德积分法则的稀疏网格将不再适用。此时需要使用高斯-埃尔米特积分（Gauss-Hermite integration）法则来构造高维稀疏网格。

首先考虑如下一维积分问题：

$$\int_{-\infty}^{+\infty} \mathrm{e}^{-Z^2} u(Z)\mathrm{d}Z \approx \sum_{i=1}^{N_M^l} w_{(l,i)}\, u\left(Z_{(l,i)}\right) \tag{3.137}$$

其积分节点数量为 $N_M^l = 2^{l+1} - 1$。

高斯-埃尔米特积分作为高斯型积分的一种,具有 $2N_M^l - 1$ 阶的代数精度。整理式 (3.137),得到关于积分权重 $w_{(l,i)}$ 和积分节点 $Z_{(l,i)}$ 的方程:

$$\int_{-\infty}^{+\infty} \mathrm{e}^{-Z^2} Z^j \mathrm{d}Z = \sum_{i=1}^{N_M^l} w_{(l,i)} \left(Z_{(l,i)}^j \right), \quad j = 0, 1, \cdots, 2N_M^l - 1 \tag{3.138}$$

通过求解上述方程组 [式 (3.138)],可以发现高斯-埃尔米特积分法则的积分节点为埃尔米特多项式 $\mathrm{H}_n(x)$ 的零点,其积分权重为

$$w_{(l,i)} = \frac{2^{n-1} n! \sqrt{\pi}}{n^2 \left[\mathrm{H}_{n-1} \left(Z_{(l,i)} \right) \right]^2} \tag{3.139}$$

将上述一维空间的积分节点与积分权重代入斯莫利亚克公式 [式 (3.130)],即可得到基于高斯-埃尔米特积分法则的稀疏网格。

需要注意的是,使用高斯-埃尔米特积分法则并不能完全保证稀疏网格的嵌套特性。在节点总数为奇数时,网格会重复包含零点,因此只能实现部分嵌套特性。在相同积分水平下,高斯-埃尔米特积分法则所构造的稀疏网格更加精确,但相应增加的节点数量也会带来更高的计算负担。为了应对这一问题,科学家们尝试使用逐步拓展积分节点的方式构造积分网格,并形成对称嵌套的结构。对此感兴趣的读者可以查阅关于通过克龙罗德-帕特森积分(Kronrod-Patterson integration)法则构造稀疏网格的参考文献 [23]。

(2)积分节点搜索法

积分节点搜索法是美国犹他大学纳拉扬(Akil Narayan)于 2018 年提出的一种新积分法则[24]。由于该方法在我国尚未有官方翻译,故笔者暂将其命名为积分节点搜索法。

该方法与传统高斯积分法则相似,核心目标都是在积分空间 Ω 内寻找合适的积分节点 $\left\{ Z^{(j)} \right\}_{j=1}^{N_M}$ 和对应权重 $w_{(j)}$,从而通过两者的线性组合来近似目标函数 $u(Z)$ 的积分:

$$\int_{\Omega} u(Z) \omega(Z) \mathrm{d}Z = \sum_{j=1}^{N_M} w_{(j)} u(Z^{(j)}) \tag{3.140}$$

当积分空间为随机参数的取值空间时,上式中的权函数 $\omega(Z)$ 为概率密度函数。

对于任意积分法则,一旦确定权函数,积分空间中的节点分布也随之确定。但随着积分维度的增加,积分节点的总数会呈指数型增长。虽然可以构造以嵌套的形式降低积分节点总数的稀疏网格 [式 (3.130)],但为了避免大规模计算,最恰当的方式还是减少每个维度上积分节点和权重的数量。积分节点搜索法遵循这一思路,放宽了对积分节点分布

的限制，但同时保证了积分节点分布满足必要的精度要求。通过限制一定的条件，将积分节点的筛选问题转化为优化问题，然后利用数值优化找到符合误差要求的积分节点和权重。

为简单说明积分节点的筛选条件，首先考虑一维有界空间 $[-1,1]$ 中的积分情况。以 $u(Z) = Z^4 + 2Z^3 + Z$ 为例，当其权函数取值为 1 时，在 $[-1,1]$ 的积分为

$$\int_{-1}^{1} (Z^4 + 2Z^3 + Z)\mathrm{d}Z = \left[\frac{Z^5}{5} + \frac{Z^4}{2} + \frac{Z^2}{2} \right]_{Z=-1}^{Z=1} = \frac{2}{5} \tag{3.141}$$

读者也可以通过高斯-勒让德积分法则，选择合适的积分节点和积分权重来精确计算该目标函数的积分：

$$\int_{-1}^{1} u(Z)\mathrm{d}Z = \frac{5}{9} u\left(-\sqrt{\frac{3}{5}} \right) + \frac{8}{9} u(0) + \frac{5}{9} u\left(\sqrt{\frac{3}{5}} \right) = \frac{2}{5} \tag{3.142}$$

根据高斯-勒让德积分法则，需要最高阶数为 $2N_M - 1$ 的正交多项式，也就是 N_M 个积分节点就可以计算出积分的精确值。换言之，在由最高阶数为 $2N_M - 1$ 的正交多项式展开的线性空间内，上述积分节点可以计算任意多项式函数。此时，如果目标函数 $u(Z)$ 为光滑函数，则根据魏尔斯特拉斯定理（Weierstrass theorem），总能在特定的多项式空间中找到正交多项式线性组合形式的目标函数最佳近似。

依照上述高斯-勒让德积分节点的性质，可以筛选预设积分节点。首先要确定正交多项式的最高阶数，也是近似的总体精度。在多项式所定义的空间内，正交多项式可以写为

$$\int_{-1}^{1} \phi_i(Z)\omega(Z)\mathrm{d}Z = \begin{cases} b_0, & i = 0 \\ 0, & i > 0 \end{cases} \tag{3.143}$$

其中，b_0 为零阶正交多项式对应的积分常数。

随后，以迭代的方式逐步调整积分节点的总数，以便通过积分节点所得到的多项式满足上述精度要求：

$$\sum_{j=1}^{N_M} \phi_j\left(Z^{(j)} \right) w_{(j)} = \begin{cases} b_0, & j = 0 \\ 0, & j > 0 \end{cases} \tag{3.144}$$

需要注意的是，上述一维积分的空间为 $[-1,1]$。读者可以通过线性变换对积分区间进行转换，但由于不影响此处结论，故不再赘述。

将上述一维空间的积分节点筛选条件推广至高维空间 $\Omega = [-1,1]^{N_z}$。令 $\phi_{\alpha_i}^i$ 表示维度为 i、阶数为 α_i 的正交多项式，$\pi_\alpha = \prod_{i=1}^{N_z} \phi_{\alpha_i}^i(Z)$ 表示高维正交多项组，$\alpha = \sum_{i=1}^{N_z} \alpha_i$ 表示多项式组的总阶数，则高维空间中积分节点所需满足的筛选条件为

$$\sum_{j=1}^{N_M} \pi_\alpha(\boldsymbol{Z}_{(j)}) w_{(j)} = \sum_{j=1}^{N_M} \prod_{i=1}^{N_z} \phi_{\alpha_i}^i\left(Z_i^{(j)} \right) w_{(j)}^i = \begin{cases} b_0, & \alpha = 0 \\ 0, & \alpha \in \Gamma_r^{N_z} \setminus \{0\} \end{cases} \tag{3.145}$$

其中，$\Gamma_r^{N_z}$ 表示最大阶数和为 r、总量为 N_{pc} 的所有 N_Z 维正交多项式的排列组合；$\boldsymbol{Z}_{(j)}$ 为积分节点向量，$\boldsymbol{Z}_{(j)} = \left(Z_1^{(j)}, \cdots, Z_{N_Z}^{(j)}\right)$；$w_{(j)}$ 为权函数乘积，$w_{(j)} = \prod_{i=1}^d w_{(j)}^i$。

接下来，根据上述条件对空间内的积分节点进行筛选。为了简化表达，首先定义矩阵 $\boldsymbol{V}(\boldsymbol{Z}) \in \mathbb{R}^{N_{\mathrm{pc}} \times N_M}$：

$$(\boldsymbol{V})_{i,j} = \pi_{\alpha_i}\left(\boldsymbol{Z}_{(j)}\right) = \prod_{k=1}^{N_Z} \phi_{\alpha_i^k}\left(Z_k^{(j)}\right) \tag{3.146}$$

在定义权重向量后，$\boldsymbol{\omega} = (\omega_1, \cdots, \omega_{N_M})^{\mathrm{T}}$，上述高维筛选条件 [式 (3.145)] 可以转化为方程形式：

$$\boldsymbol{V}(\boldsymbol{Z})\boldsymbol{\omega} = b_0 \boldsymbol{e}_1 \tag{3.147}$$

此式中，$\boldsymbol{e}_1$ 表示长度为 N_M 的单位向量，如 $(1, 0, \cdots, 0)$。

通过求解上述线性方程组 [式 (3.147)]，可以直接得到高维空间的积分节点与权重。但是在实际操作中，该线性方程组往往规模过大，难以计算。例如，在 5 维空间中，最高阶数为 5 的多项式组合总数为 $N_{\mathrm{pc}} = \mathrm{C}_{10}^4 = 210$，在每个随机维度，需要 $(5+1)/2 = 3$ 个积分节点，则积分节点总数为 $3^5 = 243$。上述线性方程组 [式 (3.147)] 的规模为 $210 \times 243 = 510\,30$。对于规模巨大的方程组，即便只使用总量为 100 的积分节点，其计算量也是巨大的。

为了应对上述计算挑战，科学家们将目标问题进行了简化。首先，将线性方程组 [式 (3.147)] 的求解转化为以下条件

$$\boldsymbol{Z}_{(j)} \in [-1, 1]^{N_z}, \quad j = 1, \cdots, N_M \tag{3.148a}$$

$$w_{(j)} \in (0, +\infty)^{N_z}, \quad j = 1, \cdots, N_M \tag{3.148b}$$

的优化问题：

$$\min_{\boldsymbol{Z}, \boldsymbol{\omega}} \|\boldsymbol{V}(\boldsymbol{Z})\boldsymbol{\omega} - b_0 \boldsymbol{e}_1\|_{\ell_2} \tag{3.148c}$$

不同于线性方程组的数值求解，这里的目标是保证上式的误差尽可能接近 0。由于高斯积分节点的高维张量是上述优化问题的一组解，所以最小值可以为 0。

同时，也需要引入积分节点和权重的其他限制条件：

$$-1 \leqslant Z_i^{(j)} \leqslant 1 \Rightarrow R_Z\left(\boldsymbol{Z}_{(j)}\right) = (\max\{0, Z_i^{(j)} - 1, -1 - Z_i^{(j)}\})^2 \tag{3.149}$$

$$w_{(j)} \geqslant 0 \Rightarrow R_Z\left(w_{(j)}\right) = (\max\left\{0, -w_{(j)}\right\})^2, \quad j = 1, 2, \cdots, N_M \tag{3.150}$$

将上述限制函数 $R_Z\left(\boldsymbol{Z}_{(j)}\right)$ 和 $R_Z\left(w_{(j)}\right)$ 代入式 (3.148c)，高维积分的节点和权重筛选问题转化为最小值的求解：

$$\min_{\boldsymbol{Z},\boldsymbol{\omega}} \|R(\boldsymbol{d})\|_{\ell_2}, \quad R(\boldsymbol{d}) = \|\boldsymbol{V}(\boldsymbol{Z})\boldsymbol{\omega} - b_0 e_1\|_{\ell_2} + R_{\mathrm{Z}}(\boldsymbol{Z}) + R_{\mathrm{Z}}(\boldsymbol{\omega}), \quad \boldsymbol{d} = (\boldsymbol{Z}, \boldsymbol{\omega}) \quad (3.151)$$

此时，原有的方程求解问题被转化为最小值的求解问题，计算量大大降低。但是，放宽上述限制条件也使得解不唯一。

本书推荐使用高斯-牛顿反演（Gauss-Newton inversion）求解上述优化问题 [式 (3.151)]：

$$d^{k+1} = d^k + \Delta d \qquad (3.152)$$

$$J^k \Delta d = R^k \qquad (3.153)$$

在此处的雅可比矩阵 $\boldsymbol{J} = \partial R/\partial \boldsymbol{d}$ 中，只需考虑其最大值函数的连续部分，不用计算其间断部分。对于前进步长 $\Delta \boldsymbol{d}$ 的求解，可以通过奇异值分解法，以减低计算损耗。

上述积分节点搜索法的步骤可以总结为如下算法。

算法 3.1　积分节点搜索法
---

1. 初始化，$k = 0$。初始化的方式可以为随机赋值：
   - 设置积分节点点数 N_M、积分节点和相应权重 $\boldsymbol{d} = (\boldsymbol{Z}, \boldsymbol{\omega})$；
   - 设置优化算法的误差上限 ϵ；
   - 设置积分节点总数的下限 $\min N_M = 0$；
2. $k \leqslant 1$，当优化结果 $\|R\|_{\ell_2} > \epsilon$ 时，重复以下步骤：
   - 迭代优化结果 R 和相关雅可比矩阵 $\boldsymbol{J}$；
   - 对雅可比矩阵 $\boldsymbol{J}$ 进行奇异值分解；
   - 计算牛顿法的前进步长 $\Delta \boldsymbol{d}$；
   - 更新积分节点和权重：$\boldsymbol{d}^{k+1} = \boldsymbol{d}^k + \Delta \boldsymbol{d}$；
   - 计算目标函数 $\|R\|_{\ell_2}$ 和牛顿法的下降速率 $\eta = (\Delta \boldsymbol{d}(\boldsymbol{J}^{\mathrm{T}} R))^{\frac{1}{2}}$，如果满足

     $$\eta < \epsilon, \quad \|R\|_{\ell_2} > \eta$$

     则增加新的积分节点数量 n，并初始化相应的新积分节点和权重。
3. 如果 $n = n_0$：
   - 则返回；
   - 否则 $n \to n_0$，将权重值最低的积分节点去掉，减少积分节点数目 n，返回第二步。
4. 结束。

接下来通过简单实例向读者展示积分节点搜索法的实际效果。

例 3.11 (三维积分)　用稀疏网格和积分节点搜索法计算如下三维积分：

$$\int_{-1}^{1}\int_{-1}^{1}\int_{-1}^{1} u(\boldsymbol{Z})\mathrm{d}\boldsymbol{Z} = \int_{-1}^{1}\int_{-1}^{1}\int_{-1}^{1} \cos(Z_1)\cos(2Z_2)\cos(3Z_3)\mathrm{d}Z_1\,\mathrm{d}Z_2\mathrm{d}Z_3$$

$$= \frac{4}{3}\sin(1)\sin(2)\sin(3) \qquad (3.154)$$

在稀疏网格中, 使用克伦肖-柯蒂斯积分法则的积分节点 [式 (3.132)]。在积分节点搜索法中, 首先确定多项式的最大阶数, 得到积分节点搜索法的分布和权重。图 3.14 展示了两种算法的积分节点分布, 可以看出积分节点搜索法的节点总数远少于稀疏网格。

接下来, 根据三维积分的真实结果来计算两种方法的误差:

$$\epsilon = \left| \frac{4}{3} \sin(1) \sin(2) \sin(3) - \sum_{j=1}^{N_M} u\left(\boldsymbol{Z}^{(j)}\right) w_{(j)} \right| \tag{3.155}$$

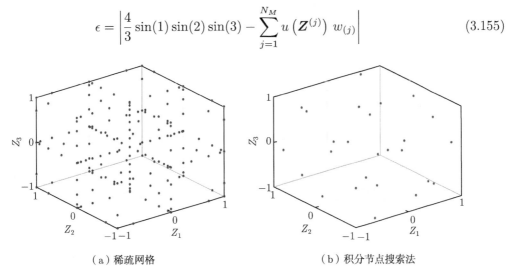

(a) 稀疏网格   (b) 积分节点搜索法

图 3.14   以克伦肖-柯蒂斯积分法则构造的稀疏网格和积分节点搜索法的三维积分节点分布

通过对比不同方法的下降速度, 在图 3.15 中可以明显看出积分节点搜索法具有更快的收敛速度。

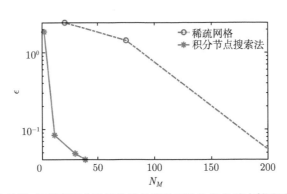

图 3.15   以克伦肖-柯蒂斯积分法则构造的稀疏网格和积分节点搜索法的积分误差随
积分节点总数的变化

综上所述, 积分节点搜索法在保持精度的基础上, 通过放宽对积分节点分布的限制, 构造了极为稀疏的高维网格。在最新研究中, 科学家们将同样的优化思路应用于不同的配置法, 可进一步放宽部分积分节点分布的限制条件, 从而获得不同精度下的积分节点搜索法[24]。该方法虽然提出不久, 但已展现出强大的应用潜力, 对此感兴趣的读者可以查阅参考文献 [24]。

本节系统地介绍了广义多项式混沌法。随着数学理论和数值实现的逐渐成熟，广义多项式混沌法在近十年来成为不确定性量化的主流方法之一，也被广泛应用于诸多行业。例如，在材料领域，广义多项式混沌法被用于随机多孔结构的宏观特性预测、相变材料的体积模量仿真等方面；在集成电路领域，科学家们通过广义多项式混沌法来描述电路系统在随机工艺偏差干扰下的状态；在可靠性研究中，广义多项式混沌法常被用于系统失效率计算、参数估计、风险估计、故障诊断及检测等。除此之外，广义多项式混沌法也可用于流体力学、结构力学、多体动力学、生物学、声学和电磁学等领域。

本节同时介绍了广义多项式混沌法两种常用的数值实现方法。其中，随机加廖尔金法以原随机系统的控制方程为基础，构建系统状态的广义多项式混沌展开系数的控制方程。在固定精度下，特别是在高维随机空间中，随机加廖尔金法只需求解最少数量的方程，即可提供最高精度的系数求解。但是，当面对高度复杂、耦合的非线性随机系统时，系数方程系统的推导极为复杂；同时，系统方程的求解也需要编写新代码，相应的工作量和人为误差也会随之增加。

随机配置法是另一种实现广义多项式混沌法的数值实现方法，其核心目标是构建有限样本，以插值或者离散投影的方式近似展开式的系数。如果原随机系统已具备较为成熟的仿真算法，则随机配置法可以作为一种"外挂"形式，在预设的节点上实现相互独立的平行运算，因此简单易行。虽然该方法在样本点上的结果与原系统相同，但无论是插值法使用的插值格式，还是离散投影法使用的积分法则，都会引入误差，这一现象在高维度随机空间中尤为明显。同时，伴随着随机空间维度的增加，随机配置法往往需要配合稀疏网格或更为高效的积分节点搜索法来降低相应的维数灾难，从而实现广义多项式混沌法的收敛。

3.4　分布法

分布法（method of distribution）是一种基于随机数学的嵌入式参数不确定性量化方法。该方法通过引入目标系统状态的精细（fine-grained）概率函数 Π，旨在获取新函数的均值 $E(\Pi)$，即目标系统状态的概率密度函数（probability density function，PDF）或累积分布函数（cumulative density function，CDF），因此该方法也被称为 PDF/CDF 方法。相较于其他类参数不确定性量化方法，分布法可直接计算系统状态的全部统计信息，为实现小概率事件的预测和介观尺度随机动力系统的近似提供了方向，近年来逐渐受到重视，其理论体系与数值实现均取得了长足发展。

分布法通常可以分为以下 3 步：

（1）引入目标系统状态的精细概率函数 Π；

（2）推导新函数的控制方程；

（3）获取新函数的数学期望。

本节将系统介绍分布法的基础理论和数值实现，同时包含了笔者在过去十多年里对分布法的重要研究成果。第 3.4.1 节将介绍分布法的基本概念，展示如何从原系统状态的控制方程获得新函数 Π 的控制方程；第 3.4.2 节将重点介绍求解系统概率密度函数和累积分布函数的方法，并通过应用实例帮助读者熟悉相关使用方法；第 3.4.3 节将以蛋白质聚合为例，展示分布法在计算生物学中的应用；第 3.4.4 节将对分布法进行总结，讨论其适用场景及未来发展方向。

3.4.1 基本概念

分布法来源于统计物理学中的朗之万动力学（Langevin dynamics）和流体力学中的湍流研究。前者关注含高斯白噪声的物理系统，在数学上的表现形式为随机常微分方程（组）。里斯肯（Hannes Risken）、亨吉（Peter Hänggi）等物理学家利用高斯分布和狄拉克函数（Dirac function）的特性，通过分布法将原物理方程（组）转变为原系统状态概率密度函数的控制方程。在流体力学的研究中，以美国国家科学院院士克拉奇南（Robert Harry Kraichnan）、美国国家工程院院士波普（Stephen B. Pope）为代表的科学家们同样利用狄拉克函数的特性，将流体力学控制方程，即纳维-斯托克斯方程（Navier-Stokes equation）转换为一个含精细概率密度函数的方程，从而得到雷诺应力（Reynolds stress）的近似。分布法虽然来源于应用科学，但其中对新函数控制方程的推导也同样获得了基础数学家的关注。1994 年菲尔兹奖得主、法国著名数学家里昂（Pierre-Louis Lion）在对随机偏微分方程的研究中也论述了新函数控制方程的部分特性。

十余年来，随着社会各界对系统性风险管控的重视，分布法的理论体系与数值实现均取得了长足的发展与完善。2011 年，笔者与合作方首次提出了 CDF 方法，将分布法的适用范围扩展到非线性偏微分方程。在随后的研究中，美国斯坦福大学的丹尼尔·塔塔科夫斯基（Daniel M. Tartakovsky）、美国伊利诺伊大学的亚历山大·塔塔科夫斯基（Alexandre Tartakovsky）分别完善了 CDF 方法的理论推导。针对 PDF 方法，笔者与合作方在 2013 年将其适用范围扩展至含彩色噪声的朗之万动力系统，相关成果得到了国际顶级物理期刊 *Physical Review Letters* 的认可[25]。同时，美国布朗大学的卡尼亚达克斯（George Karniadakis）和美国加利福尼亚大学圣克鲁斯分校的文图里（Daniele Venturi）也在一系列工作中将基于系统状态（即输出）概率密度函数的 PDF 方法扩展为输入-输出的联合概率密度函数。在此基础上，笔者团队与国内外合作方结合现有参数不确定性量化方法的优

相关科学家简介

里斯肯（Hannes Risken，1934—1994），德国物理学家，激光理论、量子光学及福克尔-普朗克（Fokker-Planck）方程领域的领军人物。他在激光统计特性上做出了开创性工作，首次预测了阈值和接近阈值处光子的统计变化，为相关领域的实验研究和验证工作奠定了理论基础。

势，在 2019 年提出了 CDF 方法和 PDF 方法的高效数值框架，为分布法向非数学专业领域的普及提供了便利。

为方便标识，在本节余下的篇幅中，使用 $u(\boldsymbol{x}, t)$ 表示目标系统在空间和时间 $(\boldsymbol{x}, t)$ 上的状态。黑体小写字母特指矢量，例如空间坐标 $\boldsymbol{x} = (x_1, x_2, x_3)$；非黑体小写字母表示标量，例如时间坐标 t；黑体大写字母代表张量。

为简化展示，本节前半部分仅考虑单一系统状态（标量 u）的情况。对于多系统状态（矢量 $\boldsymbol{u}$）的分布法应用，读者可以通过本节对高维 PDF 方法的介绍和笔者的相关论文[25]加以了解。

1. PDF 方法

首先通过 PDF 方法向读者介绍分布法的基础概念及所用到的数学特性。为便于理解，本节仅考虑一维物理空间，即 $\boldsymbol{x} \equiv x$ 的情况。PDF 方法在高维物理空间下的推导可以在一维空间的结果上进行延伸[25,26]。

PDF 方法的核心是引入目标系统状态 $u(x, t)$ 的精细概率密度函数 Π_p。

定义 3.3 (精细概率密度函数) 令 $\tilde{u} \in \Omega$ 表示目标系统状态 $u(x, t)$ 在结果空间 Ω 上的取值，则该系统状态的精细概率密度函数可表示为

$$\Pi_\mathrm{p} = \delta \left[u(x, t) - \tilde{u} \right] \tag{3.156}$$

需要注意 $\tilde{u}$ 为系统状态 $u(x, t)$ 在结果空间上的标度，即概率密度函数在概率空间的变量，不随空间和时间变化。由此可知，当考虑多个目标系统状态 $\boldsymbol{u} = (u_1, \cdots, u_N)$ 时，所对应的结果变量 $\tilde{\boldsymbol{u}} = (\tilde{u}_1, \cdots, \tilde{u}_N)$ 在概率空间上相互垂直，且与空间变量 x 和时间变量 t 相互独立。该特性将在推导精细概率密度函数、精细累积分布函数的导数时用到。

精细概率密度函数的定义引用了狄拉克函数 $\delta(\cdot)$ 的概念。该函数由 1933 年诺贝尔物理学奖得主、英国理论物理学家狄拉克（Paul Dirac）提出。狄拉克函数定义为

$$\delta(\tilde{u}) = \begin{cases} 0, & \tilde{u} \neq 0 \\ +\infty, & \tilde{u} = 0 \end{cases} \tag{3.157}$$

其函数图像如图 3.16 所示。

────────────────

相关科学家简介

亨吉（Peter Hänggi，1950—　），瑞士理论物理学家。在非线性统计物理和反应速率理论上做出了杰出贡献，阐明了平衡和非平衡系统中非马尔可夫记忆效应和耗散隧道效应的影响，并于 1988 年被评选为美国物理学会会士。

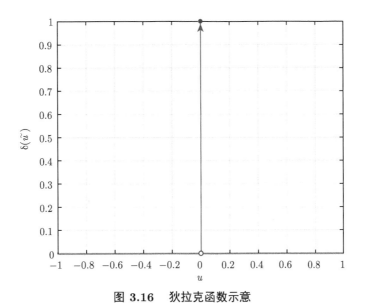

图 3.16　狄拉克函数示意

注：受限于篇幅，该函数在零点的无穷取值由数字 1 替代。

由定义可以看出，狄拉克函数在零点以外的取值皆为 0，在原点处的取值为正无穷。该函数在全域上的积分为 1，即 $\int_{-\infty}^{+\infty} \delta(\tilde{u})\mathrm{d}\tilde{u} = 1$，在物理上代表了理想化的质点或点电荷的密度。如果将狄拉克函数表达式中的零点换为任意真值 $a \in \mathbb{R}$，上述定义依然成立。同时，从第 2 章中关于概率密度函数的定义中不难看出，狄拉克函数也可以作为一种概率密度函数的数学表达形式，于是可以得到如下推论。

推论 3.1　非随机系统状态的概率密度函数是狄拉克函数，即当该系统状态在某空间、时间点 (x, t) 的取值为 a，则该状态的概率密度函数为 $f_u(\tilde{u}; x, t) = \delta(\tilde{u} - a)$。

狄拉克函数具有一系列重要的数学特性，下面介绍其中 2 项。

性质 3.1 (狄拉克函数的积分定义)　令 $g(\cdot)$ 为充分光滑的测试函数，那么狄拉克函数的积分定义为

$$\int_{-\infty}^{+\infty} g(\tilde{u})\delta(\tilde{u})\mathrm{d}\tilde{u} = g(0) \tag{3.158}$$

相关科学家简介

克拉奇南（Robert Harry Kraichnan，1928—2008），美国理论物理学家，现代湍流理论的先驱。他曾担任爱因斯坦的助理，学术研究涉及广义相对论、量子场论、量子多体理论和统计物理学等多个领域，开创性地提出二维湍流为一种逆能量级联现象，对大气海洋研究等领域产生了重要影响。

相关科学家简介

波普（Stephen B. Pope），美国流体力学专家。他开创性地使用概率密度函数方法来研究湍流反应流，对湍流的统计建模与数值仿真做出了诸多贡献。他的著作 *Turbulen FLows*（《湍流》）是研究湍流的必读文献之一。

证明：可以用标准高斯分布函数来近似狄拉克函数：

$$\delta(\tilde{u}) = \lim_{n \to +\infty} D_n(\tilde{u}) \equiv \frac{n}{\sqrt{2\pi}} \mathrm{e}^{-\frac{(\tilde{u})^2 n^2}{2}} \tag{3.159}$$

此时可以注意到

$$\int_{-\infty}^{+\infty} \tilde{u}^m D_n(\tilde{u}) \mathrm{d}\tilde{u} = n^{-m} \widehat{\mu}_m \tag{3.160}$$

其中，$(\widehat{\mu}_0, \widehat{\mu}_1, \widehat{\mu}_2, \cdots) = (0, 1, 0, \cdots)$ 的元素是标准高斯分布的项。

将上述近似代入狄拉克函数的积分 [式 (3.158)]，并对 $g(\tilde{u})$ 在零点处进行泰勒展开：

$$\int_{-\infty}^{+\infty} g(v) D_n(\tilde{u}) \mathrm{d}\tilde{u} = \int_{-\infty}^{+\infty} g(0) D_n(\tilde{u}) \mathrm{d}\tilde{u} + \int_{-\infty}^{+\infty} \sum_{m=1}^{+\infty} g^m(0) \frac{x^m}{m!} D_n(\tilde{u}) \mathrm{d}\tilde{u}$$

$$= g(0) + \sum_{m=1}^{+\infty} g^m(0) \frac{n^{-m} \widehat{\mu}_m}{m!} \tag{3.161}$$

这样在极限条件下可以得到狄拉克函数的积分：

$$\lim_{n \to +\infty} \int_{-\infty}^{+\infty} g(\tilde{u}) D_n(\tilde{u}) \mathrm{d}v = g(0) \tag{3.162}$$

由上述积分定义，可推出狄拉克函数的另一个重要数学特性。

性质 3.2 (狄拉克函数的筛选性)　对于任意充分光滑的测试函数 $g(\cdot)$，满足

$$g(\tilde{u})\delta(\tilde{u} - a) = g(a)\delta(\tilde{u} - a) \tag{3.163}$$

在后续推导中，分布法会多次用到这项数学特性。

回到精细概率密度函数 $\varPi_{\mathrm{p}}$ 上来。由其定义 [式 (3.156)] 可以看出，该函数包含了目标系统状态 $u(x,t)$。因此，当系统状态呈现随机性时，$\varPi_{\mathrm{p}}$ 成为随机函数。此时，如果对精细概率密度函数取数学期望 $E(\cdot)$，即在系统状态 $u(x,t)$ 的全结果空间上进行积分，根据相关定义可得：

$$E(\varPi_{\mathrm{p}}) = \int_{-\infty}^{+\infty} \delta(u' - \tilde{u}) f_u(u'; x, t) \mathrm{d}u' \tag{3.164}$$

利用狄拉克函数的筛选特性 [式 (3.163)]，可从上式进一步推导得出：

$$E(\varPi_{\mathrm{p}}) = f_u(\tilde{u}; x, t) \tag{3.165}$$

至此，得到了 PDF 方法最为重要的性质，如下所述。

性质 3.3 (精细概率密度函数的数学期望) 系统状态 $u(x,t)$ 的精细概率密度函数 Π_p 的数学期望为其概率密度函数 $f_u(\tilde{u};x,t)$。

2. CDF 方法

接下来介绍 CDF 方法的基本概念及其相应数学特性[27-29]。该方法植根于 PDF 方法，在推导上有很多相似的地方。首先引入精细累积分布函数 Π_c。

定义 3.4 (精细概率分布函数) 令 $\tilde{u} \in \Omega$ 表示目标系统状态 $u(x,t)$ 在结果空间 Ω 上的取值，$\mathcal{H}(\cdot)$ 表示赫维赛德函数（Heaviside function），则该系统状态的精细累积分布函数可以表示为

$$\Pi_\mathrm{c} = \mathcal{H}\left[\tilde{u} - u(x,t)\right] \tag{3.166}$$

上述定义使用了赫维赛德函数，该函数又称单位阶跃函数，由英国物理学家赫维赛德（Oliver Heaviside）提出，被广泛应用于诸多工程和物理研究中。由于赫维赛德函数存在多种定义，在此特别注明，精细累积分布函数中的赫维赛德函数为以下形式：

$$\mathcal{H}(\tilde{u}) = \begin{cases} 0, & \tilde{u} < 0 \\ 1, & \tilde{u} > 0 \end{cases} \tag{3.167}$$

其函数图像如图 3.17 所示。

根据上述定义，可以将函数中的零点转换为任意真值 $a \in \mathbb{R}$，并得到以下推论。

推论 3.2 非随机系统状态的累积分布函数为赫维赛德函数，即当该系统状态在某特定时空点上的取值为 a 时，该系统状态所对应的累积分布函数为 $F_u(\tilde{u};x,t) = \mathcal{H}(\tilde{u}-a)$。

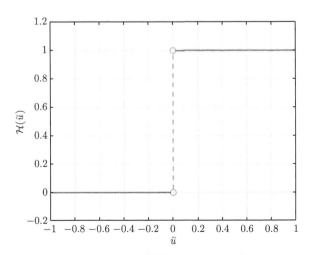

图 3.17 赫维赛德函数 $\mathcal{H}(\tilde{u})$ 示意

如果对狄拉克函数的近似形式，即标准高斯分布 [式 (3.159)] 进行变上限积分，并取极限 $n \to +\infty$，可得到上述赫维赛德函数：

$$\mathcal{H}(\tilde{u}) \equiv \lim_{n \to +\infty} \int_{-\infty}^{\tilde{u}} D_n(y)\,\mathrm{d}y = \begin{cases} 0, & \tilde{u} < 0 \\ 1, & \tilde{u} > 0 \end{cases} \tag{3.168}$$

因此，在上述定义下，狄拉克函数为赫维赛德函数的一阶微分导数。

$$\frac{\partial \mathcal{H}}{\partial \tilde{u}} = \delta(\tilde{u} - a) \tag{3.169}$$

该性质也符合概率密度函数与累积分布函数之间的导数关系。

回到精细累积分布函数 Π_c 上来。当系统状态 $u(x,t)$ 为随机状态时，其对应的精细累积分布函数 Π_c 也是随机函数。此时，如果对该精细累积分布函数取数学期望，即在随机系统状态的结果空间上进行积分，可根据定义得到如下表达式：

$$E(\Pi_c) = \int_{-\infty}^{+\infty} \mathcal{H}(\tilde{u} - u')\, f_u(u'; x, t)\mathrm{d}u' \tag{3.170}$$

可以利用赫维赛德函数的定义 [式 (3.167)]，对上式进一步推导：

$$E(\Pi_c) = F_u(\tilde{u}; x, t) \tag{3.171}$$

现在，得到了 CDF 方法最为重要的性质，如下所述。

性质 3.4 (精细累积分布函数的数学期望)　系统状态 $u(x,t)$ 的精细累积分布函数 Π_c 的数学期望为其累积分布函数 $F_u(\tilde{u}; x, t)$。

3. 新函数的控制方程

在引入精细概率密度函数 [式 (3.156)] 和精细累积分布函数 [式 (3.166)] 后，分布法的下一步是通过原系统的控制方程获取这两个新函数的控制方程。由于 PDF 方法和 CDF 方法的推导步骤几乎相同，接下来将用符号 Π 泛指精细概率密度函数 Π_p 和精细累积分布函数 Π_c，统称为精细概率函数。此时，Π 的控制方程不再含原系统状态 $u(x,t)$ 及其微分项、积分项，是一个仅含有 Π 及其导数或者积分的模型。

首先，推导精细概率函数 Π 在时空间维度的一阶导数。由其定义 [式 (3.156) 和式 (3.166)] 可以得到：

$$\frac{\partial \Pi}{\partial x} = \frac{\partial \Pi}{\partial u}\frac{\partial u}{\partial x} \tag{3.172}$$

此时，通过链式法则引入变量代换 $a = u - \tilde{u}$，上述表达式变为

$$\frac{\partial \Pi}{\partial x} = \frac{\partial \Pi}{\partial \tilde{u}} \frac{\partial \tilde{u}}{\partial u} \frac{\partial u}{\partial x} = -\frac{\partial \Pi}{\partial \tilde{u}} \frac{\partial u}{\partial x} \qquad (3.173)$$

同理，可以得到精细概率函数 Π 的一阶时间导数：

$$\frac{\partial \Pi}{\partial t} = -\frac{\partial \Pi}{\partial \tilde{u}} \frac{\partial u}{\partial t} \qquad (3.174)$$

下一步目标是将原系统状态 u 的控制方程推导为其精细概率函数 Π 的控制方程。为简化表达，以如下一阶线性偏微分为例进行推导：

$$\frac{\partial u}{\partial t} + a \frac{\partial u}{\partial x} = R(u, x, t) \qquad (3.175)$$

此处 $a \in \mathbb{R}$ 为常数，$R(u, x, t)$ 为系统状态的函数。

首先，对上述方程等号两侧分别乘以精细概率函数在概率空间的一阶导数 $\partial \Pi / \partial \tilde{u}$：

$$\frac{\partial \Pi}{\partial \tilde{u}} \frac{\partial u}{\partial t} + a \frac{\partial \Pi}{\partial \tilde{u}} \frac{\partial u}{\partial x} = \frac{\partial \Pi}{\partial \tilde{u}} R(u, x, t) \qquad (3.176)$$

利用精细概率函数的导数 [式 (3.173) 和式 (3.174)]，可以整理得到：

$$\frac{\partial \Pi}{\partial t} + a \frac{\partial \Pi}{\partial x} = -\frac{\partial \Pi}{\partial \tilde{u}} R(u, x, t) \qquad (3.177)$$

由于上式等号右侧的 R 不含概率空间的变量 $\tilde{u}$，可以将它放入导数的分子之中，并利用 Π_p 作为狄拉克函数所具有的筛选特性 [式 (3.163)]：

$$\frac{\partial \Pi_\mathrm{p}}{\partial t} + a \frac{\partial \Pi_\mathrm{p}}{\partial x} = -\frac{\partial \Pi_\mathrm{p} R(u, x, t)}{\partial \tilde{u}} = -\frac{\partial \Pi_\mathrm{p} R(\tilde{u}, x, t)}{\partial \tilde{u}} \qquad (3.178)$$

此时该方程不再含有原系统状态 u，成为精细概率密度函数的控制方程。

在 CDF 方法中，由于 $\partial \Pi_\mathrm{c} / \partial \tilde{u}$ 为狄拉克函数，所以不用将上式等号右侧的 R 放入分子之中，直接得到精细累积分布函数的控制方程：

$$\frac{\partial \Pi_\mathrm{c}}{\partial t} + a \frac{\partial \Pi_\mathrm{c}}{\partial x} = -\frac{\partial \Pi_\mathrm{c}}{\partial \tilde{u}} R(\tilde{u}; x, t) \qquad (3.179)$$

此处需注意 3 个潜在问题。首先，原方程的边界条件可以依照上述推导获得，但由于精细概率函数的控制方程增加了概率空间的维度，求解时也需要增加该维度在所对应的概率空间上的边界条件。其次，精细概率函数的控制方程依然为随机方程。最后，当原系统状态的控制方程 [式 (3.175)] 为非线性偏微分方程时，例如由于一维空间的双曲型方程中空间导数的系数为系统状态的函数，即 $a = a(u)$，PDF 方法无法将该方程转化为仅含精细概率密度函数的模型，此时必须使用 CDF 方法进行转化。感兴趣的读者可以尝试推导 $a = u$ 时的情况，即伯格方程（Burger equation）。

4. 高维 PDF 方法

PDF 方法也可以求解随机常微分方程组的联合概率密度函数[25]。此时，目标系统状态的精细概率密度函数定义 [式 (3.156)] 可扩展至多个系统状态。接下来以一类常见的随机常微分方程组，即统计物理中常见的朗之万动力系统（Langevin dynamical system）为例。在自身和周围环境随机噪声的影响下，该系统状态 $\boldsymbol{x} = (x_1, x_2, \cdots, x_N)$ 在时间上的演变表示为

$$\frac{\mathrm{d}x_i}{\mathrm{d}t} = h_i(\boldsymbol{x}, t) + \sum_{i,j=1}^{N} g_{ij}(\boldsymbol{x}, t)\xi_j(t), \quad i = 1, 2, \cdots, N \tag{3.180}$$

在此系统中，每个系统状态 x_i 会受到变化缓慢的确定算子 $h_i(\boldsymbol{x}, t)$ 和变化迅速、含微观噪声 $\xi_j(t)$ 的随机算子 $g_{ij}\xi_j$ 的共同影响。

在实际系统中，随机噪声在时间维度上可能呈现自关联性，被称为彩色噪声：

$$E(\xi_i(t)\xi_i(s)) = q_i\rho_i\left(\frac{t-s}{\lambda}\right) \tag{3.181}$$

其中，q 表示方差，ρ 表示相关函数，λ 表示关联长度。当噪声波动的时间尺度远小于朗之万动力系统宏观变量的时间变化尺度时，这些噪声可称为白噪声，表示为在时间维度上互不相关的随机过程：

$$E(\xi_i(t)\xi_i(s)) = q_i\delta(t-s) \tag{3.182}$$

$$E(\xi_i(t)\xi_j(s)) = q_{ij}\delta_{ij}\delta(t-s) \tag{3.183}$$

这里的 δ_{ij} 表示克罗内克 δ 函数（Kronecker delta function）：

$$\delta_{ij} = \begin{cases} 1, & i = j \\ 0, & i \neq j \end{cases} \tag{3.184}$$

根据 PDF 方法步骤，引入 N 个系统状态的联合精细概率密度函数：

$$\Pi_{\mathrm{p}} = \prod_{i=1}^{N} \delta_i\left[x_i(t) - \tilde{x}_i\right] \tag{3.185}$$

由式 (3.165) 可得，其数学期望是所有目标系统状态的联合概率密度函数：

$$E(\Pi_{\mathrm{p}}) = \int \cdots \int_{N} \prod_{i=1}^{N} \delta_i(x_i' - \tilde{x}_i) f_{\boldsymbol{x}}(\boldsymbol{x}', t)\,\mathrm{d}x_1' \cdots \mathrm{d}x_N' = f_{\boldsymbol{x}}(\tilde{\boldsymbol{x}}, t) \tag{3.186}$$

联合精细概率密度函数的导数可以写为

$$\frac{\partial \Pi_{\mathrm{p}}}{\partial \tilde{x}_i} = \frac{\partial \delta_i}{\partial \tilde{x}_i} \prod_{\substack{n=1 \\ n \neq i}}^{N} \delta_n(x_n - \tilde{x}_n) \tag{3.187}$$

$$\frac{\partial \Pi_{\mathrm{p}}}{\partial t} = -\sum_{i=1}^{N} \left[\frac{\partial \delta_i}{\partial \tilde{x}_i} \frac{\mathrm{d}x_i}{\mathrm{d}t} \prod_{\substack{n=1 \\ n \neq i}}^{N} \delta_n(x_n - \tilde{x}_n) \right] \tag{3.188}$$

根据前述单一系统状态的推导步骤，可以将朗之万动力系统 [式 (3.180)] 中的每个常微分方程的等号两侧分别乘以相对应的导数 [式 (3.173)]，并利用狄拉克函数的筛选特性 [式 (3.163)]，可以得到：

$$\begin{aligned}
\frac{\partial \delta_i}{\partial \tilde{x}_i} \prod_{\substack{n=1 \\ n \neq i}}^{N} \delta_n(x_n - \tilde{x}_n) \frac{\mathrm{d}x_i}{\mathrm{d}t} &= \frac{\partial \Pi_{\mathrm{p}}}{\partial \tilde{x}_i} \left[h_i(\boldsymbol{x}, t) + \sum_{i,j=1}^{N} g_{ij}(\boldsymbol{x}, t) \xi_j(t) \right] \\
&= \frac{\partial}{\partial \tilde{x}_i} \left\{ \left[h_i(\boldsymbol{x}, t) + \sum_{i,j=1}^{N} g_{ij}(\boldsymbol{x}, t) \xi_j(t) \right] \Pi_{\mathrm{p}} \right\} \\
&= \frac{\partial}{\partial \tilde{x}_i} \left\{ \left[h_i(\tilde{\boldsymbol{x}}, t) + \sum_{i,j=1}^{N} g_{ij}(\tilde{\boldsymbol{x}}, t) \xi_j(t) \right] \Pi_{\mathrm{p}} \right\} \tag{3.189}
\end{aligned}$$

将式 (3.189) 从 $i = 1$ 叠加到 $i = N$，代入 Π_{p} 的时间导数表达式 [式 (3.174)]，即可得到联合精细概率密度函数 Π_{p} 的控制方程：

$$\frac{\partial \Pi_{\mathrm{p}}}{\partial t} = -\sum_{i=1}^{N} \frac{\partial}{\partial x_i} \left\{ \left[h_i(\tilde{\boldsymbol{x}}, t) + \sum_{i,j=1}^{N} g_{ij}(\tilde{\boldsymbol{x}}, t) \xi_j(t) \right] \Pi_{\mathrm{p}} \right\} \tag{3.190}$$

为了简化表达，引入以下新的符号与变量：

$$\nabla_{\tilde{\boldsymbol{x}}} = \left(\frac{\partial}{\partial \tilde{x}_1}, \cdots, \frac{\partial}{\partial \tilde{x}_N} \right)^{\mathrm{T}} \tag{3.191}$$

$$\boldsymbol{v}(\tilde{\boldsymbol{x}}, t) = (v_1, \cdots, v_N)^{\mathrm{T}} = \begin{pmatrix} h_1(\tilde{\boldsymbol{x}}, t) + \sum_{j=1}^{N} g_{1j}(\tilde{\boldsymbol{x}}, t) \xi_j(t) \\ \vdots \\ h_N(\tilde{\boldsymbol{x}}, t) + \sum_{j=1}^{N} g_{Nj}(\tilde{\boldsymbol{x}}, t) \xi_j(t) \end{pmatrix} \tag{3.192}$$

此时，Π_p 的控制方程 [式 (3.190)] 可以简写为

$$\frac{\partial \Pi_p}{\partial t} = -\nabla_{\tilde{x}} \cdot (\boldsymbol{v}\Pi_p) \tag{3.193}$$

3.4.2　概率密度函数与累积分布函数的求解

分布法的目标是获得系统状态的概率密度函数与累积分布函数的求解。通过上一小节的推导，已经获得了精细概率函数 Π 的控制方程 [式 (3.178)、式 (3.179)、式 (3.194)]。接下来，需要求解新函数的数学期望 $E(\Pi)$，从而得到系统状态的概率密度函数或累积分布函数。可以选择两条路径去实现这一目标。

（1）闭包路径：对精细概率函数控制方程取数学期望，得到 $E(\Pi)$ 的控制方程，再进行求解。

（2）数值路径：重复性求解精细概率函数控制方程，对结果 Π 取数学期望，从而得到 $E(\Pi)$。

接下来对这两种路径分别予以说明，并结合实例展示具体步骤。由于上述求解方法均适用于 PDF 和 CDF 方法，为了简化表达，此处以 PDF 方法来演示闭包路径的求解过程，以 CDF 方法来演示数值路径的求解过程。

1. 闭包路径

回到 PDF 方法下的精细概率密度函数控制方程 [式 (3.178)]，将其整理为如下形式：

$$\frac{\partial \Pi_p}{\partial t} = -\frac{\partial}{\partial x}a\Pi_p - \frac{\partial}{\partial \tilde{u}}\Pi_p R(\tilde{u}; x, t) = -\nabla_{\tilde{x}} \cdot (\boldsymbol{v}\Pi) \tag{3.194}$$

$$\nabla_{\tilde{x}} \equiv \left\{ \frac{\partial}{\partial x}, \frac{\partial}{\partial \tilde{u}} \right\}, \qquad \boldsymbol{v} \equiv \{a, R(v, x, t)\} \tag{3.195}$$

接下来，对上述方程取数学期望，即在系统状态 $u(x, t)$ 的结果空间上进行积分，以便得到系统状态概率密度函数 f_u 的控制方程。在积分过程中，首先对 Π_p 方程 [式 (3.194)] 进行雷诺分解，将随机变量近似为其数学期望与扰动的和：$\Pi_p = f_u + \Pi_p'$，$\boldsymbol{v} = E(\boldsymbol{v}) + \boldsymbol{v}'$。此处用上角标 $'$ 表示随机项的扰动，该扰动的均值为 0，方差为原随机项的方差。将上述分解代入 Π_p 方程 [式 (3.194)] 后，对结果取均值可以得到新方程：

$$\frac{\partial f_u}{\partial t} = -\nabla_{\tilde{x}} \cdot (E(\boldsymbol{v})f_u) - \nabla_{\tilde{x}} \cdot E(\boldsymbol{v}'\Pi_p') \tag{3.196}$$

上式中 $E(\boldsymbol{v}'\Pi_p')$ 为未知项，可以使用格林函数推导其表达式。首先，将 Π_p 方程 [式 (3.194)] 与其均值方程 [式 (3.196)] 相减：

$$\frac{\partial \varPi_{\mathrm{p}}'}{\partial t} = -\nabla_{\tilde{x}} \cdot \left(\boldsymbol{v}\varPi_{\mathrm{p}}' + \boldsymbol{v}'f_u - E\left(\boldsymbol{v}'\,\varPi_{\mathrm{p}}' \right) \right) \tag{3.197}$$

接下来的目标是获得一个符合如下条件的随机格林函数 $\mathcal{G}_{\mathrm{r}}\left(\tilde{\boldsymbol{x}}, \boldsymbol{y}, t-s \right)$：

$$\frac{\partial \mathcal{G}_{\mathrm{r}}}{\partial s} + \boldsymbol{v}\cdot\nabla_{\boldsymbol{y}}\mathcal{G}_{\mathrm{r}} = -\delta(\tilde{\boldsymbol{x}} - \boldsymbol{y})\delta(t-s), \quad \mathcal{G}_{\mathrm{r}}(\tilde{\boldsymbol{x}}, \boldsymbol{y}, t=s) = 0 \tag{3.198}$$

将式 (3.197) 中的 t 与 $\tilde{x}$ 分别替换为 s 和 $\boldsymbol{y} = (y_1, y_2)$，然后乘以上述格林函数，再对新方程在时间 $(0, t)$、物理空间 x 及结果空间 $\tilde{\Omega}$ 上进行积分：

$$\int_0^t \int_{\tilde{\Omega}} \mathcal{G}_{\mathrm{r}} \frac{\partial \varPi_{\mathrm{p}}'}{\partial s}\,\mathrm{d}s\,\mathrm{d}\boldsymbol{y} + \int_0^t \int_{\tilde{\Omega}} \mathcal{G}_{\mathrm{r}} \nabla_{\boldsymbol{y}}\cdot\left(\boldsymbol{v}\varPi_{\mathrm{p}}'\right)\mathrm{d}s\,\mathrm{d}\boldsymbol{y}$$

$$= -\int_0^t \int_{\tilde{\Omega}} \mathcal{G}_{\mathrm{r}} \nabla_{\boldsymbol{y}}\cdot\left(\boldsymbol{v}'f_u - E\left(\boldsymbol{v}'\varPi_{\mathrm{p}}'\right)\right)\mathrm{d}s\,\mathrm{d}\boldsymbol{y} \tag{3.199}$$

对等号左侧进行分部积分：

$$\int_{\tilde{\Omega}} \mathcal{G}_{\mathrm{r}}\varPi_{\mathrm{p}}'\big|_{s=0}^t\,\mathrm{d}\boldsymbol{y} + \int_0^t \int_{\tilde{\Lambda}} \boldsymbol{n}\cdot\boldsymbol{v}\varPi_{\mathrm{p}}'\mathcal{G}_{\mathrm{r}}\,\mathrm{d}s\,\mathrm{d}\boldsymbol{y}$$

$$- \int_0^t \int_{\tilde{\Omega}} \varPi_{\mathrm{p}}'\frac{\partial \mathcal{G}_{\mathrm{r}}}{\partial s}\,\mathrm{d}s\,\mathrm{d}\boldsymbol{y} - \int_0^t \int_{\tilde{\Omega}} \varPi_{\mathrm{p}}'\boldsymbol{v}\cdot\nabla_{\boldsymbol{y}}\mathcal{G}_{\mathrm{r}}\,\mathrm{d}s\,\mathrm{d}\boldsymbol{y}$$

$$= -\int_0^t \int_{\tilde{\Omega}} \mathcal{G}_{\mathrm{r}}\nabla_{\boldsymbol{y}}\cdot\left(\boldsymbol{v}'f_u - E\left(\boldsymbol{v}'\varPi_{\mathrm{p}}'\right)\right)\mathrm{d}s\,\mathrm{d}\boldsymbol{y} \tag{3.200}$$

其中，$\boldsymbol{n} = (n_1, n_2)$ 表示结果空间 $\tilde{\boldsymbol{\Lambda}} \equiv \partial\tilde{\Omega}$ 的外向切线。

由于格林函数在 $t = s$ 的边界条件为 0，式 (3.200) 变为

$$-\int_{\tilde{\Omega}} \mathcal{G}_{\mathrm{r}}\varPi_{\mathrm{p}}'(s=0)\,\mathrm{d}\boldsymbol{y} + \int_0^t \int_{\tilde{\Lambda}} \boldsymbol{n}\cdot\boldsymbol{v}\varPi_{\mathrm{p}}'\mathcal{G}_{\mathrm{r}}\,\mathrm{d}s\,\mathrm{d}\boldsymbol{y}$$

$$- \int_0^t \int_{\tilde{\Omega}} \varPi_{\mathrm{p}}'\frac{\partial \mathcal{G}_{\mathrm{r}}}{\partial s}\,\mathrm{d}s\,\mathrm{d}\boldsymbol{y} - \int_0^t \int_{\tilde{\Omega}} \varPi_{\mathrm{p}}'\boldsymbol{v}\cdot\nabla_{\boldsymbol{y}}\mathcal{G}_{\mathrm{r}}\,\mathrm{d}s\,\mathrm{d}\boldsymbol{y}$$

$$= -\int_0^t \int_{\tilde{\Omega}} \mathcal{G}_{\mathrm{r}}\nabla_{\boldsymbol{y}}\cdot\left(\boldsymbol{v}'f_u - E\left(\boldsymbol{v}'\varPi_{\mathrm{p}}'\right)\right)\mathrm{d}s\,\mathrm{d}\boldsymbol{y} \tag{3.201}$$

根据高斯积分定律，上述方程等号左侧的第二项为 0，而等号左侧的第三项和第四项可以合并，则上式整理为

$$\int_{\tilde{\Omega}} \mathcal{G}_{\mathrm{r}}\varPi_{\mathrm{p}}'(s=0)\,\mathrm{d}\boldsymbol{y} + \int_0^t \int_{\tilde{\Omega}} \left(\varPi_{\mathrm{p}}'\frac{\partial \mathcal{G}_{\mathrm{r}}}{\partial s} + \varPi_{\mathrm{p}}'\boldsymbol{v}\cdot\nabla_{\boldsymbol{y}}\mathcal{G}_{\mathrm{r}} \right)\mathrm{d}s\,\mathrm{d}\boldsymbol{y}$$

$$= \int_0^t \int_{\tilde{\Omega}} \mathcal{G}_r \nabla_{\boldsymbol{y}} \cdot \left(\boldsymbol{v}' f_u - E(\boldsymbol{v}' \Pi_p')\right) \, ds \, d\boldsymbol{y} \tag{3.202}$$

回到格林函数的定义 [式 (3.198)]，上式等号左侧的第二项等于 Π_p' 与狄拉克函数乘积的积分。利用狄拉克函数的积分性质 [式 (3.163)]，可以得到：

$$\int_{\tilde{\Omega}} \mathcal{G}_r \Pi_p'(s=0) \, d\boldsymbol{y} + \Pi_p' = \int_0^t \int_{\tilde{\Omega}} \mathcal{G}_r \nabla_{\boldsymbol{y}} \cdot \left(\boldsymbol{v}' f_u - E(\boldsymbol{v}' \Pi_p')\right) \, ds \, d\boldsymbol{y} \tag{3.203}$$

整理上述方程，并简化标识 $\Pi_0'(\boldsymbol{y}) = \Pi'(\boldsymbol{y}, s=0)$ 和 $\boldsymbol{Q} = E(\boldsymbol{v}' \Pi')$。可以得到 Π_p' 的表达式：

$$\Pi_p' = -\int_0^t \int_{\tilde{\Omega}} \mathcal{G}_r \nabla_{\boldsymbol{y}} \cdot (\boldsymbol{v}' f_u - \boldsymbol{Q}) \, ds \, d\boldsymbol{y} + \int_{\tilde{\Omega}} \mathcal{G}_r(\tilde{\boldsymbol{x}}, \boldsymbol{y}, t) \Pi_0' \, d\boldsymbol{y} \tag{3.204}$$

对上式的等号两侧分别乘以 $\boldsymbol{v}'(\tilde{\boldsymbol{x}}, t)$，再进行积分，得到 $E\left(\boldsymbol{v}' \Pi_p'\right)$ 的显式表达：

$$Q_i = -\int_0^t \int_{\tilde{\Omega}} \sum_{j=1}^2 \left[E(\mathcal{G}_r v_i'(\tilde{\boldsymbol{x}}, t) \, v_j'(\boldsymbol{y}, s)) \frac{\partial f_u}{\partial y_j} + E\left(\mathcal{G}_r v_i'(\tilde{\boldsymbol{x}}, t) \frac{\partial}{\partial y_j} v_j'(\boldsymbol{y}, s)\right) f_u \right.$$
$$\left. - E\left(\mathcal{G}_r v_i'(\tilde{\boldsymbol{x}}, t)\right) \frac{\partial Q_j}{\partial y_j} \right] \, ds \, d\boldsymbol{y}, \quad i = 1, 2 \tag{3.205}$$

此处 $\tilde{\boldsymbol{x}}$ 指代式 (3.195) 中的 x 和 $\tilde{u}$。需要注意的是，在上述推导中假设随机扰动之间不存在关联。

式 (3.205) 可以进一步简化。由于扰动的均值为 0，假设其幅度较随机项的数学期望偏小一些，式 (3.205) 等号右侧的积分项中最后一项具有 3 个扰动的乘积，数值相对于其他两项较小，可以忽略。同时，假设目标系统状态的概率密度函数 f_u 及其导数 $\nabla_{\tilde{\boldsymbol{x}}} f_u$ 在结果空间的梯度较小，变化较为缓慢。现在，表达式 $E\left(\boldsymbol{v}' \Pi_p'\right)$ 可以简化为以下形式：

$$Q_i(\tilde{\boldsymbol{x}}, t) = -\sum_{j=1}^2 \frac{\partial f_u}{\partial \tilde{x}_j} \int_0^t \int_{\tilde{\Omega}} E(\mathcal{G}_r v_i'(\tilde{\boldsymbol{x}}, t) \, v_j'(\boldsymbol{y}, s)) \, ds \, d\boldsymbol{y}$$
$$+ \sum_{j=1}^2 f_u \int_0^t \int_{\tilde{\Omega}} E\left(\mathcal{G}_r v_i'(\tilde{\boldsymbol{x}}, t) \frac{\partial}{\partial y_j} v_j'(\boldsymbol{y}, s)\right) \, ds \, d\boldsymbol{y} \tag{3.206}$$

将上述结果代入式 (3.196)，可以得到系统状态概率密度函数 f_u 的控制方程：

$$\frac{\partial f_u}{\partial t} = -\sum_{i=1}^2 \frac{\partial}{\partial \tilde{x}_i} \mathcal{U}_i f_u + \sum_{i,j=1}^2 \frac{\partial}{\partial \tilde{x}_i} \left(\mathcal{D}_{ij} \frac{\partial f_u}{\partial \tilde{x}_j}\right) \tag{3.207a}$$

$$\mathcal{D}_{ij}(\tilde{\boldsymbol{x}}, t) = \int_0^t \int_{\tilde{\Omega}} E(\mathcal{G}_r v_i'(\tilde{\boldsymbol{x}}, t) \, v_j'(\boldsymbol{y}, s)) \, ds \, d\boldsymbol{y} \tag{3.207b}$$

$$\mathcal{U}_i(\tilde{\boldsymbol{x}}, t) = E(v_i) - \int_0^t \int_{\tilde{\Omega}} \sum_{j=1}^N E\left(\mathcal{G}_r v_i'(\tilde{\boldsymbol{x}}, t) \frac{\partial}{\partial y_j} v_j'(\boldsymbol{y}, s)\right) \mathrm{d}s\, \mathrm{d}\boldsymbol{y} \qquad (3.207\mathrm{c})$$

上式中的 $\mathcal{U}_i$ 称为传输速度，$\mathcal{D}_{ij}$ 称为扩散项，两者都可以通过闭包来进一步简化。此处引入一个满足以下方程且确定的格林函数 $\mathcal{G}_\mathrm{d}\,(\tilde{\boldsymbol{x}}, \boldsymbol{y}, t - s)$：

$$\frac{\partial \mathcal{G}_\mathrm{d}}{\partial s} + E(\boldsymbol{v}) \cdot \nabla_{\boldsymbol{y}} \mathcal{G}_\mathrm{d} = -\delta(\boldsymbol{y} - \tilde{\boldsymbol{x}})\delta(s - t) \qquad (3.208)$$

该格林函数可以通过特征线法进行求解，其等号左侧的第二项界定了一组特征线：

$$\frac{\mathrm{d}\boldsymbol{y}}{\mathrm{d}T} = E(\boldsymbol{v}), \qquad \boldsymbol{y}(T = 0) = \boldsymbol{y_0}, \quad T = s - t \qquad (3.209)$$

沿着这些特征线，上述格林函数的控制方程 [式 (3.208)] 可转变为常微分方程的形式：

$$\frac{\mathrm{d}\mathcal{G}_\mathrm{d}}{\mathrm{d}T} = -\delta(\boldsymbol{y}(\boldsymbol{y_0}, T))\,\delta(T), \qquad \mathcal{G}_\mathrm{d}(\boldsymbol{y_0}; 0) = 0 \qquad (3.210)$$

对该方程在时间 $[0, T]$ 上进行积分：

$$\mathcal{G}_\mathrm{d} = \int_0^T \delta(\boldsymbol{y}(\boldsymbol{y_0}, T) - \tilde{\boldsymbol{x}})\,\delta(s)\mathrm{d}s = \delta\,(\boldsymbol{y_0} - \tilde{\boldsymbol{x}}) \qquad (3.211)$$

现在，确定格林函数的控制方程 [式 (3.208)] 变为了一组耦合的常微分方程 [式 (3.209) 和式 (3.210)]。通过求解特征线 [式 (3.209)] 可以获得新关系 $\boldsymbol{y_0} = f(\boldsymbol{y}, s - t)$，将其代入式 (3.211)，即可得到确定格林函数的表达式：

$$\mathcal{G}_\mathrm{d} = \delta\,(f(\boldsymbol{y}, s - t) - \tilde{\boldsymbol{x}}) \qquad (3.212)$$

通过确定格林函数来近似原随机格林函数 [式 (3.198)]，可将传输速度 [式 (3.207b)] 与扩散项 [式 (3.207c)] 简化为

$$\mathcal{D}_{ij}(\tilde{\boldsymbol{x}}, t) \approx \int_0^t \int_{\tilde{\Omega}} E(v_i'(\tilde{\boldsymbol{x}}, t)\, v_j'(\boldsymbol{y}, s))\mathcal{G}_\mathrm{d}\, \mathrm{d}s\, \mathrm{d}\boldsymbol{y}$$

$$\mathcal{U}_i(\tilde{\boldsymbol{x}}, t) \approx E(v_i) - \int_0^t \int_{\tilde{\Omega}} \sum_{j=1}^N E\left(v_i'(\tilde{\boldsymbol{x}}, t) \frac{\partial}{\partial y_j} v_j'(\boldsymbol{y}, s)\right) \mathcal{G}_\mathrm{d}\, \mathrm{d}s\, \mathrm{d}\boldsymbol{y}$$

至此，获得了精细概率密度函数数学期望（系统状态概率密度）的控制方程。对于线性方程，读者可以使用龙格-库塔法、有限元法（finite element method）等经典的数值方法进行求解。本节借用了流体力学中的大涡模拟（large eddy Simulation）闭包条件[30]，对上述 PDF 方法理论推导感兴趣的读者，可以查阅参考文献 [31]。近年来也有其他方法陆续

面世，读者可以借鉴相关论文[32]。需要注意的是，由于将原方程的随机项进行雷诺分解引入了新的未知变量，需要增加额外的闭包条件才能获得方程的唯一解；而 CDF 方法的闭包路径推导与上述 PDF 方法过程类似，故不在此重复，具体步骤可以查阅参考文献 [33]。

对于多系统状态的联合概率密度分布函数，其控制方程的推导与上述单一状态相似，可写为

$$\frac{\partial f_{\boldsymbol{x}}}{\partial t} = -\sum_{i=1}^{N} \frac{\partial}{\partial \tilde{x}_i}(\mathcal{U}_i f_{\boldsymbol{x}}) + \sum_{i,j=1}^{N} \frac{\partial}{\partial \tilde{x}_i}\left(\mathcal{D}_{ij}\frac{\partial f_{\boldsymbol{x}}}{\partial \tilde{x}_j}\right) \tag{3.213}$$

$$\mathcal{D}_{ij}(\tilde{\boldsymbol{x}},t) \approx \int_0^t \int_{\Omega} \sum_{m,n=1}^{N} E(\xi_m(t)\xi_n(s)) g_{im}(\tilde{\boldsymbol{x}},t) g_{jn}(\boldsymbol{y},s)\mathcal{G}_{\mathrm{d}}\,\mathrm{d}s\,\mathrm{d}\boldsymbol{y} \tag{3.214}$$

$$\mathcal{U}_i(\tilde{\boldsymbol{x}},t) \approx E(v_i) - \int_0^t \int_{\Omega} \sum_{j,m,n=1}^{N} E(\xi_m(t)\xi_n(s))\,g_{im}(\tilde{\boldsymbol{x}},t)\frac{\partial g_{jn}(\boldsymbol{y},s)}{\partial y_j}\mathcal{G}_{\mathrm{d}}\,\mathrm{d}s\,\mathrm{d}\boldsymbol{y} \tag{3.215}$$

接下来通过两个案例向读者展示如何使用上述理论方法来求解单一和多个系统状态的概率密度函数。

例 3.12 (多孔介质中的弥散运动)　无压力作用下，粒子在多孔介质中的运动可以由下列方程描述：

$$\frac{\mathrm{d}u}{\mathrm{d}t} = -Ku + g + \sqrt{|u|}\,\xi(t) \tag{3.216}$$

其中，g 表示重力加速度。

根据 PDF 方法的理论路径 [式 (3.207)]，速度概率密度函数 $f_u(u,t)$ 的控制方程为

$$\frac{\partial f_u}{\partial t} = -\frac{\partial}{\partial \tilde{u}}[\mathcal{U}(\tilde{u},t)\,f_u] + \frac{\partial}{\partial \tilde{u}}\left[\mathcal{D}(\tilde{u},t)\frac{\partial f_u}{\partial \tilde{u}}\right] \tag{3.217}$$

此处传输速度 $\mathcal{U}(\tilde{u},t)$ 和宏观弥散系数 $\mathcal{D}(\tilde{u},t)$ 为

$$\mathcal{U}(\tilde{u},t) = -K\tilde{u} + g$$
$$\pm \frac{q}{2}\sqrt{|\tilde{u}|}\int_0^t \rho(t-s)\,\mathrm{e}^{-K(t-s)}\sqrt{\left|\frac{K}{(K\tilde{u}-g)\,\mathrm{e}^{-K(t-s)}+g}\right|}\,\mathrm{d}s \tag{3.218}$$

$$\mathcal{D}(\tilde{u},t) = q\sqrt{|\tilde{u}|}\int_0^t \rho(t-s)\,\mathrm{e}^{-K(t-s)}\sqrt{\left|\frac{(K\tilde{u}-g)\,\mathrm{e}^{-K(t-s)}+g}{K}\right|}\,\mathrm{d}s \tag{3.219}$$

现在对上述方程进行求解，得到速度概率密度函数。可以选择 MATLAB 中的 pdere 程序来计算该线性偏微分方程，并以 2000 次蒙特卡洛方法的结果为精度依据。首先，检查

PDF 方法对于速度概率密度函数在两种极端关联长度下的求解效果：$\lambda = 0$ 和 $\lambda = +\infty$。
PDF 方法的结果与蒙特卡洛方法结果相符，提供了很好的精度，如图 3.18 所示。

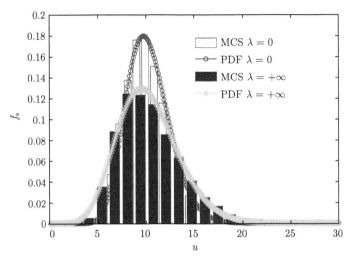

图 3.18 **基于蒙特卡洛方法（MCS）和 PDF 方法的速度概率密度函数** $f_u(u; t = 10)$ [25]

在确认精度基础上，接下来通过 PDF 方法分析不同噪声关联函数对粒子弥散速度概率密度函数的影响。图 3.19 展示了 3 种不同噪声关联函数 $\rho(\cdot)$ [狄拉克函数（白噪声）、自然指数函数和高斯函数] 及其影响。对于这 3 种噪声关联函数，$f_u(\tilde{u}; t = 10)$ 在白噪声影响下拥有最长的概率尾巴（即小概率事件），在高斯函数的影响下概率尾巴会变得最为对称。可以注意到弥散速度在 3 种噪声关联函数影响下的均值是相同的。

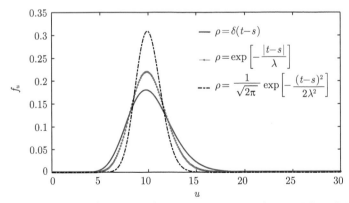

图 3.19 **基于 PDF 方法的弥散速度概率密度函数** $f_u(u; t = 10)$ **在不同噪声关联函数影响下的结果：**
狄拉克函数（白噪声）、自然指数函数和高斯函数 [25]

例 3.13 (布朗运动) 粒子的速度 u 和位移 x 可以通过经典布朗运动来描述：

$$\frac{\mathrm{d}x}{\mathrm{d}t} = u \tag{3.220}$$

$$\frac{\mathrm{d}u}{\mathrm{d}t} = -Ku + \xi(t) \tag{3.221}$$

其中，K 是确定的已知阻尼系数，ξ 是随机噪声。

根据前述 PDF 方法的步骤，得到速度与位移的联合概率密度函数 $f_{xu}(\tilde{x}, \tilde{u}; t)$ 的控制方程：

$$\frac{\partial f_{xu}}{\partial t} = -\frac{\partial}{\partial \tilde{x}}(\tilde{u} f_{xu}) + \frac{\partial}{\partial \tilde{u}}(K\tilde{u} f_{xu}) + \mathcal{D}_u \frac{\partial^2 f_{xu}}{\partial \tilde{u}^2} \tag{3.222a}$$

$$\mathcal{D}_u(t) = \int_0^t \langle \xi(t)\xi(s)\rangle \, \mathrm{e}^{-K(t-s)}\mathrm{d}s \tag{3.222b}$$

感兴趣的读者可以推导上述控制方程的表达式。由于该方程的数值解法较简单，可以使用 MATLAB 的 pdere 程序求解，此处不再赘述。

可以注意到，上述朗之万动力系统 [式 (3.220) 和式 (3.221)] 并不耦合，因此可以分别写出速度概率密度函数 $f_u(\tilde{u}; t)$ 与位移概率密度函数 $f_x(\tilde{x}; t)$ 的控制方程：

$$\frac{\partial f_u}{\partial t} = \frac{\partial}{\partial \tilde{u}}(K\tilde{u} f_u) + \mathcal{D}_u \frac{\partial^2 f_u}{\partial \tilde{u}^2} \tag{3.223}$$

$$\frac{\partial f_x}{\partial t} = -E(u)\frac{\partial f_x}{\partial \tilde{x}} + \mathcal{D}_x \frac{\partial^2 f_x}{\partial \tilde{x}^2} \tag{3.224}$$

$$\mathcal{D}_x(t) = \int_0^t E(u'(t)u'(s)) \, \mathrm{d}s \tag{3.225}$$

图 3.20 展示了 $t=1$ 时使用 PDF 方法求解位移概率密度函数的结果，以及与使用蒙特卡洛方法的结果的对比。此处考虑阻尼系数 $K=1$，高斯白噪声和噪声强度 $q=1$ 的情况。可以看出，PDF 方法可以准确估算朗之万动力系统状态的概率密度函数。

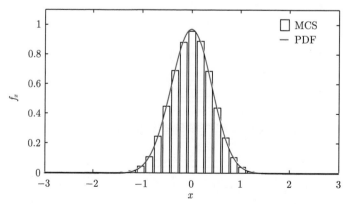

图 3.20　基于蒙特卡洛方法（MCS）和 PDF 方法的位移概率密度函数 $f_x(x; t=1)$ [25]

2. 数值路径

数值路径的目标与闭包路径相同，都是求解精细概率函数的数学期望 $E(\Pi)$，即原系统状态的概率函数。但是，其求解顺序与闭包路径相反：先求解精细概率函数 Π，再以蒙特卡洛方法重复多次试验，对结果进行统计获得其均值。接下来以 CDF 方法为例。

由于精细累积分布函数的控制方程是线性的，其数值求解相较于原系统方程更为简便。同时，只需获得结果的均值即可得到系统状态的累积分布函数。而均值的收敛速度要远快于累积分布函数的收敛速度。需要注意的是，虽然精细累积分布函数的控制方程是线性的，但该方程比原系统模型增加了结果空间的维度，从而增加了数值求解的计算量。为解决此问题，笔者与合作方建议使用特征线法。

对于 CDF 方法的 Π_c 控制方程 [式 (3.179)]，可以列出一组特征线：

$$\frac{\mathrm{d}\tilde{\boldsymbol{x}}}{\mathrm{d}t} = \boldsymbol{v}, \qquad \tilde{\boldsymbol{x}}(t=0) = \tilde{\boldsymbol{x}}_0 \tag{3.226}$$

使得原控制方程 [式 (3.179)] 在此特征线上满足常微分格式：

$$\frac{\mathrm{d}\Pi_\mathrm{c}}{\mathrm{d}t} = 0 \tag{3.227}$$

至此，原本需要求解的随机偏微分方程 [式 (3.179)] 可转换为一阶线性随机常微分方程组 [式 (3.226) 和式 (3.227)]。

为了获得 Π_c 的均值，可以采用蒙特卡洛方法，选取 M 组系统随机参数 $\boldsymbol{z}$ 样本；以三阶全变差下降（total variation diminishing，TVD）龙格-库塔法的数值格式，对上述常微分方程组予以求解。上述试验结果样本均值 $F_{u,M}(\tilde{u};x,t)$ 为真实累积分布函数 $F_u(\tilde{u};x,t)$ 的近似：

$$\begin{aligned} F_u(\tilde{u};x,t) &= \int_{-\infty}^{+\infty} \Pi_\mathrm{c}\,\mathrm{d}F_{\boldsymbol{z}}(\boldsymbol{z}';x,t) \\ &\approx \sum_{i=0}^{M} \Pi_{\mathrm{c},i}(\boldsymbol{z}_i,\tilde{u},x,t)\left[F_{\boldsymbol{z}}(\boldsymbol{z}'_{i+1}) - F_{\boldsymbol{z}}(\boldsymbol{z}'_i)\right] = F_{u,M}(\tilde{u};x,t) \end{aligned} \tag{3.228}$$

此处 $\boldsymbol{z}_i$ 代表了第 i 组随机变量 $\boldsymbol{z}$ 的样本，$\Pi_{\mathrm{c},i}$ 是该组样本对应的精细累积分布函数，$F_{\boldsymbol{z}}(\boldsymbol{z}'_i)$ 是随机参数的联合概率分布函数，而 $F_{\boldsymbol{z}}(\boldsymbol{z}'_0)=0$, $F_{\boldsymbol{z}}(\boldsymbol{z}'_{M+1})=1$ 代表了相关概率分布的边界条件。

对于相互独立的随机变量 $\boldsymbol{z}$，其联合概率分布函数 $F_{\boldsymbol{z},i}$ 是由每个随机变量组成的张量积，读者可用随机配置法来对其进行计算；而对于相互关联的随机变量，读者可参考纳兰亚（Akil Narayan）新近开发的数值格式[34]来计算高维度积分。

综上所述，分布法的数值路径可归纳如下。

（1）生成 M 组随机参数 z 的样本。

（2）利用特征线法和龙格-库塔法的数值格式，求解每组样本所对应的精细累积分布函数 [式 (3.179)]，共 M 次。

（3）利用式 (3.228) 求解上述精细累积分布函数集合的均值。

可以看出，数值路径较闭包路径更为简便易行。读者可以查阅参考文献 [29] 来获得更多信息。接下来将通过一个案例来演示数值路径的使用过程。

例 3.14 (一维浅水波方程)   运用 CDF 方法及数值路径求解如下系统状态 k 的概率分布：

$$\frac{\partial k}{\partial t} + \frac{\partial q}{\partial x} = S, \qquad q = k^{\frac{1}{2}} \tag{3.229}$$

$$S(x,t) = 2z^2\pi\left[\sin\pi(x+t) + 5\right]\cos\pi(x+t) + z\pi\cos\pi(x+t)$$

$$\begin{cases} k(x=0,t) = (\sin\pi t + 5)^2 \\ k(x,t=0) = (\sin\pi x + 5)^2 \end{cases}$$

其中，z 是一个呈现对数正态分布的随机变量：

$$f_z(z;\mu=0,\sigma^2=0.1) = \frac{1}{z\sigma\sqrt{2\pi}}\mathrm{e}^{-(\ln z - \mu)^2/2\sigma^2} \tag{3.230}$$

上述系统 [式 (3.229)] 也被称为运动波模型（kinematic wave model），常用于河道洪水预测（浅水波方程）和车流管理。通过速度与系统状态标量的关系式 $q = k^{1/2}$，可以代入动量波方程得到 k 的控制方程。k 的显式解可以写为

$$k = \left[z\sin\pi(x+t) + 5\right]^2 \tag{3.231}$$

其相应的累积分布函数为

$$F_k(\tilde{k};x,t) = \int_{(-\sqrt{\tilde{k}}-5)/\sin\pi(x+t)}^{(\sqrt{\tilde{k}}-5)/\sin\pi(x+t)} f_z\,\mathrm{d}z \tag{3.232}$$

可以使用 MATLAB 中的累积分布函数 logncdf 直接计算上述结果，并作为系统的真实分布用于比较分布法的近似结果。

按照 CDF 方法步骤，首先定义系统状态 k 的精细累积分布函数：

$$\Pi_{\mathrm{c}}(\tilde{k};x,t) = \mathcal{H}[\tilde{k} - k(x,t)], \quad \tilde{k} \in \mathbb{R}^+ \tag{3.233}$$

可以得到相应 $\Pi_{\rm c}$ 方程:

$$\frac{\partial \Pi_{\rm c}}{\partial t} + \frac{1}{2\sqrt{\tilde{k}}}\frac{\partial \Pi_{\rm c}}{\partial x} + S\frac{\partial \Pi_{\rm c}}{\partial \tilde{k}} = 0 \tag{3.234}$$

通过特征线法,用 TVD 数值格式求解下面 3 个常微分方程:

$$\frac{{\rm d}x}{{\rm d}t} = \frac{1}{2\sqrt{\tilde{k}}} \tag{3.235a}$$

$$\frac{{\rm d}\tilde{k}}{{\rm d}t} = S \tag{3.235b}$$

$$\frac{{\rm d}\Pi_{\rm c}}{{\rm d}t} = 0 \tag{3.235c}$$

通过选取 100 组随机变量的样本,对 $\Pi_{\rm c}$ 方程使用蒙特卡洛方法求解,并对所有结果的均值予以统计。图 3.21 展示了真实结果 [式 (3.232)] 与 CDF 方法在时空间点 $x = 0.2, t = 1$ 上对累积分布函数的计算结果。可以看出,CDF 方法提供了较为准确的累积分布函数,其二范式的相对精度在 100 次重复试验后可以达到 $\sim O(10^{-4})$ 的量级。

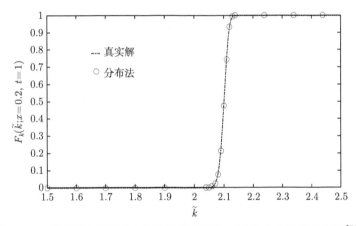

图 3.21　系统状态累积分布函数的真实解与 CDF 方法结果的比较[29]

PDF 方法对于系统状态概率密度函数的数值求解过程与上述 CDF 方法相同。但需要注意的是,由于 PDF 方法中的狄拉克函数为广义函数,其中心点处无穷大的函数取值在数值实现上需要相应的近似,如前文所用的正态分布函数。接下来将通过一个高维参数、高维系统状态的例子,展示 PDF 方法的数值实现路径。

3.4.3　应用示例: 蛋白质聚合

本小节将展示分布法在计算生物学中蛋白质聚合问题的应用。感兴趣的读者可查阅参考文献 [35] 获得问题背景等更多细节信息。

丝状温度敏感蛋白 FtsZ 蛋白是存在于大多数细菌中的一种原核微管蛋白样蛋白。其聚合过程涉及单体、纤维和束之间的相互作用。为了加深人们对相关细胞分裂过程的了解,

该聚合过程的动力学模型可以表示为如下随机常微分方程组:

$$\frac{\mathrm{d}C_i}{\mathrm{d}t} = g_i(\boldsymbol{C}), \qquad i = 1, \cdots, 10 \tag{3.236}$$

此处使用了 10 个随时间变化的系统状态:$\boldsymbol{C}(t) = (C_1, \cdots, C_{10}) \equiv (C_{Z^{na}}, C_Z, C_{Z_2}, C_{Z_3}, C_F,$ $C_{B_2}, C_{B_3}, C_{B_w}, C_{f,fb}, C_{f,wb})$,用以表征聚合过程中不同蛋白质的浓度。其中,下角标 Z^{na}、Z、Z_2、Z_3 分别表示未激活和激活的蛋白质单体、蛋白二聚体以及蛋白三聚体;B_2 和 B_3 表示窄束,B_w 表示宽束;C_F 表示长纤维的浓度,$C_{f,fb}$ 表示单体在纤维束和长纤维中的浓度,$C_{f,wb}$ 表示单体在纤维束和宽束中的浓度。

在上述系统 [式 (3.236)] 中,每种蛋白质浓度对应一个生物化学反应过程 $g_i(\boldsymbol{C})$:

$$g_1 = -k_{ac}^+ C_1 + k_{ac}^- C_2 + k_{hy/dis}^1 C_5 + k_{hy/dis}^2 \Sigma_{567} + k_{hy/dis}^3 \Sigma_{678}$$

$$g_2 = k_{ac}^+ C_1 - k_{ac}^- C_2 - 2k_{nu}^+ C_2^2 + 2k_{nu}^- C_3 + k_{el}^-(C_4 + C_5) - k_{el}^+ C_2 \Sigma_{345} - k_{mb} C_2 \Sigma_{678}$$

$$g_3 = k_{nu}^+ C_2^2 - k_{nu}^- C_3 - k_{el}^+ C_2 C_3 + k_{el}^- C_4$$

$$g_4 = k_{el}^+ C_2(C_3 - C_4) - k_{el}^- C_4$$

$$g_5 = k_{el}^+ C_2 C_4 - k_{an}^+ C_5^2 + k_{an}^- C_5 - 2k_{bu;(F,F)}^+ C_5^2 - k_{bu;(F,B_2)}^+ C_5 C_6 - k_{bu;(F,B_3)}^+ C_5 C_7$$
$$\quad - k_{bu;(F,B_w)}^+ C_5 C_8 + 2k_{bu;B_2}^- C_6 + k_{bu;B_3}^- C_7 + k_{bu;B_w}^- C_8 + k_{hy/dis}^2 C_5$$

$$g_6 = k_{bu;B_3}^- C_7 - k_{bu;B_2}^- C_6 + k_{bu;(F,F)}^+ C_5^2 - k_{bu;(F,B_2)}^+ C_5 C_6 + k_{hy/dis}^2 C_6$$

$$g_7 = -k_{bu;B_3}^- C_7 + k_{bu;(F,B_2)}^+ C_5 C_6 - k_{bu;(F,B_3)}^+ C_5 C_7 + k_{hy/dis}^2 C_7$$

$$g_8 = k_{bu;(F,B_3)}^+ C_5 C_7 - k_{bu;(B_w B_w)}^+ C_8^2 + k_{bu;B_w}^- C_8$$

$$g_9 = 4k_{el}^+ C_2 C_4 + k_{el}^+ C_2 C_5 - k_{el}^- C_5 - k_{hy/dis}^2 \Sigma_{567} - k_{hy/dis}^1 C_5 - (k_{hy/dis}^3 + k_{mb} C_2)\Sigma_{678}$$

$$g_{10} = 4k_{bu;(F,B_3)}^+ C_5 C_7 - k_{bu,B_w}^- C_8 + k_{bu;(F,B_w)}^+ C_5 C_8$$

其中,$\Sigma_{klm} \equiv C_k + C_l + C_m$。上述随机常微分方程组 [式 (3.236)] 的初始状态可以表示为

$$C_1(0) = C_{tot} = \bar{L}_{fb}^m(C_5 + 2C_6 + 3C_7 + \bar{f}_{wb}C_8) + C_1 + C_2 + 2C_3 + 3C_4 \tag{3.237}$$

$$C_i(t = 0) = 0, \qquad i = 2, \cdots, 10 \tag{3.238}$$

此处 C_{tot} 为丝状温度敏感蛋白在所有状态下的浓度总和,$\bar{L}_{fb}^m$ 和 $\bar{f}_{wb}$ 分别表示纤维在宽束中的平均长度和平均数量。

上述聚合过程的动力学模型含有大量系数,用以表征不同类型反应的正向 ($^+$) 和逆向 ($^-$) 反应速率。其中,k_{ac}^+ 和 k_{ac}^- 表示激活过程的正向与逆向反应速率,k_{nu}^+ 和 k_{nu}^- 表示成核过程的正向与逆向反应速率,k_{el}^+ 和 k_{el}^- 表示延伸过程中独立于纤维长度的正向与逆向反应速率,k_{an}^+ 和 k_{an}^- 表示纤维退火过程的正向与逆向反应速率。上述反应速率中,部分变量符合下述关系式:

$$k_{el}^- = k_{nu}^- \mathrm{e}^{-\Delta U_t}, \qquad k_{an}^- = k_{nu}^- \mathrm{e}^{-\Delta U_m} \tag{3.239}$$

此处 ΔU_t 和 ΔU_m 分别表示单体与纤维末端、纤维中部的结合能变化值,并且符合能量守恒关系:$\Delta U_m = 2\Delta U_t$。需要注意的是,代表纤维集束反应的正向和逆向反应速率 $k_{\mathrm{bu};(R_1,R_2)}^+$ 和 $k_{\mathrm{bu};(R_1,R_2)}^-$,在很大程度上由反应物种类 (R_1, R_2) 和生成物 (P) 决定:

$$R_1 + R_2 \rightleftharpoons P, \qquad R_1, R_2, P \in \{\mathrm{F}, \mathrm{B}_2, \mathrm{B}_3, \mathrm{B}_w\} \tag{3.240}$$

具体来讲,纤维集束反应的正向反应速率 $k_{\mathrm{bu};(R_1,R_2)}^+$ 可以表示为

$$k_{\mathrm{bu};(R_1,R_2)}^+ = \frac{1}{2} \sum_{i=1}^{2} \frac{k_{\mathrm{bu}}^{0+} F_{\mathrm{F}}(\bar{f}_{\mathrm{F}})}{\sqrt[3]{\bar{f}_{R_i}} F_{R_i}} \tag{3.241}$$

$$F_{R_i} = \sum_{k=0}^{7} \frac{a_k}{2^k} \left(\ln \frac{3}{2\bar{f}_{R_i}} \right)^k \tag{3.242}$$

其中,k_{bu}^{0+} 为参考速率。式 (3.242) 中部分系数取值为 $a_0 = 1.0304$,$a_1 = 0.0193$,$a_2 = 0.06229$,$a_3 = 0.00476$,$a_4 = 0.00166$,$a_5 = a_6 = 0$,$a_7 = 2.66 \times 10^{-6}$。$\bar{f}_{R_i}$ 表示线性链式分子 R_i 中纤维的平均数量,且不同反应过程对应不同取值:

$$\bar{f}_{R_i} = \begin{cases} 1, & R_i = \mathrm{F} \\ 2, & R_i = \mathrm{B}_2 \\ 3, & R_i = \mathrm{B}_3 \\ \bar{f}_{\mathrm{wb}}, & R_i = \mathrm{B}_w \end{cases} \tag{3.243}$$

纤维集束反应的逆向反应速率 $k_{\mathrm{bu};P}^-$ 由结合能决定。对于 $P = \mathrm{B}_2$:

$$k_{\mathrm{bu};\mathrm{B}_2}^- = \begin{cases} k_{\mathrm{bu}}^{0-}, & \bar{L}_{\mathrm{fb}}^{\mathrm{m}} \leqslant 1 \\ k_{\mathrm{bu}}^{0-}\, \mathrm{e}^{-(\bar{L}_{\mathrm{fb}}^{\mathrm{m}}-1)U_b}, & \bar{L}_{\mathrm{fb}}^{\mathrm{m}} > 1 \end{cases} \tag{3.244a}$$

对于 $P = \mathrm{B}_3$:

$$k_{\mathrm{bu};\mathrm{B}_3}^- = \begin{cases} \bar{k}_{\mathrm{bu}}^{0-}\mathrm{e}^{-\Delta U_b}, & \bar{L}_{\mathrm{fb}}^{\mathrm{m}} \leqslant 1 \\ k_{\mathrm{bu}}^{0-}\mathrm{e}^{-\bar{L}_{\mathrm{fb}}^{\mathrm{m}}(U_b+\Delta U_b)+U_b}, & \bar{L}_{\mathrm{fb}}^{\mathrm{m}} > 1 \end{cases} \tag{3.244b}$$

对于 $P = \mathrm{B}_w$,$R_1 = \mathrm{F}$,$R_2 = \mathrm{B}_w$:

$$k_{\mathrm{bu};\mathrm{B}_w}^- = \begin{cases} 0, & \bar{f}_{\mathrm{wb}} \leqslant \alpha_1 \\ k_{\mathrm{bu}}^{0-}\mathrm{e}^{-26U_b-27\Delta U_b}, & \bar{f}_{\mathrm{wb}} \in (1.5 \times 10^{-4}, 1.5 \times 10^4) \end{cases} \tag{3.244c}$$

对于 $P = \mathrm{B}_w$,$R_1 = \mathrm{B}_w$,$R_2 = \mathrm{B}_w$:

$$k_{\mathrm{bu};\mathrm{B}_w}^- = 0 \tag{3.244d}$$

此处 k_{bu}^{0-} 为分解速率参考值,ΔU_b 为单位聚合能增量。根据以往实验数据,纵向与侧向聚合能增量的比值约为 $\Delta U_t / \Delta U_b \approx 100$。

单体的水解速率 $k_{\mathrm{hy/dis}}^i$ 由聚合物的浓度决定：

$$k_{\mathrm{hy/dis}}^i = k_{\mathrm{hss/dis}}^i \frac{C_{\mathrm{tot}} - C_{\mathrm{Z^{na}}} - C_{\mathrm{Z}}}{C_{\mathrm{tot}} - C_{\mathrm{cr}}^1}, \qquad i = 1,2,3 \tag{3.245}$$

其中，$C_{\mathrm{cr}}^1 < C_{\mathrm{tot}}$ 为浓度第一阈值，$k_{\mathrm{hss/dis}}^1, k_{\mathrm{hss/dis}}^2, k_{\mathrm{hss/dis}}^3$ 分别表示单体从纤维末端、中部和窄束上脱离的稳态水解速率，并满足不等式关系：$k_{\mathrm{hss/dis}}^1 > k_{\mathrm{hss/dis}}^2 > k_{\mathrm{hss/dis}}^3$。

表 3.10 参照以往实验数据，罗列了聚合动力学模型 [式 (3.236)] 中所有参数的取值。需要注意的是，$k_{\mathrm{bu}}^{0+}, k_{\mathrm{bu}}^{0-}, k_{\mathrm{mb}}, k_{\mathrm{hss/dis}}^1$ 这 4 个反应速率的取值未知，故作为随机变量处理。其中，假设前三个随机变量服从正态分布：$k_{\mathrm{bu}}^{0+} \sim \mathcal{N}(4.75, 0.9167)$，$k_{\mathrm{bu}}^{0-} \sim \mathcal{N}(250, 83.33)$，$k_{\mathrm{mb}} \sim \mathcal{N}(4.1, 0.7)$，而第四个随机变量服从对数正态分布：$\ln k_{\mathrm{hss/dis}}^1 \sim \mathcal{N}(-0.3567, 0.6483)$。

表 3.10　蛋白质聚合动力学模型中确定参数的取值

符号	取值	单位	符号	取值	单位
k_{ac}^+	0.38	s^{-1}	$k_{\mathrm{hss/dis}}^3$	0.112	s^{-1}
k_{ac}^-	0.01	s^{-1}	C_{cr}^1	0.70	μM
k_{nu}^+	0.79	$\mathrm{\mu M}^{-1}\mathrm{s}^{-1}$	ΔU_t	4.05	$k_{\mathrm{B}}T$
k_{nu}^-	199.80	s^{-1}	ΔU_m	8.10	$k_{\mathrm{B}}T$
k_{el}^+	6.60	$\mathrm{\mu M}^{-1}\mathrm{s}^{-1}$	U_b	0.175	$k_{\mathrm{B}}T$
k_{an}^+	6.60	$\mathrm{\mu M}^{-1}\mathrm{s}^{-1}$	ΔU_b	0.0405	$k_{\mathrm{B}}T$
$k_{\mathrm{hss/dis}}^2$	0.143	s^{-1}	C_{cr}^1	0.70	μM

在上述随机变量的影响下，聚合动力学模型 [式 (3.236)] 中各项浓度取值存在不确定性。接下来的目标是获取各项浓度在任意时间内的联合概率密度函数 $f(\boldsymbol{c}; t)$，$\boldsymbol{c} = (c_1, \cdots, c_{10})$。

使用高维 PDF 方法 [式 (3.185)]，首先引入十维浓度的联合精细概率密度函数：

$$\Pi(\boldsymbol{C}, \boldsymbol{c}) \equiv \delta(C_1(t) - c_1) \cdots \delta(C_{10}(t) - c_{10}) \tag{3.246}$$

根据 [式 (3.186)]，其数学期望为 10 种物质浓度的联合概率密度函数：

$$E(\Pi) = f(\boldsymbol{c}; t) \tag{3.247}$$

依据本节所述方法 [式 (3.194)]，可以推导一个联合精细概率密度函数 $\Pi(\boldsymbol{c}, t)$ 的十维偏微分方程：

$$\frac{\partial \Pi}{\partial t} = -\sum_{i=1}^{10} \frac{\partial g_i(\boldsymbol{c})\Pi}{\partial c_i} \tag{3.248}$$

其初始条件可从式 (3.237) 转化为

$$\Pi(\boldsymbol{c}, 0) = \delta(C_{\mathrm{tot}} - c_1)\delta(c_2) \cdots \delta(c_{10}) \tag{3.249}$$

可以通过数值路径或者闭包路径求解其概率密度函数。但是，由于精细概率密度函数控制方程 [式 (3.248)] 的形式较为复杂，相较于闭包路径获取格林函数 [式 (3.208)] 以及求解概率密度函数控制方程 [式 (3.207)]，此处使用数值路径更为便捷。

将式 (3.248) 重新调整为

$$\frac{\partial \Pi}{\partial t} + \sum_{i=1}^{10} g_i(\boldsymbol{c}) \frac{\partial \Pi}{\partial c_i} = -\sum_{i=1}^{10} \frac{\partial g_i}{\partial c_i} \Pi \tag{3.250}$$

运用特征线法，可以得到一组特征线方程：

$$\frac{\mathrm{d}c_i}{\mathrm{d}t} = g_i(\boldsymbol{c}), \quad i = 1, \cdots, 10 \tag{3.251a}$$

沿着上述特征线，精细概率密度函数的控制方程 [式 (3.250)] 可转化为线性常微分方程组：

$$\frac{\mathrm{d}\Pi}{\mathrm{d}t} = -\sum_{i}^{n} \frac{\partial g_i}{\partial c_i} \Pi \tag{3.251b}$$

接下来要对上述方程组进行数值求解。

在计算中，广义狄拉克函数需要数值近似。此处选用正态分布函数 $s_\Delta(x-y)$。该函数以均值为中心左右对称，峰值在方差无穷小（$\Delta \to +\infty$）时趋近无穷，且全域积分为 1。这些性质与狄拉克函数的特征相似，故被选为近似函数，则有 $s_\Delta(x-y) \to \delta(x-y)$：

$$\delta(x-y) \approx s_\Delta(x-y) = \frac{1}{\sqrt{2\pi \Delta^2}} \mathrm{e}^{-\frac{(x-y)^2}{2\Delta^2}} \tag{3.252}$$

此时，可以将系统的初始状态 [式 (3.249)] 近似为

$$\Pi(\boldsymbol{c}, t) \approx S_\Delta(\boldsymbol{c}, 0) = \left(\frac{1}{2\pi \Delta^2} \right)^5 \exp\left[-\frac{(C_{\mathrm{tot}} - c_1)^2}{2\Delta^2} - \sum_{i=2}^{10} \frac{c_i^2}{2\Delta^2} \right] \tag{3.253}$$

需要注意的是，方差 Δ 的取值会影响近似精度以及计算效率。在网格比确定的情况下，方差越大，正态分布函数越逼近狄拉克函数，离散空间步长越精细，但所需计算成本也越发高昂。为平衡精度与成本，在后续数值计算中选取 $\Delta = 5$。

使用蒙特卡洛方法可以得到联合概率密度函数 $f(\boldsymbol{c}; t)$。此处原系统 [式 (3.236)] 的初始条件设为 $C_{\mathrm{tot}} = 1\mu\mathrm{M}$，样本总量 $N = 5000$，特征线方程组 [式 (3.251)] 的数值求解方法为四阶龙格-库塔法。联合概率密度函数 $f(\boldsymbol{c}; t)$ 则可以通过求解联合精细概率密度函数的统计均值获得：

$$f(\boldsymbol{c}; t) \approx \frac{1}{N} \sum_{i=1}^{N} \Pi_i(\boldsymbol{c}; t) \tag{3.254}$$

图 3.22 和图 3.23 展示了物质浓度在不同时刻的边缘概率密度函数的取值。物质在初始时为确定浓度，其边缘概率密度函数为狄拉克函数，此处用竖线的形态予以近似。随着时间的推移，各种物质受到随机参数的影响，不确定性以方差的形式逐渐扩大。原系统在 $t = 30\mathrm{s}$ 左右达到稳定状态，各物质浓度不再变化，相应的边缘概率密度函数也不再变化。

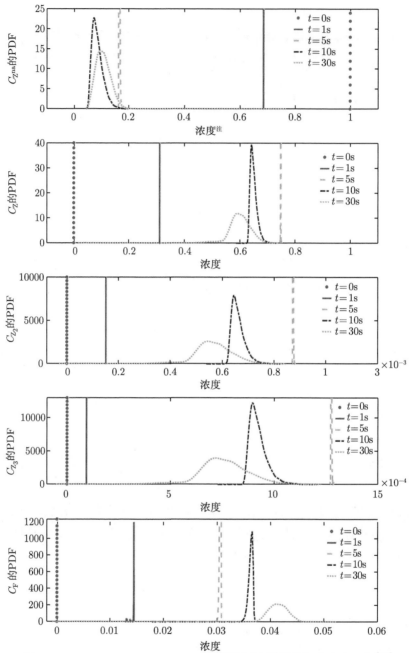

图 3.22　C_{Zna}, C_{Z}, C_{Z_2}, C_{Z_3}, C_{F} 在不同时刻的边缘概率密度函数[35]
注：图中的浓度均为无量纲处理后的浓度。

C_{Zna}, C_{Z}, C_{Z_2}, C_{Z_3}, C_{F}, C_{B_2} 6 种物质的浓度在系统达到稳定状态前呈现出一定的随机性质，且它们的概率密度函数呈现出单峰不对称的形态。C_{B_3}, C_{Bw}, $C_{\text{f,fb}}$, $C_{\text{f,wb}}$ 4 种物质的浓度在稳定状态下所呈现的不确定性较弱。从图 3.23 中可以看出，它们在稳定状态下的概率密度函数的取值集中在很小的一个区间内。这表明在该模型中，C_{B_3}, C_{Bw}, $C_{\text{f,fb}}$, $C_{\text{f,wb}}$ 4 种物质的反应结果受到随机参数的影响较小。从概率密度函数随时间的变化上来看，C_{Zna}, C_{Z}, C_{Z_2},

C_{Z_3}，C_F 在反应进行到 5s 左右大多没有呈现出明显的随机性，它们的边缘概率密度函数表现为一条接近垂直的直线，而 C_{B_2} 此时已表现出一定的随机性。由此可以看出，在反应初期，4 个不确定参数并未对反应物浓度造成明显的影响。在反应后期，参数的随机性对反应过程的影响逐渐加强。

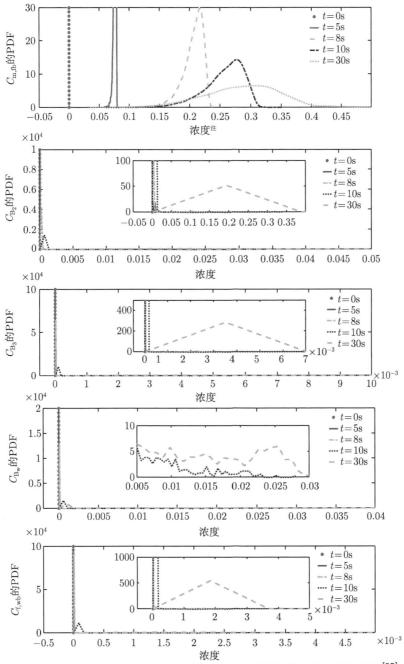

图 3.23　$C_{f,fb}$，C_{B_2}，C_{B_3}，C_{B_w}，$C_{f,wb}$ 在不同时刻的边缘概率密度函数 [35]

注：图中的浓度均为无量纲处理后的浓度。

3.4.4 分布法的适用场景及未来发展方向

上文介绍了分布法的基本性质和使用步骤。相较于其他参数不确定性量化方法，分布法以获取系统状态概率密度函数或累积分布函数为目标，对于求解系统状态小概率事件以及风险估计至关重要。同时，由于分布法在使用中对所研究系统随机参数的数量或者分布特征不做任何前提假设，其应用范围较为广泛。

PDF 方法和 CDF 方法有不同的适用场景。前者可延伸至多系统状态的联合概率密度函数，能很好地求解耦合的一阶常微分方程组，适用于计算生物、计算化学等涵盖大量常微分方程组的系统。对于含高阶导数的常微分方程，可将高阶导数作为新的变量，在增加方程组数量的情况下将原系统化为一阶常微分方程组。

CDF 方法则适用于一阶非线性偏微分方程，也就是常说的一阶双曲型方程。但是，该类方程的解可能出现不光滑的激波现象，是数值计算中较为困难的问题。接下来以地下石油探勘中常用的多相流为例，展示 CDF 方法如何处理激波现象。

例 3.15 (含激波的一阶双曲型方程) 考虑如下形式的随机偏微分方程：

$$\frac{\partial s}{\partial t} + v(s)\frac{\partial s}{\partial x} = 0 \tag{3.255}$$

$$v(s) = \frac{2q\left(1 - s - s_{oi}\right)\left(s - s_{wi}\right)\left(1 - s_{oi} - s_{wi}\right)\mu_o\mu_w}{\phi\left[\left(s - s_{wi}\right)^2\mu_o + \left(1 - s - s_{oi}\right)^2\mu_w\right]^2} \tag{3.256}$$

$$\begin{cases} s(x, t = 0) = s_{in} = s_{wi} \\ s(x = 0, t) = s_0 = 1 - s_{oi} \end{cases}$$

该方程被称为巴克利-莱弗里特方程（Buckley-Leverett function），描述的是在多孔介质中两种互不相溶的流体（如水和油）的流动，其广泛应用于地下石油建模。其中，s 表示流体在某一时空点的浓度，q 是随机变量。

此类方程在确定情况下会产生激波，整个系统状态呈现出不连续、不光滑的现象。此时，先前的精细累积分布函数定义将不再适用，需要人为引入系统状态的阶跃。根据经典假设，在激波已穿过的空间 $[x < x_f(t)]$，系统状态满足原有的控制方程 [式 (3.255)]。在激波未经过的空间 $[x > x_f(t)]$，系统状态满足未受干扰的初始状态：

$$s(x, t) = \begin{cases} s_r(x, t), & x < x_f(t) \\ s_{wi}, & x > x_f(t) \end{cases} \tag{3.257}$$

上述系统状态的间断点，即激波的位置 x_f，可以通过兰金-于戈尼奥条件（Rankine-Hugoniot condition）获得。

系统在不确定参数的影响下，激波的位置也随之呈现出不确定性。如果使用 CDF 方法，需要根据激波的位置 x_f 重新定义系统状态 s 的精细累积分布函数：

$$\Pi_c(\Theta, x, t) = \begin{cases} \Pi_a = \mathcal{H}(\Theta - s_{wi}), & \Theta < s^-, x > x_f(t) \\ \Pi_b = \mathcal{H}(\Theta - s_r), & s^- < \Theta, x < x_f(t) \end{cases} \tag{3.258}$$

假如初始条件为确定条件，则此处精细累积分布函数 Π_a 为确定函数。Π_b 为随机函数，满足以下控制方程：

$$\frac{\partial \Pi_b}{\partial t} + v(\Theta) \frac{\partial \Pi_b}{\partial x} = 0 \tag{3.259}$$

接下来，可依照数值路径求解 Π_b。感兴趣的读者也可通过特征线法，获得该精细累积分布函数的解析表达式：

$$\Pi_b = \mathcal{H}(\Theta - 1 + s_{oi})\mathcal{H}(C - x) + \mathcal{H}(\Theta - s_{wi})\mathcal{H}(x - C)$$
$$C(\Theta, t) = \int_0^t v(\Theta, t') \, \mathrm{d}t'$$

综上所述，分布法经过理论物理、流体力学、应用数学、环境能源等多领域工作者的长期探索，已具备坚实的理论基础，近年来已成功应用于悬浮颗粒流[36]、地下多孔介质渗流和传输[37]、管道泄漏、地热采集等分支领域。随着机器学习的飞速发展，科研工作者也将其与分布法结合，在参数预测、PDF 求解、CDF 求解等方面[38] 取得了重要进展。但是，分布法仍存在着一系列未解决的重要问题。例如，精细概率函数 Π 在高维物理空间激波问题上的表示、偏微分系统控制方程中含高阶导数的精细概率函数控制方程的形式、非线性耦合偏微分方程组的精细概率函数控制方程的形式等理论问题依旧是该领域的研究热点与难点。随着多学科交叉研究的进一步融合，以及分布法在实际应用领域的不断实践拓展，相信该类方法的巨大潜力必将在未来获得更大的释放。

参 考 文 献

[1] HEINRICH S. Random approximation in numerical analysis[EB/OL]. (1994)[2023-08-01].

[2] HEINRICH S. Multilevel Monte Carlo methods[C]//International Conference on Large-Scale Scientific Computing. Sozopol, Bulgaria: LSSC, 2001: 58-67.

[3] IMAN R L, CONOVER W J. A distribution-free approach to inducing rank correlation among input variables[J]. Communications in Statistics-Simulation and Computation, 1982, 3 (11): 311-334.

[4]   STEINBERG H A. Generalized quota sampling[J]. Nuclear Science and Engineering, 1963, 2(15): 142-145.

[5]   TARTAKOVSKY D M. Uncertainty quantification in subsurface modeling[M]//The Handbook of Groundwater Engineering. 3rd ed. Boca Raton: CRC Press, 2016: 643-658.

[6]   MORALES-CASIQUE E, NEUMAN S P, GUADAGNINI A. Nonlocal and localized analyses of nonreactive solute transport in bounded randomly heterogeneous porous media: computational analysis[J]. Advances in Water Resources, 2006, 9(29): 1399-1418.

[7]   GHANEM R. Stochastic finite elements with multiple random non-gaussian properties[J]. Journal of Engineering Mechanics, 1999, 1(125): 26-40.

[8]   XIU D, KARNIADAKIS G E. Modeling uncertainty in steady state diffusion problems via generalized polynomial chaos[J]. Computer Methods in Applied Mechanics and Engineering, 2002, 43(191): 4927-4948.

[9]   XIU D, KARNIADAKIS G E. Modeling uncertainty in flow simulations via generalized polynomial chaos[J]. Journal of Computational Physics, 2003, 1(187): 137-167.

[10] CHIHARA T S. An introduction to orthogonal polynomials[J]. Mathematical Gazette, 2011, 13(425): 228-238.

[11] KOEKOEK R, SWARTTOUW R. The askey-scheme of hypergeometric orthogonal polynomials and its q-analogue[R]. Delft: Department of Technical Mathematics and Informatics, Delft University of Technology, 1998.

[12] SZEGÖ G. Orthogonal polynomials[M]. Providence, RI: American Mathematical Society, 1939.

[13] XIU D. Numerical methods for stochastic computations[M]. Princeton, New Jersey: Princeton University Press, 2010.

[14] TIMAN A F. Theory of approximation of functions of a real variable[M]. Oxford: Pergamon Press, 1963.

[15] GOTTLIEB D, SHU C W. On the gibbs phenomenon and its resolution[J]. SIAM Review, 1997, 4(39): 644-668.

[16] HESTHAVEN J S, RØNQUIST E M. Spectral and high order methods for partial differential equations[M]. Berlin: Springer, 2011.

[17] XIU D, HESTHAVEN J S. High-order collocation methods for differential equations with random inputs[J]. SIAM Journal on Scientific Computing, 2005, 3(27): 1118-1139.

[18] XIU D. Efficient collocational approach for parametric uncertainty analysis[J]. Communications in Computational Physics, 2007, 2(2): 293-309.

[19] DOOSTAN A, OWHADI H. A non-adapted sparse approximation of PDEs with stochastic inputs[J]. Journal of Computational Physics, 2011, 8(230): 3015-3034.

[20] SMOLYAK S A. Quadrature and interpolation formulas for tensor products of certain classes of functions[J]. Doklady Akademii Nauk SSSR, 1963, 5(148): 1042-1045.

[21] BARTHELMANN V, NOVAK E, RITTER K. High dimensional polynomial interpolation on sparse grids[J]. Advances in Computational Mathematics, 2000(12): 273-288.

[22] GERSTNER T, GRIEBEL M. Numerical integration using sparse grids[J]. Numerical Algorithms, 1998(18): 209-232.

[23] GENZ A, KEISTER B D. Fully symmetric interpolatory rules for multiple integrals over infinite regions with Gaussian weight[J]. Journal of Computational and Applied Mathematics, 1996, 2(71): 299-309.

[24] KESHAVARZZADEH V, KIRBY R M, NARAYAN A. Generation of nested quadrature rules for generic weight functions via numerical optimization: application to sparse grids[J]. Journal of Computational Physics, 2020, 400: 108979.

[25] WANG P, TARTAKOVSKY A M, TARTAKOVSKY D M. Probability density function method for Langevin equations with colored noise[J]. Physical Review Letters, 2013, 14(110): 140602.

[26] WANG P, BARAJAS-SOLANO D A, CONSTANTINESCU E, et al. Probabilistic density function method for stochastic ODEs of power systems with uncertain power input[J]. SIAM/ASA Journal on Uncertainty Quantification, 2015, 1(3): 873-896.

[27] WANG P, TARTAKOVSKY D M. Uncertainty quantification in kinematic-wave models[J]. Journal of Computational Physics, 2012, 23(231): 7868-7880.

[28] WANG P, TARTAKOVSKY D M, JARMAN K D, et al. CDF solutions of Buckley–Leverett equation with uncertain parameters[J]. Multiscale Modeling & Simulation, 2013, 1(11): 118-133.

[29] CHENG M, NARAYAN A, QIN Y, et al. An efficient solver for cumulative density function-based solutions of uncertain kinematic wave models[J]. Journal of Computational Physics, 2019(382): 138-151.

[30] KRAICHNAN R H. Eddy viscosity and diffusivity: exact formulas and approximations[J]. Complex Systems, 1987(1): 805-820.

[31] TARTAKOVSKY D M, DENTZ M, LICHTNER P C. Probability density functions for advective-reactive transport with uncertain reaction rates[J]. Water Resources Research, 2009(45): W07414.

[32] BARAJAS-SOLANO D A, TARTAKOVSKY A M. Probability and cumulative density function methods for the stochastic advection-reaction equation[J]. SIAM/ASA Journal on Uncertainty Quantification, 2018, 1(6): 180-212.

[33] BOSO F, BROYDA S, TARTAKOVSKY D M. Cumulative distribution function solutions of advection–reaction equations with uncertain parameters[J]. Proceedings of the Royal Society A: Mathematical, Physical and Engineering Sciences, 2014, 2166(470): 20140189.

[34] KESHAVARZZADEH V, KIRBY R M, NARAYAN A. Numerical integration in multiple dimensions with designed quadrature[J]. SIAM Journal on Scientific Computing, 2018, 4(40): A2033-A2061.

[35] YE Y, RUIZ-MARTINEZ A, WANG P, et al. Quantification of predictive uncertainty in models of FtsZ ring assembly in escherichia coli[J]. Journal of Theoretical Biology, 2020(484): 110006.

[36] DOMÍNGUEZ-VÁZQUEZ D, JACOBS G B, TARTAKOVSKY D M. Lagrangian models of particle-laden flows with stochastic forcing: Monte Carlo, moment equations, and method of distributions analyses[J]. Physics of Fluids, 2021, 3(33): 033326.

[37] BOSO F, TARTAKOVSKY D M. The method of distributions for dispersive transport in porous media with uncertain hydraulic properties[J]. Water Resources Research, 2016, 6(52): 4700-4712.

[38] BOSO F, BOSKOS D, CORTÉS J, et al. Dynamics of data-driven ambiguity sets for hyperbolic conservation laws with uncertain inputs[J]. SIAM Journal on Scientific Computing, 2021, 3(43): A2102-A2129.

第 4 章　模型不确定性量化方法

数学模型是解释和预测现实系统的重要工具之一。然而，科学对现实的认知往往存在着偏差。超出适用条件的物理假设、简化的物理现象等各类因素会使得数学模型无法准确地描述复杂的现实系统。随着时间的推移，这些模型的偏差会逐步累积，模型不确定性的影响也随之放大，使得模型预测愈发偏离真实系统。

除模型预测外，人们也可以利用观测数据对系统状态进行估测，但存在偏差。例如，测量仪器有限的物理精度给观测数据引入了随机误差；测量成本限制了观测数据的总量，会造成数据稀疏；物理量的非直接观测在转换中会引入转换模型误差；等等。这些因素加大了有效利用观测数据的难度。

因此，如何将不完美的模型预测数据与夹杂噪声的稀疏数据进行有效融合，是模型不确定性量化关注的焦点。本章将重点介绍模型不确定性量化的重要方法——数据同化（data assimilation）。数据同化特指在时空间中对系统状态进行预测时，随着数学模型的动态运行，不断融合当前观测数据的方法。该方法采用了数学模型拟合观测数据的渐进方式，常用于复杂系统的建模和动态预报。经过数据同化融合观测数据的模型预测可以进行自我修正，从而实现更高的预测精度。

第 4.1 节将回顾数据同化的发展脉络，介绍数据同化的基础知识，着重讨论应用最为广泛的贝叶斯滤波、卡尔曼滤波及其延伸出的扩展卡尔曼滤波、集合卡尔曼滤波和粒子滤波等顺序型数据同化算法。第 4.2 节将介绍在使用若干模型描述同一物理现象的场景下，如何融合这些模型的预测数据和观测数据。第 4.3 节将讨论如何权衡观测数据、计算资源和模型精度，以在多保真模型中做出合适的选择。第 4.4 节将结合广义多项式混沌法对参数不确定性的量化，介绍一种可同时量化参数不确定性和模型不确定性的集成式数据同化算法。

4.1　基础知识

数据同化的核心思想是将同一时刻来源于不同位置、不同误差、不同分辨率的系统状态观测数据"同化"至当前时刻的模型预测之中，在模型预测与实际观测之间寻找最优解，并将其作为当前时刻的系统状态，从而为下一时刻的模型预测提供最优初值，循环迭代直至出现新的观测数据。数据同化的理论基础最早源于德国科学家高斯（Carl Friedrich Gauss）

和法国数学家勒让德（Adrien Marie Legendre）在 19 世纪提出的最小二乘方法。随着 20 世纪随机过程概念的提出，数据同化的基本模型假设多采用随机动态理论，其同化过程则基于最优化控制理论。

发展至今日，数据同化的主要分析方法可以简单分为经验法、变分法和顺序型方法 3 类。其中，经验法主要包含多项式插值、连续修正法和松弛法，变分法主要包括三维变分（three-dimensional variational，3DVar）和四维变分（four-dimensional variational，4DVar）。近年来，随着计算机硬件技术的发展和计算速度的提高，变分法的计算成本大幅下降，已从早期的理论研究逐渐变为实用的方法。

以卡尔曼滤波（Kalman filtering）[1] 为代表的顺序型方法是数据同化的主流分析方法。卡尔曼滤波于 20 世纪 60 年代被首次提出，用于解决线性系统模型的同化问题，通过加权仿真结果和实际观测数据，以实现在最小化二次方差函数的基础上，对预测进行更新。以此为基础，科学家提出了针对非线性系统的扩展卡尔曼滤波[2]、集合卡尔曼滤波[3] 等一系列方法[4]。卡尔曼滤波及其衍生方法以其相对低廉的计算成本优势，已成功应用于天气预报、大气海洋、导航、自动驾驶等领域。

4.1.1　基本数学理论

令 $\boldsymbol{u}(t)$ 为动态系统在时刻 t 的状态，$g(\cdot)$ 为该系统的动态算子，则该系统可以表示为如下常微分方程的形式：

$$\frac{\mathrm{d}\boldsymbol{u}}{\mathrm{d}t} = g(\boldsymbol{u}), \quad \boldsymbol{u}(t=0) = \boldsymbol{u}_0 \tag{4.1}$$

如果该常微分方程对任意系统状态 $\boldsymbol{u} \in \mathbb{R}^{N_u}$ 和时刻 $t > 0$，都存在一个满足如下性质的单参数群算子 $\Psi(\cdot\,;t)$：

$$\Psi(\boldsymbol{u}\,;t+s) = \Psi(\Psi(\boldsymbol{u};t);s), \quad t,s > 0 \tag{4.2}$$

则称 $\Psi(\cdot\,;\cdot)$ 为该常微分方程的解算子。此时，可以通过定义 $\Psi(\cdot) = \Psi(\cdot\,;t)(t > 0)$，得到连续时间下微分方程的离散时间表达式：

$$\boldsymbol{u}_{i+1} = \Psi(\boldsymbol{u}_i), \quad i \in \mathbb{N} \tag{4.3}$$

其中，$\Psi \in C(\mathbb{R}^{N_u}, \mathbb{R}^{N_u})$，令 $\boldsymbol{u}_i(t_i)$ 表示时刻 t_i 的系统状态。

在实际应用中，数学模型的预测结果与真实系统状态之间存在着未知误差。通过引入

相关科学家简介

卡尔曼（Rudolf Emil Kálmán, 1930—2016），美国数学家，他提出的卡尔曼滤波器是划时代的科学贡献，被广泛应用于信号处理、飞行器控制、雷达导航等领域。他于 2009 年获得美国科学成就最高荣誉——国家科学奖章。

独立同分布的随机变量 $\{\boldsymbol{\xi}_i\}_{i\in\mathbb{N}} \in \mathbb{R}^{N_u}$，可以得到前述系统 [式 (4.1)] 的离散随机动态形式：

$$\boldsymbol{u}_{i+1} = \Psi(\boldsymbol{u}_i) + \boldsymbol{\xi}_i, \quad i \in \mathbb{N} \tag{4.4}$$

此时 $\boldsymbol{u}_i \in \mathbb{R}^{N_u}$ 为独立于 $\boldsymbol{\xi}_i$ 的随机变量。对于上述离散随机映射，通常考虑马尔可夫过程 $\{\boldsymbol{u}_i\}_{i\in\mathbb{N}}$。初始状态 $\boldsymbol{u}_0$ 和模型随机偏差 $\boldsymbol{\xi}_0$ 也通常用正态分布来描述：$\boldsymbol{u}_0 \sim \mathcal{N}(\boldsymbol{\mu}_0, \boldsymbol{C}_0)$，$\boldsymbol{\xi}_0 \sim \mathcal{N}(\boldsymbol{0}, \boldsymbol{\Sigma})$。

在实际应用中，除了模型预测结果 [式(4.4)]，还要考虑系统状态在某些时刻的观测数据。令 $\boldsymbol{d}_{i+1}$ 为时刻 t_{i+1} 的系统状态的观测结果，$h \in C(\mathbb{R}^{N_u}, \mathbb{R}^{N_d})$ 为观测算子，则在考虑噪声的情况下，该时刻的系统状态可表示为

$$\boldsymbol{d}_{i+1} = h(\boldsymbol{u}_{i+1}) + \boldsymbol{\eta}_{i+1}, \quad i \in \mathbb{N} \tag{4.5}$$

其中，$\{\boldsymbol{\eta}_i\}_{i\in\mathbb{N}}$ 满足 $\boldsymbol{\eta}_i \sim \mathcal{N}(\boldsymbol{0}, \boldsymbol{\Gamma})$ 表示观测误差，用独立同分布的随机序列表示。注意，观测误差与系统初始状态 $\boldsymbol{u}_0$、模型误差 $\boldsymbol{\xi}_0$ 之间相互独立。

如前所述，数据同化的目标是在已知观测数据 $\boldsymbol{d} = \boldsymbol{d}_{1:i} = \{\boldsymbol{d}_1, \boldsymbol{d}_2, \cdots, \boldsymbol{d}_i\}$ 的情况下，估计系统状态 $\boldsymbol{u}$ 的最佳取值。换言之，需要找到合理的权重系数赋予模型预测结果与观测数据，使得此刻的系统状态预测结果误差最小。也可以通过贝叶斯公式将其转化为后验概率 $P(\boldsymbol{u}|\boldsymbol{d})$ 的求解：

$$\begin{aligned} P(\boldsymbol{u}_{0:i}|\boldsymbol{d}_{1:i}) &\propto P(\boldsymbol{d}_{1:i}|\boldsymbol{u}_{0:i})P(\boldsymbol{u}_{0:i}) \\ &\propto \exp\left[-I(\boldsymbol{u}_{1:i}, \boldsymbol{d}_{1:i})\right] \exp\left[-J(\boldsymbol{u}_{0:i})\right] \end{aligned} \tag{4.6a}$$

其中，

$$I(\boldsymbol{u}_{1:i}, \boldsymbol{d}_{1:i}) = \sum_{k=1}^{i} \frac{1}{2} [\boldsymbol{d}_k - h(\boldsymbol{u}_k)]^{\mathrm{T}} \boldsymbol{\Gamma}^{-1} [\boldsymbol{d}_k - h(\boldsymbol{u}_k)] \tag{4.6b}$$

$$J(\boldsymbol{u}_{0:i}) = \frac{1}{2}(\boldsymbol{u}_0 - \boldsymbol{m}_0)^{\mathrm{T}} \boldsymbol{C}_0^{-1}(\boldsymbol{u}_0 - \boldsymbol{m}_0) + \sum_{k=1}^{i-1} \frac{1}{2}[\boldsymbol{u}_{k+1} - \Psi(\boldsymbol{u}_k)]^{\mathrm{T}} \boldsymbol{\Sigma}^{-1}[\boldsymbol{u}_{k+1} - \Psi(\boldsymbol{u}_k)] \tag{4.6c}$$

根据数据总量 $\boldsymbol{d}_{1:i}$ 与待估系统状态 $\boldsymbol{u}(t_k)$ 总量之间的大小关系，可以将求解上述后验概率分为 3 类：

（1）若 $k < i$，则属于平滑（smoothing）问题；

（2）若 $k = i$，则属于滤波（filtering）问题；

（3）若 $k > i$，则属于预测（forecasting）问题。

如果观测结果与系统状态之间存在线性关系，可以将式(4.5)表示为

$$\boldsymbol{d}_i = \boldsymbol{H}_i \boldsymbol{u} + \boldsymbol{\eta}_i, \quad i \in \mathbb{N} \tag{4.7}$$

其中，$\boldsymbol{H}_i$ 表示时刻 t_i 的转移矩阵。

假设根据上述线性观测结果可获得系统状态的估计 $\hat{\boldsymbol{u}}$，则第 i 个观测值与该估计的偏差记为

$$\boldsymbol{r}_i := \boldsymbol{d}_i - \boldsymbol{H}_i \hat{\boldsymbol{u}}, \quad i = 1, 2, \cdots, T \tag{4.8}$$

根据高斯-马尔可夫定理，如果线性回归模型中的误差互不相关、同方差且均值为 0，则回归系数的最佳线性无偏估计（best linear unbiased estimate，BLUE）为最小二乘法的结果。因此，可以使用最小二乘法对各时刻偏差的平方之和进行最小化，从而得到系统状态的最优估计 $\hat{\boldsymbol{u}}$。该过程可表示为最小化目标函数：

$$\hat{\boldsymbol{u}} = \arg \min_{\boldsymbol{u} \in \mathbb{R}^{N_u}} \mathcal{L}(\boldsymbol{u}), \quad \mathcal{L}(\boldsymbol{u}) = \frac{1}{2} \sum_{i=1}^{T} (\boldsymbol{d}_i - \boldsymbol{H}_i \boldsymbol{u})^{\mathrm{T}} \boldsymbol{\Gamma}_i^{-1} (\boldsymbol{d}_i - \boldsymbol{H}_i \boldsymbol{u}) \tag{4.9}$$

其中，矩阵 $\boldsymbol{\Gamma}_i$ 表示时刻 t_i 观测值的置信度，即观测误差 $\boldsymbol{\eta}_i$ 的协方差。

例 4.1　假设动态系统状态 u 满足马尔可夫过程，其数学模型在时间维度上的一维离散形式由一阶自回归模型表示：

$$u' = u_{i+1} + \xi \tag{4.10}$$

其中，$\xi \sim \mathcal{N}(0, \Sigma)$ 为高斯噪声。

令 d 表示时刻 t_{i+1} 系统状态的观测值，$\eta \sim \mathcal{N}(0, \Gamma)$ 为呈现正态分布的观测误差。观测值与当前系统状态之间满足以下线性关系：

$$d = u_{i+1} + \eta \tag{4.11}$$

至此，对于系统在时刻 t_{i+1} 的真实状态 u_{i+1} 有两处估算信息：来源于离散模型 [式 (4.10)] 的模型预测值 u' 和来源于测量结果的观测值 d。由于两者与真实结果之间的误差为互不相关的随机变量，即 $E(\xi\eta) = 0$，可以采用高斯-马尔可夫定理计算系统状态的最佳线性无偏估计 $\hat{u}$。

首先对预测值和观测值进行线性组合：

$$\hat{u} = \alpha u' + \beta d, \quad \alpha + \beta = 1 \tag{4.12}$$

将式 (4.10) 和式 (4.11) 代入上式，可以得到：

$$\hat{u} = \alpha(u_{i+1} + \xi) + \beta(u_{i+1} + \eta) \tag{4.13}$$

对上式取数学期望，可得 $E(\hat{u}) = E(u_{i+1})$，即模型预测值和观测值的线性组合 [式 (4.12)] 是系统真实状态的无偏估计。

可以进一步推导出无偏估计与真实结果之间的误差表达式：

$$\hat{u} - u_{i+1} = \xi + \beta(\eta - \xi) \tag{4.14}$$

其方差为

$$
\begin{aligned}
C := E((\hat{u} - u_{i+1})^2) &= E(\xi + \beta(\eta - \xi))^2 \\
&= \overline{\xi^2} + 2\beta\overline{\xi(\eta - \xi)} + \beta^2\overline{\eta^2 - 2\eta\xi + \xi^2} \\
&= \Sigma - 2\beta\Sigma + \beta^2(\Gamma + \Sigma)
\end{aligned} \tag{4.15}
$$

现在的目标是获得合适的权重系数 β，使得无偏估计的误差的方差 C 最小。为此，首先对方差函数 [式 (4.15)] 关于 β 进行求导，并计算导数的零点：

$$\frac{\mathrm{d}C}{\mathrm{d}\beta} = -2\Sigma + 2\beta(\Sigma + \Gamma) \tag{4.16}$$

由此可得：

$$\beta = \frac{\Sigma}{\Sigma + \Gamma} \tag{4.17}$$

而通过权重系数总和为 1 的条件，可以获得另一个权重系数的取值：

$$\alpha = \frac{\Gamma}{\Sigma + \Gamma} \tag{4.18}$$

将上述权重系数代入式 (4.12) 和式 (4.15)，可得系统状态预测值 u_{i+1} 的最优线性无偏估计以及误差的方差为

$$\hat{u} = u' + \frac{\Sigma}{\Sigma + \Gamma}(d - u') \tag{4.19a}$$

$$C = \frac{\Gamma\Sigma}{\Sigma + \Gamma} \tag{4.19b}$$

从这一结果可以看出，$C < \Sigma$ 且 $C < \Gamma$，即无偏估计 $\hat{u}$ 的误差小于模型预测值和观测值的误差。

拓展至高维非线性情况，可以采用动态最小二乘法获得同化结果。根据式 (4.6b) 可以得到目标函数：

$$L_i = \frac{1}{2}(\boldsymbol{u}_0 - \boldsymbol{\mu}_0)^{\mathrm{T}} \boldsymbol{C}_0^{-1}(\boldsymbol{u}_0 - \boldsymbol{\mu}_0) + \frac{1}{2}\sum_{k=1}^{i}[\boldsymbol{d}_k - h(\boldsymbol{u}_k)]^{\mathrm{T}}\boldsymbol{\Gamma}^{-1}[\boldsymbol{d}_k - h(\boldsymbol{u}_k)] + \frac{1}{2}\sum_{k=1}^{i-1}\boldsymbol{\xi}_k^{\mathrm{T}}\boldsymbol{\Sigma}^{-1}\boldsymbol{\xi}_k \tag{4.20}$$

且满足约束条件：

$$\boldsymbol{u}_{i+1} = \Psi(\boldsymbol{u}_i) + \boldsymbol{\xi}_i \tag{4.21}$$

式 (4.20) 的等号右侧第一项描述了初始状态的不确定性，如无先验信息，即 $\boldsymbol{C}_0^{-1} = 0$，则该项为 0。当模型误差为 0 时，$\boldsymbol{\Sigma}^{-1} = \boldsymbol{0}$，目标函数可简化为高斯最小二乘问题。

与前面介绍的线性结果 [式 (4.9)] 相比，非线性的估计变量 [式 (4.20)] 随时间变化，故将该方法称为动态最小二乘法 [5]，可写为如下迭代形式：

$$L_i = L_{i-1} + \frac{1}{2}[\boldsymbol{d}_i - h(\boldsymbol{u}_i)]^{\mathrm{T}}\boldsymbol{\Gamma}^{-1}[\boldsymbol{d}_i - h(\boldsymbol{u}_i)] + \frac{1}{2}\boldsymbol{\xi}_{i-1}^{\mathrm{T}}\boldsymbol{\Sigma}^{-1}\boldsymbol{\xi}_{i-1} \tag{4.22}$$

4.1.2 顺序型数据同化算法

本小节将介绍贝叶斯滤波、卡尔曼滤波、扩展卡尔曼滤波、集合卡尔曼滤波和粒子滤波这 5 种常用的顺序型数据同化算法。各算法的推导均基于第 4.1.1 节的数据同化框架，输入指系统预测模型、系统初始状态和时序观测数据，输出指系统状态的同化估计值。

贝叶斯滤波是所有滤波算法的理论基础，可用于线性和非线性系统。卡尔曼滤波适用于线性系统，通过优化模型预测结果和观测数据的权重，使两者的线性组合即系统更新状态实现方差的最小化[1]。扩展卡尔曼滤波则通过线性化预测模型和闭式假设实现非线性系统的数据同化[2]。集合卡尔曼滤波利用蒙特卡洛采样来计算模型状态的统计信息，可用于解决非线性系统的数据同化问题[3]，易于实现，且可通过并行计算提高同化效率，已广泛用于诸多领域。粒子滤波通过重要性采样不断更新粒子权重，从而得到状态的概率分布，可用于非正态分布的随机变量[6]。接下来将具体介绍这 5 种算法。

1. 贝叶斯滤波

贝叶斯滤波（Bayesian filtering）基于贝叶斯公式，是顺序型数据同化算法的基础。首先通过前一时刻的系统状态信息，以及当前时刻的可选控制输入，对当前时刻的目标状态做出预测；然后利用当前时刻的观测信息对上述预测进行更新，从而获得此时目标状态的概率分布。

令 $\boldsymbol{u}_{i+1}$ 为时刻 t_{i+1} 的系统状态，$\boldsymbol{d}_{i+1}$ 为此时的系统状态观测值，系统状态的初验概率密度函数满足 $P(\boldsymbol{u}_0|\boldsymbol{d}_0) = P(\boldsymbol{u}_0)$。在贝叶斯滤波中，需要分两个步骤获得目标函数的后验概率密度函数。

（1）预测：$P(\boldsymbol{u}_i|\boldsymbol{d}_{1:i}) \to P(\boldsymbol{u}_{i+1}|\boldsymbol{d}_{1:i})$。

对于一阶马尔可夫过程，可通过科尔莫戈罗夫-查普曼方程（Kolmogorov-Chapman equation）获得：

$$P(\boldsymbol{u}_{i+1}|\boldsymbol{d}_{1:i}) = \int_{\mathbb{R}} P(\boldsymbol{u}_{i+1}|\boldsymbol{u}_i)P(\boldsymbol{u}_i|\boldsymbol{d}_{1:i})\mathrm{d}\boldsymbol{u}_i \tag{4.23}$$

（2）更新：$P(\boldsymbol{u}_{i+1}|\boldsymbol{d}_{1:i}) \to P(\boldsymbol{u}_{i+1}|\boldsymbol{d}_{1:i+1})$。

由贝叶斯公式可以得到：

$$\begin{aligned} P(\boldsymbol{u}_{i+1}|\boldsymbol{d}_{1:i+1}) &= \frac{P(\boldsymbol{d}_{1:i+1}|\boldsymbol{u}_{i+1})P(\boldsymbol{u}_{i+1})}{P(\boldsymbol{d}_{1:i+1})} \\ &= \frac{P(\boldsymbol{d}_{i+1}, \boldsymbol{d}_{1:i}|\boldsymbol{u}_{i+1})P(\boldsymbol{u}_{i+1})}{P(\boldsymbol{d}_{i+1}, \boldsymbol{d}_{1:i})} \end{aligned} \tag{4.24}$$

其中，分子的第一项可以通过联合分布概率公式写为

$$\begin{aligned} P(\boldsymbol{d}_{i+1}, \boldsymbol{d}_{1:i}|\boldsymbol{u}_{i+1}) &= P(\boldsymbol{d}_{i+1}|\boldsymbol{d}_{1:i}, \boldsymbol{u}_{i+1})P(\boldsymbol{d}_{1:i}|\boldsymbol{u}_{i+1}) \\ &= P(\boldsymbol{d}_{i+1}|\boldsymbol{d}_{1:i}, \boldsymbol{u}_{i+1})\frac{P(\boldsymbol{u}_{i+1}|\boldsymbol{d}_{1:i})P(\boldsymbol{d}_{1:i})}{P(\boldsymbol{u}_{i+1})} \end{aligned} \tag{4.25}$$

而分母可以通过条件概率公式得到：

$$P(\boldsymbol{d}_{i+1}, \boldsymbol{d}_{1:i}) = P(\boldsymbol{d}_{i+1}|\boldsymbol{d}_{1:i})P(\boldsymbol{d}_{1:i}) \tag{4.26}$$

将式 (4.25) 和式 (4.26) 代入式 (4.24)，可以得到：

$$P(\boldsymbol{u}_{i+1}|\boldsymbol{d}_{1:i+1}) = \frac{P(\boldsymbol{d}_{i+1}|\boldsymbol{d}_{1:i}, \boldsymbol{u}_{i+1})P(\boldsymbol{u}_{i+1}|\boldsymbol{d}_{1:i})P(\boldsymbol{d}_{1:i})P(\boldsymbol{u}_{i+1})}{P(\boldsymbol{d}_{i+1}|\boldsymbol{d}_{1:i})P(\boldsymbol{d}_{1:i})P(\boldsymbol{u}_{i+1})} \tag{4.27}$$

此时，如果假设每个时刻的观测值是相互独立的：

$$P(\boldsymbol{d}_{i+1}|\boldsymbol{d}_{1:i}, \boldsymbol{u}_{i+1}) = P(\boldsymbol{d}_{i+1}|\boldsymbol{u}_{i+1}) \tag{4.28}$$

则可将上述更新 [式 (4.27)] 简化为

$$P(\boldsymbol{u}_{i+1}|\boldsymbol{d}_{1:i+1}) = \frac{P(\boldsymbol{d}_{i+1}|\boldsymbol{u}_{i+1})P(\boldsymbol{u}_{i+1}|\boldsymbol{d}_{1:i})}{P(\boldsymbol{d}_{i+1}|\boldsymbol{d}_{1:i})} \tag{4.29}$$

2. 卡尔曼滤波

卡尔曼滤波是一种高效率的自回归滤波。它假设预测模型 [式 (4.4)] 和观测模型 [式 (4.5)] 为线性模型，并将所有信息的误差（不确定性）列为正态分布的随机变量，最终通过各类信息的加权平均来更新目标状态。卡尔曼滤波被广泛应用于诸多工程领域的时间序列分析，如飞行器的导航与控制、信号处理、计量经济学、机器人设计、无人驾驶以及中枢神经系统运动控制等。

在卡尔曼滤波中，预测模型 $\Psi(\boldsymbol{u})$ 和观测模型 $h(\boldsymbol{u})$ 为线性映射：

$$\Psi(\boldsymbol{u}) = \boldsymbol{M}\boldsymbol{u}, \qquad \boldsymbol{M} \in \mathbb{R}^{N_u \times N_u} \tag{4.30}$$

$$h(\boldsymbol{u}) = \boldsymbol{H}\boldsymbol{u}, \qquad \boldsymbol{H} \in \mathbb{R}^{N_d \times N_u} \tag{4.31}$$

此处假设 $N_d \leqslant N_u$ 且矩阵 $\boldsymbol{H}$ 的秩 $\mathrm{Rank}(\boldsymbol{H}) = N_d$。

卡尔曼滤波同时假设所有随机变量服从正态分布，即

$$\boldsymbol{u}_i|\boldsymbol{d}_{1:i} \sim (\boldsymbol{\mu}_i, \boldsymbol{C}_i), \quad \boldsymbol{u}_{i+1}|\boldsymbol{d}_{1:i} \sim (\hat{\boldsymbol{\mu}}_{i+1}, \hat{\boldsymbol{C}}_{i+1}), \quad \boldsymbol{u}_{i+1}|\boldsymbol{d}_{1:i+1} \sim (\boldsymbol{\mu}_{i+1}, \boldsymbol{C}_{i+1}) \tag{4.32}$$

根据贝叶斯滤波的结论 [式 (4.24)]，可以得到以下关系：

$$\exp\left[-\frac{(\boldsymbol{u}_{i+1} - \boldsymbol{\mu}_{i+1})^{\mathrm{T}}(\boldsymbol{u}_{i+1} - \boldsymbol{\mu}_{i+1})}{2\boldsymbol{C}_{i+1}}\right] \propto$$

$$\exp\left[-\frac{(\boldsymbol{d}_{i+1} - \boldsymbol{H}\boldsymbol{u}_{i+1})^{\mathrm{T}}(\boldsymbol{d}_{i+1} - \boldsymbol{H}\boldsymbol{u}_{i+1})}{2\boldsymbol{\Gamma}} - \frac{(\boldsymbol{u}_{i+1} - \boldsymbol{M}\boldsymbol{\mu}_i)^{\mathrm{T}}(\boldsymbol{u}_{i+1} - \boldsymbol{M}\boldsymbol{\mu}_i)}{2\boldsymbol{M}\boldsymbol{C}_i\boldsymbol{M}^{\mathrm{T}} + 2\boldsymbol{\Sigma}}\right] \tag{4.33}$$

该式两端的变量系数为等价关系，由此可以推出卡尔曼滤波定理。

定理 4.1 (卡尔曼滤波定理)   假设 $\boldsymbol{C}_0, \boldsymbol{\Gamma}, \boldsymbol{\Sigma} > 0$，则对所有 $i \in \mathbb{N}$，$\boldsymbol{C}_i > 0$ 且

$$\boldsymbol{C}_{i+1}^{-1} = (\boldsymbol{M}\boldsymbol{C}_i\boldsymbol{M}^{\mathrm{T}} + \boldsymbol{\Sigma})^{-1} + \boldsymbol{H}^{\mathrm{T}}\boldsymbol{\Gamma}^{-1}\boldsymbol{H} \tag{4.34}$$

$$\boldsymbol{C}_{i+1}^{-1}\boldsymbol{\mu}_{i+1} = (\boldsymbol{M}\boldsymbol{C}_i\boldsymbol{M}^{\mathrm{T}} + \boldsymbol{\Sigma})^{-1}\boldsymbol{M}\boldsymbol{\mu}_i + \boldsymbol{H}^{\mathrm{T}}\boldsymbol{\Gamma}^{-1}\boldsymbol{H}\boldsymbol{d}_{i+1} \tag{4.35}$$

根据这一定理 4.1，可以整理出卡尔曼滤波算法。

算法 4.1   卡尔曼滤波

1. 状态预测

$$\hat{\boldsymbol{\mu}}_{i+1} = \boldsymbol{M}\boldsymbol{\mu}_i \tag{4.36}$$

$$\hat{\boldsymbol{C}}_{i+1} = \boldsymbol{M}\boldsymbol{C}_i\boldsymbol{M}^{\mathrm{T}} + \boldsymbol{\Sigma} \tag{4.37}$$

2. 状态更新

$$K_{i+1} = \hat{C}_{i+1} H^{\mathrm{T}} (H \hat{C}_{i+1} H^{\mathrm{T}} + \boldsymbol{\Gamma})^{-1} \tag{4.38}$$

$$\boldsymbol{\mu}_{i+1} = \hat{\boldsymbol{\mu}}_{i+1} + K_{i+1} (d_{i+1} - H \hat{\boldsymbol{\mu}}_{i+1}) \tag{4.39}$$

$$C_{i+1} = (I - K_{i+1} H) \hat{C}_{i+1} \tag{4.40}$$

在卡尔曼滤波下，模型预测结果及其协方差组成了贝叶斯公式中正态分布的先验概率，观测数据可视为系统真实状态的线性测量的正态扰动。系统此刻的更新状态则作为后验分布，实现对后验分布负对数似然函数（negative log-likelihood function）的最小化。

同理，从最优化角度出发，卡尔曼滤波的核心是通过选择合适的系统更新状态，实现目标函数的最小化。此处目标函数为已知数据（模型预测结果和观测数据）与未知数据（更新状态）的协方差距离之和，也称为马哈拉诺比斯距离（Mahalanobis distance），多用于表示两个数据集的相似度。

虽然卡尔曼滤波可以得到一个同时接近模型预测结果和观测数据的更新状态，但是该状态与系统真实状态之间仍存在偏差。而这一偏差也会作为新的输入，影响下一时刻的模型预测结果及其协方差。

3. 扩展卡尔曼滤波

卡尔曼滤波适用于线性模型，而当系统的预测模型 [式 (4.4)] 呈现非线性特征时，可以使用扩展卡尔曼滤波（extended Kalman filtering）对系统状态进行同化更新。

在扩展卡尔曼滤波中，观测数据 [式 (4.5)] 依然为线性模型，而预测模型通过泰勒级数进行一阶展开，从而近似为线性模型：

$$\tilde{\Psi}(\boldsymbol{u}) \approx \Psi(\boldsymbol{\mu}) + \frac{\mathrm{d}\Psi(\boldsymbol{\mu})}{\mathrm{d}\boldsymbol{\mu}} (\boldsymbol{u} - \boldsymbol{\mu}) \tag{4.41}$$

通过这一变化，就可以使用卡尔曼滤波进行系统状态更新。令 Ψ' 表示系统模型的一阶导数，即 $\Psi' = \mathrm{d}\Psi(\boldsymbol{\mu})/\mathrm{d}\boldsymbol{\mu}$，扩展卡尔曼滤波的算法实现过程表示如下。

算法 4.2　扩展卡尔曼滤波

1. 状态预测

$$\hat{\boldsymbol{\mu}}_{i+1} = \tilde{\Psi}(\boldsymbol{\mu}_i) \tag{4.42}$$

$$\hat{C}_{i+1} = \Psi'(\boldsymbol{\mu}_i) C_i [\Psi'(\boldsymbol{\mu}_i)]^{\mathrm{T}} + \boldsymbol{\Sigma} \tag{4.43}$$

2. 状态更新

$$K_{i+1} = \hat{C}_{i+1} H^{\mathrm{T}} (H \hat{C}_{i+1} H^{\mathrm{T}} + \boldsymbol{\Gamma})^{-1} \tag{4.44}$$

$$\boldsymbol{\mu}_{i+1} = \hat{\boldsymbol{\mu}}_{i+1} + K_{i+1} (d_{i+1} - H \hat{\boldsymbol{\mu}}_{i+1}) \tag{4.45}$$

$$C_{i+1} = (I - K_{i+1} H) \hat{C}_{i+1} \tag{4.46}$$

需要注意的是，扩展卡尔曼滤波要求预测模型的一阶导数 Ψ' 存在。由于预测模型 [式 (4.4)] 被替换为一阶泰勒展开，所引入的近似误差与预测模型自身的非线性特征密切相关，影响着滤波的模型预测精度，进而影响最终的同化结果。

4. 集合卡尔曼滤波

由于非线性模型的广泛存在，卡尔曼滤波仅能处理线性问题的特点大大限制了其应用范围，而扩展卡尔曼滤波也仅能处理弱非线性模型。为解决这一问题，提出了集合卡尔曼滤波（ensemble Kalman filtering），其本质上是一种对贝叶斯滤波的蒙特卡洛实现。

集合卡尔曼滤波假设模型预测误差为服从正态分布的随机变量，并在每个更新时刻生成一组模型预测的实现样本。通过用模型预测方差替代样本方差，集合卡尔曼滤波可实现对系统状态的更新，其算法实现如下。

算法 4.3　　集合卡尔曼滤波

1. 初始化

   对初始值 $\boldsymbol{u}_0 \sim \mathcal{N}(\boldsymbol{\mu}_0, \boldsymbol{C}_0)$ 采样 N 个粒子 $\boldsymbol{u}_0^{(n)}$ $(n = 1, \cdots, N)$。

2. 状态预测

$$\hat{\boldsymbol{u}}_{i+1}^{(n)} = \Psi(\boldsymbol{u}_i^{(n)}) + \boldsymbol{\xi}_i^{(n)} \tag{4.47}$$

$$\hat{\boldsymbol{\mu}}_{i+1} = \frac{1}{N} \sum_{n=1}^{N} \hat{\boldsymbol{u}}_{i+1}^{(n)} \tag{4.48}$$

$$\hat{\boldsymbol{C}}_{i+1} = \frac{1}{N-1} \sum_{n=1}^{N} (\hat{\boldsymbol{u}}_{i+1}^{(n)} - \hat{\boldsymbol{\mu}}_{i+1})^{\mathrm{T}} (\hat{\boldsymbol{u}}_{i+1}^{(n)} - \hat{\boldsymbol{\mu}}_{i+1}) \tag{4.49}$$

3. 状态更新

$$\boldsymbol{K}_{i+1} = \hat{\boldsymbol{C}}_{i+1} \boldsymbol{H}^{\mathrm{T}} (\boldsymbol{H} \hat{\boldsymbol{C}}_{i+1} \boldsymbol{H}^{\mathrm{T}} + \boldsymbol{\Gamma})^{-1} \tag{4.50}$$

$$\tilde{\boldsymbol{u}}_{i+1}^{(n)} = \hat{\boldsymbol{u}}_{i+1} + \boldsymbol{K}_{i+1} (\boldsymbol{d}_{i+1}^{(n)} - \boldsymbol{H} \boldsymbol{u}_{i+1}^{(n)}) \tag{4.51}$$

$$\boldsymbol{d}_{i+1}^{(n)} = \boldsymbol{d}_{i+1} + \boldsymbol{\eta}_{i+1}^{(n)} \tag{4.52}$$

---

5. 粒子滤波

不同于卡尔曼滤波及其衍生滤波算法，粒子滤波（particle filtering）不仅可以处理线性和非线性的预测模型与观测模型，还可以考虑非正态分布的随机变量。目前，粒子滤波已广泛用于信号处理、分子化学、生物信息学、经济学和量化金融等领域。粒子滤波也称为顺序蒙特卡洛滤波，可通过生成一组更新状态的样本（粒子）实现系统状态的同化。

粒子滤波使用了序贯重要性采样（sequential importance sampling，SIS），即通过在随机空间中依时间变化的粒子 $\{\boldsymbol{u}_{0:i+1}^{(n)}, \omega_{i+1}^{(n)}\}_{n=1}^{N}$ 来表示相应随机状态的概率密度函数

$P(\boldsymbol{u}_{0:i+1}|\boldsymbol{d}_{1:i})$。此处所有粒子的权重总和为 1，即 $\sum\limits_{n} \omega_{i+1}^{(n)} = 1$，目标概率密度函数可近似为

$$P(\boldsymbol{u}_{0:i+1}|\boldsymbol{d}_{1:i+1}) \approx \frac{1}{N}\sum_{n=1}^{N}\omega_{i+1}^{(n)}\delta(\boldsymbol{u}_{0:i+1} - \boldsymbol{u}_{0:i+1}^{(n)}) \tag{4.53}$$

在实际操作中，由于系统真实状态的概率密度函数较难获取，可以将其替换为粒子的重要性概率密度函数 $P(\boldsymbol{u}_{0:i+1}|\boldsymbol{d}_{1:i+1}) \equiv q(\boldsymbol{u}_{0:i+1}|\boldsymbol{d}_{1:i+1})$。首先通过贝叶斯重要性采样可得：

$$
\begin{aligned}
E(\Psi(\boldsymbol{u}_{0:i+1})) &= \int_{\mathbb{R}} \Psi(\boldsymbol{u}_{0:i+1})P(\boldsymbol{u}_{0:i+1}|\boldsymbol{d}_{1:i+1}))\mathrm{d}\boldsymbol{u}_{0:i+1} \\
&= \int_{\mathbb{R}} \Psi(\boldsymbol{u}_{0:i+1})\frac{P(\boldsymbol{u}_{0:i+1}|\boldsymbol{d}_{1:i+1})}{q(\boldsymbol{u}_{0:i+1}|\boldsymbol{d}_{1:i+1})}q(\boldsymbol{u}_{0:i+1}|\boldsymbol{d}_{1:i+1})\mathrm{d}\boldsymbol{u}_{0:i+1}
\end{aligned} \tag{4.54}
$$

将贝叶斯公式 $P(\boldsymbol{u}_{0:i+1}|\boldsymbol{d}_{1:i+1}) = P(\boldsymbol{d}_{1:i+1}|\boldsymbol{u}_{0:i+1})P(\boldsymbol{u}_{0:i+1})/P(\boldsymbol{d}_{1:i+1})$ 代入式 (4.54) 可得：

$$E(\Psi(\boldsymbol{u}_{0:i+1})) = \int_{\mathbb{R}} \Psi(\boldsymbol{u}_{0:i+1})\frac{P(\boldsymbol{d}_{1:i+1}|\boldsymbol{u}_{0:i+1})P(\boldsymbol{u}_{0:i+1})}{P(\boldsymbol{d}_{1:i+1})q(\boldsymbol{u}_{0:i+1}|\boldsymbol{d}_{1:i+1})}q(\boldsymbol{u}_{0:i+1}|\boldsymbol{d}_{1:i+1})\mathrm{d}\boldsymbol{u}_{0:i+1} \tag{4.55}$$

令权重为

$$\omega_{i+1}(\boldsymbol{u}_{0:i+1}) = \frac{P(\boldsymbol{d}_{1:i+1}|\boldsymbol{u}_{0:i+1})P(\boldsymbol{u}_{0:i+1})}{q(\boldsymbol{u}_{0:i+1}|\boldsymbol{d}_{1:i+1})} \tag{4.56}$$

可以进一步得到观测数据的概率密度函数：

$$
\begin{aligned}
P(\boldsymbol{d}_{1:i+1}) &= \int_{\mathbb{R}} P(\boldsymbol{d}_{1:i+1}, \boldsymbol{u}_{0:i+1})\mathrm{d}\boldsymbol{u}_{0:i+1} \\
&= \int_{\mathbb{R}} \frac{P(\boldsymbol{d}_{1:i+1}|\boldsymbol{u}_{0:i+1})P(\boldsymbol{u}_{0:i+1})q(\boldsymbol{u}_{0:i+1}|\boldsymbol{d}_{1:i+1})}{q(\boldsymbol{u}_{0:i+1}|\boldsymbol{d}_{1:i+1})}\mathrm{d}\boldsymbol{u}_{0:i+1} \\
&= \int_{\mathbb{R}} \omega_{i+1}(\boldsymbol{u}_{0:i+1})q(\boldsymbol{u}_{0:i+1}|\boldsymbol{d}_{1:i+1})\mathrm{d}\boldsymbol{u}_{0:i+1}
\end{aligned} \tag{4.57}
$$

代入式 (4.55) 可得：

$$
\begin{aligned}
E(\Psi(\boldsymbol{u}_{0:i+1})) &= \frac{\displaystyle\int [\Psi(\boldsymbol{u}_{0:i+1})\omega_{i+1}(\boldsymbol{u}_{0:i+1})]q(\boldsymbol{u}_{0:i+1}|\boldsymbol{d}_{1:i+1})\mathrm{d}\boldsymbol{u}_{0:i+1}}{\displaystyle\int \omega_{i+1}(\boldsymbol{u}_{0:i+1})q(\boldsymbol{u}_{0:i+1}|\boldsymbol{d}_{1:i+1})\mathrm{d}\boldsymbol{u}_{0:i+1}} \\
&\approx \frac{1}{N}\sum_{n=1}^{N}\Psi(\boldsymbol{u}_{0:i+1}^{(n)})\omega_{i+1}(\boldsymbol{u}_{0:i+1}^{(n)}) \Big/ \left[\frac{1}{N}\sum_{n=1}^{N}\omega_{i+1}(\boldsymbol{u}_{0:i+1}^{(n)})\right] \\
&= \sum_{n=1}^{N}\frac{\Psi(\boldsymbol{u}_{0:i+1}^{(n)})\omega_{i+1}(\boldsymbol{u}_{0:i+1}^{(n)})}{\omega_{i+1}(\boldsymbol{u}_{0:i+1}^{(n)})}
\end{aligned} \tag{4.58}
$$

在顺序时间下,重要性概率密度函数可写为 $q(\boldsymbol{u}_{0:i+1}|\boldsymbol{d}_{1:i+1}) = q(\boldsymbol{u}_{i+1}|\boldsymbol{u}_{0:i}, \boldsymbol{d}_{1:i+1})q(\boldsymbol{u}_{0:i}|\boldsymbol{d}_{1:i+1})$。将它代入式 (4.56) 可以进一步简化粒子权重的表达式:

$$\omega_{i+1} = \frac{P(\boldsymbol{d}_{1:i+1}|\boldsymbol{u}_{0:i+1})P(\boldsymbol{u}_{0:i+1})}{q(\boldsymbol{u}_{i+1}|\boldsymbol{u}_{0:i}, \boldsymbol{d}_{1:i+1})q(\boldsymbol{u}_{0:i}|\boldsymbol{d}_{1:i+1})}$$

$$= \frac{P(\boldsymbol{d}_{1:i}|\boldsymbol{u}_{0:i})P(\boldsymbol{u}_{0:i})}{q(\boldsymbol{u}_{0:i}|\boldsymbol{d}_{1:i})} \cdot \frac{P(\boldsymbol{d}_{1:i+1}|\boldsymbol{u}_{0:i+1})P(\boldsymbol{u}_{0:i+1})}{P(\boldsymbol{d}_{1:i}|\boldsymbol{u}_{0:i})P(\boldsymbol{u}_{0:i})q(\boldsymbol{u}_{i+1}|\boldsymbol{u}_{0:i}, \boldsymbol{d}_{1:i+1})} \tag{4.59}$$

$$= \omega_i \frac{P(\boldsymbol{d}_{i+1}|\boldsymbol{u}_{i+1})P(\boldsymbol{u}_{i+1}|\boldsymbol{u}_i)}{q(\boldsymbol{u}_{i+1}|\boldsymbol{u}_{0:i}, \boldsymbol{d}_{1:i+1})} \tag{4.60}$$

在最优估计条件下,重要性概率密度函数只依赖于前一时刻的状态 $\boldsymbol{u}_i$ 和当前时刻的观测值 $\boldsymbol{d}_{i+1}$,即 $q(\boldsymbol{u}_{i+1}|\boldsymbol{u}_{0:i}, \boldsymbol{d}_{1:i+1}) = q(\boldsymbol{u}_{i+1}|\boldsymbol{u}_i, \boldsymbol{d}_{i+1})$。因此,仅需保存有用信息 $\boldsymbol{u}_{i+1}^{(n)}$,丢弃历史状态 $\boldsymbol{u}_{0:i}$ 和历史观测数据 $\boldsymbol{d}_{1:i}$,则粒子权重 [式 (4.60)] 可简化为

$$\omega_{i+1}^{(n)} = \omega_i^{(n)} \frac{P(\boldsymbol{d}_{i+1}|\boldsymbol{u}_{i+1}^{(n)})P(\boldsymbol{u}_{i+1}^{(n)}|\boldsymbol{u}_i^{(n)})}{q(\boldsymbol{u}_{i+1}^{(n)}|\boldsymbol{u}_i^{(n)}, \boldsymbol{d}_{i+1})} \tag{4.61}$$

其中,$q(\boldsymbol{u}_{i+1}|\boldsymbol{u}_i, \boldsymbol{d}_k)$ 也被称为提议分布,其选择的形式直接影响着粒子滤波的效率。在实际操作中,为了方便计算,通常使用 $q(\boldsymbol{u}_{i+1}^{(n)}|\boldsymbol{u}_i^{(n)}, \boldsymbol{d}_{i+1}) = P(\boldsymbol{u}_{i+1}|\boldsymbol{u}_i)$ 作为提议分布。因此,式 (4.61) 可调整为

$$\omega_{i+1}^{(n)} = \omega_i^{(n)} P(\boldsymbol{d}_{i+1}|\boldsymbol{u}_{i+1}^{(n)}) \tag{4.62}$$

至此,粒子滤波中系统状态的后验概率密度函数 $P(\boldsymbol{u}_{i+1}|\boldsymbol{d}_{1:i+1})$ 可近似为

$$P(\boldsymbol{u}_{i+1}|\boldsymbol{d}_{1:i+1}) \approx \sum_{n=1}^{N} \omega_{i+1}^{(n)}\delta(\boldsymbol{u}_{i+1} - \boldsymbol{u}_{i+1}^{(n)}) \tag{4.63}$$

综上所述,粒子滤波的算法实现可以分为如下 5 个步骤。

算法 4.4　粒子滤波

1. 初始化

　对系统的初始值 $\boldsymbol{u}_0$ 进行采样。生成 N 个粒子 $\{\boldsymbol{u}_0^{(n)}\}_{n=1}^{N}$,每个粒子的权重为 $\omega_0^{(n)} = 1/N$ $(n = 1, \cdots, N)$。

2. 状态预测

$$\hat{\boldsymbol{u}}_{i+1}^{(n)} = \Psi(\boldsymbol{u}_i^{(n)}) + \boldsymbol{\xi}_i^{(n)} \tag{4.64}$$

3. 权重更新

$$\hat{\omega}_{i+1}^{(n)} = P(\boldsymbol{d}_{i+1}|\hat{\boldsymbol{u}}_{i+1}^{(n)}) \tag{4.65}$$

4. 归一化

$$\tilde{\omega}_{i+1}^{(n)} = \frac{\hat{\omega}_{i+1}^{(n)}}{\sum\limits_{n=1}^{N} \hat{\omega}_{i+1}^{(n)}} \tag{4.66}$$

5. 重采样

- 构建分布函数 $c_n = c_{n-1} + \tilde{\omega}_{i+1}^{(n)}$，$c_0 = 0$；
- 根据均匀分布生成随机样本 $x_1 \sim U(0, 1/N)$，以及后续样本 $x_j = x_1 + \dfrac{1}{N}(j-1)$ $(j = 2, \cdots, N)$；
- 当出现分布函数的取值 n 满足 $c_n < x_j$ 时，令状态为 $\tilde{u}_{i+1}^{(j)} = \hat{u}_{i+1}^{(n)}$，且权重为 $\omega_{i+1}^{(n)} - 1/N$。

虽然粒子滤波可以有效处理非线性问题及非正态分布的随机变量，但是其生成的大量粒子所占用的计算资源远高于卡尔曼滤波，且在小噪声条件下依然存在较大误差。为了解决这些问题，科学家们对粒子滤波提出了多种改进方案，感兴趣的读者可以查阅参考文献 [7]。

4.2 面向多预测模型的数据同化算法

如前所述，数据同化依赖预测模型和观测数据的双重数据来源。在实际操作中，预测模型作为真实物理过程的近似简化，存在着不同假设与不同解读，这会导致同一物理过程有多种数学模型描述，而这些预测模型各有千秋，有的更为精准，有的计算效率更高，有的更易操作。

为此，人们希望在计算资源丰富的条件下，可以将这些预测模型的数据予以融合，从而获得比单一模型预测更可靠的模型预测结果。其中，有贝叶斯模型平均[8]这一针对点预测数据的统计类方法，也有面向概率分布预测的贝叶斯方法[9]，以及动态模型平均、交互多模型滤波和通用伪随机贝叶斯框架等多模型融合方法。贝叶斯模型平均是一种常用的方法，对所有模型预测结果进行凸平均，因此当所有模型结果一致偏向于某个预测方向时，该方法的结果不会优于最好的模型预测结果。同时，前述方法的模型平均权重多选用标量，较难描述精度随时间变化的预测模型，具有较大的局限性。

为克服上述方法的局限性，第 4.2.1 节将重点介绍面向多个模型预测数据与观测数据的数据同化框架。这些算法基于卡尔曼滤波、扩展卡尔曼滤波、集合卡尔曼滤波和粒子滤波，是作者及合作方的重要研究成果。第 4.2.2 节将以振荡电路为例，对多预测模型数据同化算法进行仿真验证。本节限于篇幅无法对全部例证和论述予以细致展开，感兴趣的读者可查阅参考文献 [10]。

4.2.1 算法介绍

首先从多预测模型卡尔曼滤波出发。该方法由纳拉扬（Akil Narayan）等学者在 2012年首次提出[10]。与卡尔曼滤波相似，该算法下的系统状态由不同的信息源（模型预测或观测）加权组成。该算法框架独立于特定协方差传播，也可用于其他类型的顺序型滤波算法。

在本小节内容里，假设所有随机变量的二阶统计矩均为有限值。令 $\tilde{\boldsymbol{u}} \in \mathbb{R}^{N_u}$（$N_u \geqslant 1$）为目标真实状态，状态演变的动态模型算子由 $\Psi \in C(\mathbb{R}^{N_u}, \mathbb{R}^{N_u})$ 表示，即

$$\tilde{\boldsymbol{u}}_{i+1} = \Psi(\tilde{\boldsymbol{u}}_i) \tag{4.67}$$

此处 Ψ 为系统的真实动态模型。由于该模型在实际操作中往往不完全可知，故存在多个近似模型 $\Psi^m \in C(\mathbb{R}^{N_m}, \mathbb{R}^{N_m})$（$m = 1, \cdots, M$），而这些近似模型对系统状态的预测可写为

$$\boldsymbol{u}_{i+1}^m = \Psi^m(\boldsymbol{u}_i^m), \qquad \boldsymbol{u}_i^m \in \mathbb{R}^{N_m} \tag{4.68}$$

由于上述模型预测为近似预测，与真实状态之间存在着不确定性，故用随机变量予以表示。此处使用协方差矩阵 $\boldsymbol{C}^m \in \mathbb{R}^{N_m \times N_m}$ 描述模型预测与真实状态的误差 $\boldsymbol{\xi}_i^m$。

除此之外，在时刻 t_i 存在着系统状态的观测数据 $\boldsymbol{d}_i \in \mathbb{R}^{N_d}$（$N_d \geqslant 1$）。但受仪器测量精度、间接测量转换等不确定性因素影响，观测状态与真实状态之间存在偏差，故将其建模为随机变量：

$$\boldsymbol{d}_i = h(\tilde{\boldsymbol{u}}_i) + \boldsymbol{\eta}_i \tag{4.69}$$

这里随机向量 $\boldsymbol{\eta}_i \in \mathbb{R}^{N_d}$ 表示数学期望为 $\boldsymbol{0}$ 的观测误差，其协方差矩阵为 $\boldsymbol{\Gamma} = E(\boldsymbol{\eta}_i \boldsymbol{\eta}_i^{\mathrm{T}}) \in \mathbb{R}^{N_d \times N_d}$。为简化表述，假设观测模型算子为线性，即 $h(\boldsymbol{u}) = \boldsymbol{H}\boldsymbol{u}$。

至此，可以对多预测模型数据同化的目标予以数学量化：在某一时刻 t_i，融合目标状态的多个模型预测数据 $(\boldsymbol{u}_i^1, \cdots, \boldsymbol{u}_i^M)$ 和观测数据 $\boldsymbol{d}_i$，使得其分析结果 $\boldsymbol{w} \in \mathbb{R}^{N_u}$ 与系统真实状态的误差最小：

$$\boldsymbol{w}_i := U(\boldsymbol{u}_i^1, \cdots, \boldsymbol{u}_i^M, \boldsymbol{d}_i) \approx \tilde{\boldsymbol{u}}_i \tag{4.70}$$

其中，$\boldsymbol{w}_i$ 的误差协方差矩阵为 $\boldsymbol{W}_i \in \mathbb{R}^{N_u \times N_u}$，融合函数 $U(\cdot)$ 通常为不同信息源的线性组合：

$$U(\boldsymbol{u}_i^1, \cdots, \boldsymbol{u}_i^M, \boldsymbol{d}_i) = \sum_{m=1}^{M} \alpha_i^m \boldsymbol{u}_i^m + \beta_i \boldsymbol{d}_i \tag{4.71}$$

α_i^m 和 β_i 是在时刻 t_i 下的待求系数。

1. 多预测模型卡尔曼滤波

当预测模型为线性系统时，令 M 个预测模型的状态结果 $\boldsymbol{u}^m$（$m = 1, \cdots, M$）在任意时刻下满足式 (4.68)，且与真实状态 $\boldsymbol{u}_i$ 线性相关，即 $\boldsymbol{u}_i^m \sim \boldsymbol{H}^m \boldsymbol{u}_i$（$\boldsymbol{H}^m \in \mathbb{R}^{N_m \times N_u}$）。将预测模型 Ψ^m 的误差设为随机噪声 $\boldsymbol{\xi}_i^m \sim \mathcal{N}(\boldsymbol{0}, \boldsymbol{\Sigma}^m)$，可得：

$$\boldsymbol{H}^m \tilde{\boldsymbol{u}}_{i+1} = \Psi^m(\boldsymbol{H}^m \tilde{\boldsymbol{u}}_i) + \boldsymbol{\xi}_i^m \tag{4.72}$$

同时，基于观测数据 [式 (4.69)] 可以构建分析状态与模型预测数据之间的马氏距离（Mahalanobis distance）的罚函数（penalty function）：

$$\mathcal{L}[\boldsymbol{w}] = \sum_{m=1}^{M} (\boldsymbol{H}^m \boldsymbol{w} - \boldsymbol{u}^m)^{\mathrm{T}} (\boldsymbol{\Sigma}^m)^{-1} (\boldsymbol{H}^m \boldsymbol{w} - \boldsymbol{u}^m) + (\boldsymbol{H}\boldsymbol{w} - \boldsymbol{d})^{\mathrm{T}} \boldsymbol{\Gamma}^{-1} (\boldsymbol{H}\boldsymbol{w} - \boldsymbol{d}) \quad (4.73)$$

此处函数 $\mathcal{L}[\boldsymbol{w}]$ 表示 $\boldsymbol{w}$ 与 $\boldsymbol{u}^1, \cdots, \boldsymbol{u}^M$ 和 $\boldsymbol{d}$ 之间的马氏距离。

多预测模型数据同化的目标是寻找一个同时接近模型预测数据和观测数据的中间状态 $\boldsymbol{w}$，即通过最小化罚函数 $\mathcal{L}[\boldsymbol{w}]$ 得到该时刻下系统状态的最佳估计[10]：

$$\boldsymbol{w} = \boldsymbol{W}^M \left[\sum_{m=1}^{M} (\boldsymbol{H}^m)^{\mathrm{T}} (\boldsymbol{\Sigma}^m)^{-1} \boldsymbol{u}^m + \boldsymbol{H}^{\mathrm{T}} \boldsymbol{\Gamma}^{-1} \boldsymbol{d} \right] \quad (4.74\mathrm{a})$$

$$\boldsymbol{W}^M = \left[\sum_{m=1}^{M} (\boldsymbol{H}^m)^{\mathrm{T}} (\boldsymbol{\Sigma}^m)^{-1} \boldsymbol{H}^m + \boldsymbol{H}^{\mathrm{T}} \boldsymbol{\Gamma}^{-1} \boldsymbol{H} \right]^{-1} \quad (4.74\mathrm{b})$$

此时融合模型 [式 (4.71)] 中预测数据与观测数据的线性组合权重为

$$\boldsymbol{\alpha}^m = \boldsymbol{W}^M (\boldsymbol{H}^m)^{\mathrm{T}} (\boldsymbol{\Sigma}^m)^{-1}, \quad \boldsymbol{\beta} = \boldsymbol{W}^M \boldsymbol{H}^{\mathrm{T}} \boldsymbol{\Gamma}^{-1} \quad (4.75)$$

可以看出，多预测模型卡尔曼滤波等同于多次迭代的单模型卡尔曼滤波。在该算法框架下，标准卡尔曼滤波对每个预测模型进行顺序同化，而每个模型的同化结果将作为"观测数据"用于下一个模型的数据同化。最后的同化结果 $\boldsymbol{w}_i^M$ 和 $\boldsymbol{W}_i^M$ 与模型或数据的顺序无关。这种迭代模式也可用于同化模型子集、数据子集等。具体实现过程如算法 4.5 所示。

算法 4.5　多预测模型卡尔曼滤波算法

1. 初始化

   当 $i = 0$ 时，取 $\boldsymbol{w}_0^M = \boldsymbol{\mu}_0 \in \mathbb{R}^{N_u}$，$\boldsymbol{W}_0^M = \boldsymbol{C}_0 \in \mathbb{R}^{N_u \times N_u}$，假设 $\boldsymbol{H}^1 = \boldsymbol{I}$。

2. 状态预测

   当 $i = 1, 2, \cdots$ 时，计算所有模型的预测值 $\boldsymbol{u}_i^m$，并更新下一时间步长的误差协方差矩阵 $\boldsymbol{C}_i^m$：

$$\begin{aligned}
\hat{\boldsymbol{u}}_i^m &= \boldsymbol{G}^m \boldsymbol{H}^m \boldsymbol{w}_{i-1}^M \\
\boldsymbol{C}_i^m &= \boldsymbol{G}^m \boldsymbol{H}^m \boldsymbol{W}_{i-1}^M (\boldsymbol{G}^m \boldsymbol{H}^m)^{\mathrm{T}} + \boldsymbol{\Sigma}_i^m
\end{aligned} \quad (4.76)$$

3. 状态更新

   - 同化数据，按照标准卡尔曼滤波更新步骤，利用模型预测值 $\boldsymbol{u}_i^1$ 和观测值 $\boldsymbol{d}_i$ 计算得到分析状态 $\boldsymbol{w}_i^1$ 和它的协方差 $\boldsymbol{W}_i^1$，此处为简化运算，用伪逆运算算子 $()^{\dagger}$ 代替逆运算算子：

$$\begin{aligned}
\boldsymbol{K}_i^1 &= \boldsymbol{C}_i^1 \boldsymbol{H}^{\mathrm{T}} (\boldsymbol{H} \boldsymbol{C}_i^1 \boldsymbol{H}^{\mathrm{T}} + \boldsymbol{\Gamma})^{\dagger} \\
\boldsymbol{w}_i^1 &= \hat{\boldsymbol{u}}_i^1 + \boldsymbol{K}_i^1 (\boldsymbol{d}_i - \boldsymbol{H} \hat{\boldsymbol{u}}_i^1) \\
\boldsymbol{W}_i^1 &= (\boldsymbol{I} - \boldsymbol{K}_i^1 \boldsymbol{H}) \boldsymbol{C}_i^1
\end{aligned} \quad (4.77)$$

- 同化模型，将先前的分析状态 w_i^1 看作模型预测值，将新的模型预测值 u_i^2 看作数据，按照标准卡尔曼滤波更新，得到新的分析状态 w_i^2 和它的协方差 W_i^2，重复所有的模型，令 $m = 2, \cdots, M$：

$$
\begin{aligned}
K_i^m &= W_i^{m-1}(H^m)^{\mathrm{T}}\left(H^m W_i^{m-1}(H^m)^{\mathrm{T}} + C_i^m\right)^\dagger \\
w_i^m &= w_i^{m-1} + K_i^m(\hat{u}_i^m - H^m w_i^{m-1}) \\
W_i^m &= (I - K_i^m H^m)W_i^{m-1}
\end{aligned}
\tag{4.78}
$$

2. 多预测模型扩展卡尔曼滤波

与单模型框架类似，多预测模型扩展卡尔曼滤波利用泰勒级数对非线性的预测模型进行一阶展开：

$$
\Psi^m(H^m u_i) \approx \Psi^m(H^m w_i^M) + (\Psi^m)'(H^m w_i^M)\left[H^m u_i - H^m w_i^M\right]
\tag{4.79}
$$

此处 $(\Psi^m)' := \mathrm{d}\Psi^m/\mathrm{d}(H^m u^m)$ 表示非线性模型的一阶导数。多预测模型扩展卡尔曼滤波的算法逻辑可以理解为标准扩展卡尔曼滤波的多次迭代同化。在同化时刻，依次获得模型预测数据 [式 (4.68)]，并在计算预测协方差矩阵 C_{i+1}^m 时用泰勒展开 [式 (4.79)] 替代原模型 [式 (4.76)]：

$$
\hat{u}_{i+1}^m = \Psi^m(H^m w_i^M),
\tag{4.80}
$$

$$
\begin{aligned}
C_{i+1}^m &= E\left(\left(H^m u_{i+1} - \hat{u}_{i+1}^m\right)^2\right) \\
&= E\left(\left((\Psi^m)'(H^m w_i^M)\left(H^m u_i - H^m w_i^M\right) + \xi_i^m\right)^2\right) \\
&= (\Psi^m)'(H^m w_i^M)H^m W_i(H^m(H^M(\Psi^m)'(H^m w_i^M)))^{\mathrm{T}} + \Sigma_i^m
\end{aligned}
\tag{4.81}
$$

算法 4.6　　多预测模型扩展卡尔曼滤波算法

1. 初始化

当 $i = 0$ 时，取 $w_0^M = \mu_0 \in \mathbb{R}^{N_u}$，$W_0^M = C_0 \in \mathbb{R}^{N_u \times N_u}$，假设 $H^1 = I$。

2. 状态预测

当 $i = 1, 2, \cdots$ 时，计算所有模型的预测状态值 u_i^m，更新下一时间步长的误差协方差矩阵 C_i^m：

$$
\hat{u}_i^m = \Psi^m(H^m w_{i-1}^M)
\tag{4.82}
$$

$$
C_i^m = (\Psi^m)'(H^m w_{i-1}^M)H^m W_{i-1}(H^m(H^M(\Psi^m)'(H^m w_{i-1}^M)))^{\mathrm{T}} + \Sigma_{i-1}^m
\tag{4.83}
$$

3. 状态更新

- 同化数据，按照标准卡尔曼滤波更新步骤，利用模型预测值 u_i^1 和观测值 d_i 计算得到分析状态 w_i^1 和它的协方差 W_i^1：

$$
\begin{aligned}
K_i^1 &= C_i^1 H^{\mathrm{T}}(H C_i^1 H^{\mathrm{T}} + \Gamma)^\dagger \\
w_i^1 &= \hat{u}_i^1 + K_i^1(d_i - H\hat{u}_i^1) \\
W_i^1 &= (I - K_i^1 H)C_i^1
\end{aligned}
\tag{4.84}
$$

- 同化模型，将先前的分析状态 $\boldsymbol{w}_i^1$ 看作模型预测值，将新的模型预测值 $\boldsymbol{u}_i^2$ 看作数据，按照标准卡尔曼滤波更新，得到新的分析状态 $\boldsymbol{w}_i^2$ 和它的协方差 $\boldsymbol{W}_i^2$，重复所有的模型，令 $m = 2, \cdots, M$：

$$
\begin{aligned}
\boldsymbol{K}_i^m &= \boldsymbol{W}_i^{m-1}(\boldsymbol{H}^m)^{\mathrm{T}}\left(\boldsymbol{H}^m\boldsymbol{W}_i^{m-1}(\boldsymbol{H}^m)^{\mathrm{T}} + \boldsymbol{C}_i^m\right)^{\dagger} \\
\boldsymbol{w}_i^m &= \boldsymbol{w}_i^{m-1} + \boldsymbol{K}_i^m(\hat{\boldsymbol{u}}_i^m - \boldsymbol{H}^m\boldsymbol{w}_i^{m-1}) \\
\boldsymbol{W}_i^m &= (\boldsymbol{I} - \boldsymbol{K}_i^m\boldsymbol{H}^m)\boldsymbol{W}_i^{m-1}
\end{aligned}
\tag{4.85}
$$

对于高维非线性动态模型，多预测模型扩展卡尔曼滤波主要存在以下两点不足。

（1）高昂的存储和计算成本。在数据同化中，误差协方差矩阵中未知变量的数量为单个预测模型未知状态变量数量的几何指数，相关矩阵运算次数也随之增加。当存在多个预测模型时，扩展卡尔曼滤波的存储与计算量极为庞大，故在实际操作中多用于低维动态模型。

（2）泰勒展开引入的近似误差。扩展卡尔曼滤波基于一阶泰勒展开近似，对于某些特殊的非线性模型，上述线性化近似所引入的误差会影响整体的数值稳定性。尽管高阶闭包形式可以有效降低这一误差，但额外增加的近似项也需要额外的信息存储空间。例如，在使用四阶统计矩近似时，需要存储 n^4 个变量。因此，闭包形式与误差协方差矩阵的一致性是使用扩展卡尔曼滤波时需要考虑的重要问题。

3. 多预测模型集合卡尔曼滤波

在多预测模型集合卡尔曼滤波算法中，依然假设分析状态和模型误差为正态分布的随机变量，单个模型预测结果的协方差矩阵 $\boldsymbol{C}^m$ 则由其样本协方差近似所得。不同于扩展卡尔曼滤波，集合卡尔曼滤波没有采用线性近似或闭包近似，也不会引入泰勒展开的截断误差，以及高维空间下误差协方差矩阵的计算和存储资源占用问题。该算法的本质可以理解为在蒙特卡洛方法的框架下非线性系统的贝叶斯更新。与蒙特卡洛方法一样，集合卡尔曼滤波的误差与集合样本数量 N 密切相关，而大量采样虽然可以减少误差，但也增加了整体计算成本。多预测模型集合卡尔曼滤波的算法框架如下。

算法 4.7　多预测模型集合卡尔曼滤波算法

1. 初始化

    当 $i = 0$ 时，用均值为 $\boldsymbol{\mu}_0$、协方差为 $\boldsymbol{C}_0$ 的高斯分布生成 N 个初始状态样本点 $\boldsymbol{w}_0^{M(n)}$（$n = 1, \cdots, N$），其中，上角标 $M(n)$ 表示第 M 个模型状态的第 n 个采样点。

2. 状态预测

    当 $i = 1, 2, \cdots$ 且 $n = 1, \cdots, N$ 时，用 $\boldsymbol{w}_i^{M(n)}$ 对每个样本点计算其模型预测值：

$$
\hat{\boldsymbol{u}}_i^{m(n)} = \Psi^m\left(\boldsymbol{H}^m\boldsymbol{w}_{i-1}^{M(n)}\right) + \boldsymbol{\xi}_{i-1}^{m(n)}
\tag{4.86}
$$

    其均值和协方差矩阵为

$$\boldsymbol{\mu}_i^m = \frac{1}{N} \sum_{n=1}^{N} \hat{\boldsymbol{u}}_i^{m(n)}$$

$$\boldsymbol{C}_i^m = \frac{1}{N-1} \sum_{i=1}^{N} \left(\hat{\boldsymbol{u}}_i^{m(n)} - \boldsymbol{\mu}_i^m \right) \left(\hat{\boldsymbol{u}}_i^{m(n)} - \boldsymbol{\mu}_i^m \right)^{\mathrm{T}} \tag{4.87}$$

3. 状态更新

- 根据 $\boldsymbol{\eta}_{i+1} \sim \mathcal{N}(\mathbf{0}, \boldsymbol{\Gamma})$，获取随机数据样本：

$$\boldsymbol{d}_i^{(n)} = \boldsymbol{d}_i + \boldsymbol{\eta}_i^{(n)} \tag{4.88}$$

- 同化数据，按照标准卡尔曼滤波更新步骤，利用模型预测值 $\boldsymbol{u}_i^1$ 和观测值 $\boldsymbol{d}_i$ 计算得到分析状态 $\boldsymbol{w}_i^1$ 和它的协方差 $\boldsymbol{W}_i^1$：

$$\boldsymbol{K}_i^1 = \boldsymbol{C}_i^1 \boldsymbol{H}^{\mathrm{T}} (\boldsymbol{H} \boldsymbol{C}_i^1 \boldsymbol{H}^{\mathrm{T}} + \boldsymbol{\Gamma})^{\dagger}$$

$$\boldsymbol{w}_i^{1(n)} = \hat{\boldsymbol{u}}_i^{1(n)} + \boldsymbol{K}_i^1 (\boldsymbol{d}_i^{(n)} - \boldsymbol{H} \hat{\boldsymbol{u}}_i^{1(n)}) \tag{4.89}$$

- 同化模型，将先前的分析状态 $\boldsymbol{w}_i^1$ 看作模型预测值，将新的模型预测值 $\boldsymbol{u}_i^2$ 看作数据，按照标准卡尔曼滤波更新，得到新的分析状态 $\boldsymbol{w}_i^2$ 和它的协方差 $\boldsymbol{W}_i^2$，重复所有的模型，令 $m = 2, \cdots, M$：

$$\boldsymbol{K}_i^m = \boldsymbol{W}_i^{m-1} (\boldsymbol{H}^m)^{\mathrm{T}} \left(\boldsymbol{H}^m \boldsymbol{W}_i^{m-1} (\boldsymbol{H}^m)^{\mathrm{T}} + \boldsymbol{C}_i^m \right)^{\dagger}$$

$$\boldsymbol{w}_i^{m(n)} = \boldsymbol{w}_i^{m-1(n)} + \boldsymbol{K}_i^m (\hat{\boldsymbol{u}}_i^{m(n)} - \boldsymbol{H}^m \boldsymbol{w}_i^{m-1(n)}) \tag{4.90}$$

4. 多预测模型粒子滤波

多预测模型粒子滤波将大量粒子作为样本集合，根据观测数据对其进行重采样。由于其算法框架不需要对预测模型和系统状态的概率分布类型做预先假设，故可用于线性和非线性模型，以及正态分布和其他类型的随机噪声。

令预测模型结果 $\Psi^{1:M} = \{\Psi^1, \Psi^2, \cdots, \Psi^M\}$ 和目标状态观测值 $\boldsymbol{d}$ 为先验数据。数据同化可等价于对同化结果 $\boldsymbol{w}$ 最大后验概率密度函数 $P(\boldsymbol{w}_i | \boldsymbol{d}_{1:i}, \Psi^{1:M} = \{\Psi^1, \Psi^2, \cdots, \Psi^M\})$ 的求解，即获得其对数似然函数的最小值。根据贝叶斯公式，同化状态 $\boldsymbol{w}_i$ 的后验概率与似然函数 $P_{\text{likelihood}}$ 和先验数据 P_{prior} 相关：

$$P(\boldsymbol{w}_i | \boldsymbol{d}_{1:i}, \Psi^{1:M}) \propto P_{\text{likelihood}} \cdot P_{\text{prior}} \tag{4.91}$$

在实际操作中，使用多预测模型粒子滤波要首先选定一个预测模型作为"参考模型"，然后将余下模型的预测数据作为"观测数据"。此时，似然函数中增加了若干附加项：

$$P_{\text{prior}} = P_1(\boldsymbol{w}_i | \boldsymbol{d}_{1:i-1}, \Psi^{1:M}) \tag{4.92}$$

$$P_{\text{likelihood}} = P(\boldsymbol{d}_i | \boldsymbol{w}_i) \prod_{m=2}^{M} P_m(\boldsymbol{u}_i^m | \boldsymbol{w}_i, \boldsymbol{d}_{1:i-1}, \Psi^{1:M}) \tag{4.93}$$

此处的先验概率 $P_1(\boldsymbol{w}_i|\boldsymbol{d}_{1:i-1}, \Psi^{1:M})$ 来自参考模型。基于上述迭代格式的多预测模型粒子滤波可通过算法 4.8 予以实现。

算法 4.8　　多预测模型粒子滤波算法

1. 初始化

    当 $i=0$ 时，用均值为 $\boldsymbol{\mu}_0$、协方差为 $\boldsymbol{C}_0$ 的高斯分布生成 N 个初始状态样本点 $\boldsymbol{w}_0^{M(n)}$ ($n = 1, \cdots, N$)。

2. 状态预测

    当 $i=1, 2, \cdots$ 且 $n=1, \cdots, N$ 时，将所有的分析状态样本代入式 (4.86)，计算模型预测值 $\boldsymbol{u}_i^{m(n)}$ ($m=1, \cdots, M$) 及其统计信息 [式 (4.87)]。

3. 重要性采样

    • 计算所有粒子和模型的中间权重：

    $$\boldsymbol{\omega}_i^{1(n)} \propto P(\boldsymbol{d}_i|\boldsymbol{u}_i^{1(n)}) \tag{4.94a}$$

    $$\boldsymbol{\omega}_i^{m(n)} \propto P\left(\boldsymbol{\mu}_i^m|\boldsymbol{u}_i^{1(n)}\right), \quad m=2, \cdots, M \tag{4.94b}$$

    • 计算每个粒子的后验权重并将结果单位化：

    $$\hat{\boldsymbol{\omega}}_i^{(n)} = \boldsymbol{\omega}_i^{1(n)} \boldsymbol{\omega}_i^{2(n)} \cdots \boldsymbol{\omega}_i^{M(n)} \tag{4.95a}$$

    $$\tilde{\boldsymbol{\omega}}_i^{(n)} = \frac{\hat{\boldsymbol{\omega}}_i^{(n)}}{\sum\limits_{n=1}^{N} \hat{\boldsymbol{\omega}}_i^{(n)}} \tag{4.95b}$$

4. 重采样

    根据样本集合 $\boldsymbol{u}_i^{m(n)}$ ($m=1, \cdots, M$) 和单位化权重 $\tilde{\boldsymbol{\omega}}_i^{(n)}$，重新采样 N 个粒子集合。

在上述多预测模型粒子滤波算法中，$\left\{\boldsymbol{u}_i^{m(n)}\right\}_{n=1}^{N}$ 为目标真实状态的最信赖集合。式 (4.94) 融合了所有可用数据，以便更新参考模型集合的分布。其中，权重 $\boldsymbol{\omega}_i^{m(n)}$ 通过参考模型集合与观测数据、其他预测模型平均值的比较而予以更新。随后，式 (4.95) 将所有权重合并为参考模型集合的单个权重，再重新分配给每个粒子。最后，采用与标准粒子滤波一样的策略，对参考模型的预测集合进行重新采样。

由此可见，参考模型将所有的预测模型信息和观测数据合并、更新，是多预测模型粒子滤波的整体框架基础。参考模型的选取会直接影响多预测模型粒子滤波的结果。在实际操作中，使用者需要根据实际情况选择合适的参考模型，所有预测模型在随后的同化过程中也将继承该参考模型的优点。如果对预测模型的排序没有特殊偏好，基于不同参考模型的多预测模型粒子滤波结果会存在一定差别。接下来将通过具体应用示例对此情况予以分析。

4.2.2　应用示例：振荡电路

本小节选取一个简单的振荡电路作为多预测模型粒子滤波的示例，旨在说明同化策略对同化结果的影响 [11]。振荡电路由谐波振荡器构成，可将直流电能转换为特定频率的交流电能，常用于正弦波或方波等周期性电子信号的生成，如图 4.1 所示。

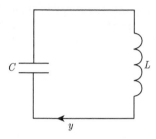

图 4.1　　简单的振荡电路

图 4.1 中 L 和 C 分别表示振荡器中常见的电感器件和电容器件，y 表示振荡电路中的电流。令 y_0 和 y_0' 为电流及其一阶时间导数的初始状态，$w = 1/\sqrt{LC}$ 为角频率。根据基尔霍夫定律，可以得到如下二阶常微分方程：

$$\frac{\mathrm{d}^2 y}{\mathrm{d}t^2} + w^2 y = 0$$
$$y(0) = y_0, \qquad \frac{\mathrm{d}y}{\mathrm{d}t}(0) = y_0' \tag{4.96}$$

可以通过解析方法获得该方程解的显式表达：

$$\begin{pmatrix} y \\ \dfrac{\mathrm{d}y}{\mathrm{d}t} \end{pmatrix} = \begin{pmatrix} y_0 \cos(wt) + \dfrac{y_0'}{w} \sin(wt) \\ -wy_0 \sin(wt) + y_0' \cos(wt) \end{pmatrix} \tag{4.97}$$

在下文中，该显示表达将作为电流的真实状态用于检验多预测模型粒子滤波的同化效果。

用多预测模型粒子滤波求解电流方程 [式 (4.96)]，首先选取两个不同的数值近似模型。第一个预测模型（克兰克-尼科尔森模型）为克兰克-尼科尔森格式（Crank-Nicolson scheme）时间积分，假设其模型误差为服从正态分布 [$\mathcal{N}(0, 0.1^2)$] 的随机变量。第二个预测模型（龙格-库塔模型）应用显式的四阶龙格-库塔法，假设其模型误差也为服从正态分布 [$\mathcal{N}(0, 0.1^2)$] 的随机变量。两个模型均求解相同初始状态下的电路方程 [式 (4.96)]，其中，$y_0 = y_0' = 1$。

为了展示差异性，假设第一个预测模型中所使用的角频率与真实的电路方程相同，即 $w = 2$；在第二个预测模型中引入人为误差，令其角频率参数略微偏离真实取值，取 $w = 2.1$。由于第一个预测模型采用了隐式的二阶算法，其计算成本大于第二个预测模型，且计算精度较差。因此，第一个预测模型选取较大的时间步长 $\Delta t = 0.3$，而第二个预测模型选取较短的时间步长 $\Delta t = 0.02$。

在同化过程中，电路系统的观测数据来源于固定时间点上的信息。此处假设每隔 0.6 个时间单位对电流状态进行一次测量。这一采样时间间隔分别对应着第一个预测模型的 2 个时间步长和第二个预测模型的 30 个时间步长。上述观测数据由电流的真实状态 [式 (4.97)] 和噪声两部分组成。其中，后者为独立同分布的高斯噪声，服从 $\mathcal{N}(0, 0.1^2)$。

图 4.2 由左右两列组成，分别展示了振荡电路 [式 (4.96)] 的电流 (y) 及其一阶时间导数 ($y' = \mathrm{d}y/\mathrm{d}t$) 在不同时刻的结果。其中，图 4.2（a）展示了没有数据同化时两个预测模型的预测状态及目标的真实状态。可见，没有数据同化的协助，模型预测结果的误差将随着时间的推移而逐渐累积，使得预测模型在后期严重偏离真实状态。图 4.2（b）展示了引入多预测模型粒子滤波且以克兰克-尼科尔森模型为参考模型的预测结果；图 4.2（c）展示了引入多预测模型粒子滤波且以龙格-库塔模型为参考模型的预测结果。可见，多预测模型粒子滤波可有效提升两个模型的预测效果。同时，由于龙格-库塔模型具有相对更高的数值精度，以其为参考模型的多预测模型粒子滤波相较于以克兰克-尼科尔森模型为参考模型的多预测模型粒子滤波更接近真实状态。

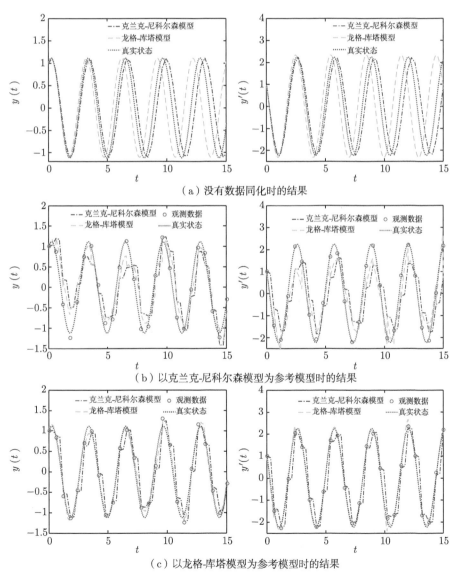

图 4.2　振荡电路的电流及其一阶时间导数在不同时刻的结果 [11]

通过上述示例，可以对多预测模型粒子滤波的使用予以总结。在同化过程中，虽然所有预测模型都可以用于更新粒子权重，但只有参考模型的样本可以用于重采样。因此，参考模型的选取决定了粒子滤波对预测模型的同化顺序，从而直接影响最终的同化结果。这一特点不会因目标系统模型的线性或非线性特征，以及误差噪声的概率分布而改变。因此，当面对含有高斯噪声的线性预测模型时，多预测模型卡尔曼滤波因其同化过程独立于模型排序，相较于多预测模型粒子滤波更具优势。在实际操作中，如能对候选预测模型的准确性有所了解，将有助于多预测模型仿真策略的选择。

4.3　多保真模型的选择

前文提到，数学模型是目标真实机理的近似假设。从近似精度和计算成本出发，这些数学模型可大致分为高保真模型和低保真模型两类。其中，高保真模型具有较高的精度但计算成本也相对高昂，而低保真模型的精度较低故计算量也相对较小。如何在精度和成本之间实现平衡，是很多工程计算必须面对的问题。

如果计算资源充足，人们通常会首选包含更多物理信息的高保真模型来进行模型预测。但是，当该模型存在不确定性模型参数时，其系统状态的预测由点预测变为分布预测。特别是面对风险分析、质量管控等小概率事件时，需要获得系统预测的概率密度函数，大大增加了计算成本。在实际操作中，模型的解通常使用由蒙特卡洛模拟或配置法等采样方法得到的统计数据予以近似。此时，预测模型的解与真实值之间的误差 $\mathcal{E}$ 由两部分组成：反映模型复杂度的模型误差 $\mathcal{E}^{\mathrm{rep}}$，以及有限样本估计的统计信息和理论统计信息之间的采样误差 $\mathcal{E}^{\mathrm{sam}}$，满足 $\mathcal{E} = \mathcal{E}^{\mathrm{rep}} + \mathcal{E}^{\mathrm{sam}}$。依据大数定理，采样误差可通过增加样本数量而降低。因此，在有限的计算资源下，虽然低保真模型的模型误差较高，但可凭借其相对廉价的计算成本实现更多的样本计算，从而降低总误差 $\mathcal{E}$。

当系统状态在某些时刻存在观测数据时，人们可借此对预测模型的解的概率密度函数进行修正。若将多保真模型的解视为先验分布，充足的观测数据可有效提高保真模型的解的后验分布的精度，从而减少对高保真模型的依赖，降低计算总成本。

考虑数据的影响和集合采样方法等因素，与本节内容直接相关的方法包括贝叶斯滤波、粒子滤波和集合卡尔曼滤波。与前文讨论的前向不确定性传播相似，由于模型的复杂性，随着所能负担的计算样本数量的减少，这些同化方法的性能将有所下降。在多孔介质多相流的多保真模型中，塔塔科夫斯基（Daniel M. Tartakovsky）等人通过数值实验研究了观测数据和有限的计算成本之间的相互作用[12]。

与第 4.2 节中多预测模型的情况不同，本节将重点讨论在有限计算资源限制下，如何权衡计算资源的消耗和计算精度的需求。不同于贝叶斯模型选择[13]、贝叶斯模型平均[14]、多层/多保真蒙特卡洛采样方法[15] 和以模型复杂度作为模型选择参数的方法[16]，本节将考虑观测数据、计算资源、计算精度以及不确定输入参数等多重影响，从而提供多保真模型选择的理论基础。

首先定义多保真模型的数据同化问题。令时间序列 $\{u_i\}_{i \in \mathbb{N}}$ 为一个马尔可夫链，系统状态用 $u \in \mathbb{R}^{N_u}$（$N_u \geqslant 1$）表示。系统真实的初始状态用 u_0 表示，均值为 $\mu_0 \in \mathbb{R}^{N_u}$，协方差矩阵为 $C_0 \in \mathbb{R}^{N_u \times N_u}$。系统状态 u 从时刻 t_i 到时刻 t_{i+1} 的演变机理可写为模型算子 $\Psi : \mathbb{R}^{N_u} \to \mathbb{R}^{N_u}$：

$$u_{i+1} = \Psi(u_i), \qquad i \in \mathbb{N} \tag{4.98}$$

由于真实的模型算子未知，用高保真模型算子 Ψ^h 以及 m 个低保真模型算子 Ψ^l, $l = \{l_1, \cdots, l_m\}$ $[\Psi^h, \Psi^l \in C(\mathbb{R}^{N_u}, \mathbb{R}^{N_u})]$ 予以替代。相应的模型近似误差由独立同分布的白噪声序列 $\{\xi_i^h\}_{i \in \mathbb{N}}$ 和 $\{\xi_i^l\}_{i \in \mathbb{N}}$ 表示，且 $\xi_i^k \sim \mathcal{N}(0, \Sigma^k)(k = h,l)$ 至此，可将高保真模型和低保真模型的预测状态表示为 $u^h \in \mathbb{R}^{N_u}$，$u^l \in \mathbb{R}^{N_u}$，均满足随机初始条件 $\hat{u}_0 \sim \mathcal{N}(\mu_0, C_0)$：

$$\hat{u}_{i+1} = \Psi^k(\hat{u}_i) + \xi_i^k, \qquad k = h,l \tag{4.99}$$

除了上述高保真模型和低保真模型，在时刻 t_i，系统状态存在着含有噪声的观测数据 $d_i \in \mathbb{R}^{N_d}$：

$$d_i = h(u_i) + \eta_i \tag{4.100}$$

此处 $h : \mathbb{R}^{N_u} \to \mathbb{R}^{N_d}$ 表示观测算子，观测误差 $\{\eta_i\}_{i \in \mathbb{N}}$ 为高斯随机变量序列，满足 $\eta_i \sim \mathcal{N}(0, \Gamma)$。

本节会基于集合卡尔曼滤波框架，将观测数据 [式 (4.100)] 与高保真模型或低保真模型预测数据 [式 (4.99)] 进行同化。此处涉及两种具体情况的讨论：一是在有限的计算资源下，高保真模型和低保真模型二者选一的基本原理；二是观测数据对模型选择的影响。为简化表述，本节使用正态分布描述模型误差 [式 (4.99)] 和观测误差 [式 (4.100)]，但相关算法框架仍适用于其他分布类型的随机变量。

4.3.1　基于计算成本与精度的模型选择

本小节将以蒙特卡洛框架为例，介绍多保真模型的选择方案。首先，从多保真模型蒙特卡洛方法的计算误差出发，对计算成本和精度予以量化。随后，在固定计算成本的条件下，计算高保真模型和低保真模型的相对精度，进而阐述模型选择的一般原理。最后，将结论拓展至广义成本和精度条件下的多保真模型选择原理。

先考虑单个状态变量，即 $N_u = 1$ 的情况。在蒙特卡洛框架下，多保真模型对系统状态在时刻 t_i 的预测数据 [式 (4.99)] 可由反复采样获得：

$$\hat{u}_{i+1}^{(n)} = \Psi^k(\hat{u}_i^{(n)}) + \xi_i^{k(n)}, \qquad n = 1, \cdots, N, \ k = \mathrm{h}, \mathrm{l} \tag{4.101}$$

此处 N 表示样本数量。预测数据以系统状态概率密度函数 $f(\hat{u}_i)$ 的形式呈现，而初始样本 $\{\hat{u}_0^{(n)}\}_{n=1}^N$ 可根据其概率分布而采样获得：$\hat{u}_0 \sim \mathcal{N}(\mu_0, C_0)$。

由此，可用预测状态的样本均值和样本方差近似其均值和方差：

$$\mu_i :\approx \hat{\mu}_i = \frac{1}{N} \sum_{n=1}^N \hat{u}_i^{(n)} \tag{4.102}$$

$$\sigma_i^2 \approx \hat{\sigma}_i^2 = \frac{1}{N-1} \sum_{n=1}^N (\hat{u}_i^{(n)} - \hat{\mu}_i)^2 \tag{4.103}$$

令 $\mathcal{E}_i^{\mathrm{sam}}$、$\mathcal{E}_i^{\mathrm{rep}}$ 和 $\mathcal{E}_i^{\mathrm{ini}}$ 分别表示时刻 t_i 的采样误差、模型误差和初始误差，则在时刻 t_{i+1}，系统状态的绝对误差 $\mathcal{E}_{i+1} = |\hat{\mu}_{i+1} - u_{i+1}|$ 满足三角不等式：

$$\mathcal{E}_{i+1} = |\hat{\mu}_{i+1} - E(\Psi^k(\hat{u}_i)) + E(\Psi^k(\hat{u}_i)) - E(\Psi(\hat{u}_i)) + E(\Psi(\hat{u}_i)) - \Psi(u_i)| \tag{4.104}$$

$$\leqslant \underbrace{|\hat{\mu}_{i+1} - E(\Psi^k(\hat{u}_i))|}_{\mathcal{E}_i^{\mathrm{sam}}} + \underbrace{|E(\Psi^k(\hat{u}_i)) - E(\Psi(\hat{u}_i))|}_{\mathcal{E}_i^{\mathrm{rep}}} + \underbrace{|E(\Psi(\hat{u}_i)) - \Psi(u_i)|}_{\mathcal{E}_i^{\mathrm{ini}}}$$

其中，根据三西格玛准则（3-δ criterion），采样误差 $\mathcal{E}_i^{\mathrm{sam}}$ 可表示为 $0.6745\sigma_{i+1}/\sqrt{N}$[17]。

总误差由总采样误差 $\mathcal{E}^{\mathrm{sam}}$、总模型误差 $\mathcal{E}^{\mathrm{rep}}$ 和总初始误差 $\mathcal{E}^{\mathrm{ini}}$ 组成：

$$\mathcal{E} = \mathcal{E}^{\mathrm{sam}} + \mathcal{E}^{\mathrm{rep}} + \mathcal{E}^{\mathrm{ini}} - c \tag{4.105a}$$

其中，总采样误差、总模型误差和总初始误差均定义为其在所有时刻误差的最大值：

$$\mathcal{E}^{\mathrm{sam}} := \sup_{i \in \mathbb{N}} \mathcal{E}_i^{\mathrm{sam}} = \frac{c_1^k}{\sqrt{N}} \tag{4.105b}$$

$$\mathcal{E}^{\mathrm{rep}} := \sup_{i \in \mathbb{N}} \mathcal{E}_i^{\mathrm{rep}} = c_2^k|\Psi - \Psi^k| \tag{4.105c}$$

$$\mathcal{E}^{\mathrm{ini}} := \sup_{i \in \mathbb{N}} \mathcal{E}_i^{\mathrm{ini}} = c_3|u_0 - \mu_0| \tag{4.105d}$$

在总误差中，c 为非负实数，因此式 (4.104) 可以取等号。由此可见，c 的取值依赖于样本数量 N 和多保真模型 Ψ^k（$k = \mathrm{h}, \mathrm{l}$）。为了让 c 远小于总采样误差和总模型误差，可以调整 c_1^k 和 c_2^k 的取值。

在实际操作中，初始误差相对可控。为简化描述，本小节将专注有限采样 N 和模型复杂度 Ψ^k 对预测结果的影响，忽略系统初始状态的样本均值 μ_0 与其真实状态 u_0 之间的差异，即假设初始误差 $\mathcal{E}^{\mathrm{ini}} = 0$。因此，总误差 [式 (4.105a)] 可调整为

$$\mathcal{E}(\Psi^k, N) = c_1^k/\sqrt{N} + c_2^k|\Psi - \Psi^k|, \qquad k = \mathrm{h}, \mathrm{l} \tag{4.106}$$

令 $\mathcal{C} = \mathcal{C}(\Psi^k, N)$ 表示多保真模型 Ψ^k（$k = \mathrm{h}, \mathrm{l}$）计算 N 个样本所需的成本。显然，函数 $\mathcal{C}$ 为样本数量 N 的单调递增函数。同时，随着模型复杂度的提高，预测模型与真实模型 Ψ 之间的误差 $|\Psi - \Psi^k|$ 越来越小，但是计算成本随之攀升，计算成本满足：

$$\mathcal{C}(\Psi^k, N) \sim \frac{N^\alpha}{|\Psi - \Psi^k|^\beta} + \gamma^k, \qquad k = \mathrm{h}, \mathrm{l} \tag{4.107}$$

其中，α 和 β 表示相关系数，γ^k 表示多保真模型 Ψ^k 的基础计算成本。当 $\alpha = 1$，$\beta = 1$，基础计算成本 $\gamma^k = 0$ 时，多保真模型的计算成本可表示为

$$\mathcal{C}(\Psi^k, N) = c_0^k \frac{N}{|\Psi - \Psi^k|}, \qquad k = \mathrm{h}, \mathrm{l} \tag{4.108}$$

其中，$c_0^k \in \mathbb{R}^+$ 为多保真模型的比例常数。

至此，分别定义了多保真模型的误差 [式 (4.106)] 与成本函数 [式 (4.108)]。令比例常数 $c_0^k, c_1^k, c_2^k \in \mathbb{R}^+$ 独立于多保真模型，对于给定的计算成本常数 $\mathcal{C}_0$，可通过式 (4.108) 得出 $|\Psi - \Psi^k| = c_0 N / \mathcal{C}_0$，代入式 (4.106)，可以得到总误差 $\mathcal{E}$ 与样本数量 N 的关系式：

$$\mathcal{E}(\cdot, N) = \frac{c_1}{\sqrt{N}} + c_2|\Psi - \Psi^k| = \frac{c_1}{\sqrt{N}} + \frac{c_0 c_2}{\mathcal{C}_0} N \tag{4.109}$$

同理，从式 (4.106) 中消除 N 可以得到总误差与多保真模型的关系式：

$$\mathcal{E}(\Psi^k, \cdot) = \sqrt{\frac{c_0}{\mathcal{C}_0}} \frac{c_1}{\sqrt{|\Psi - \Psi^k|}} + c_2|\Psi - \Psi^k|, \qquad k = \mathrm{h}, \mathrm{l} \tag{4.110}$$

图 4.3 展示了当 $c_0 = 1, c_1 = 15, c_2 = 1, \mathcal{C}_0 = 10$ 时，总误差 $\mathcal{E}$ 与样本数量 N 的关系 [式 (4.109)]。只有当样本数量 N 较少时，总误差 $\mathcal{E}$ 才由采样误差 $\mathcal{E}^{\mathrm{sam}}$ 主导，且随着 N 的增大而迅速减小。但是，当样本数量足够多时，模型误差 $\mathcal{E}^{\mathrm{rep}}$ 逐步成为总误差 $\mathcal{E}$ 的主要组成部分。同时，由式 (4.108) 可得 $|\Psi - \Psi^k| \sim N / \mathcal{C}_0$，因此模型误差 $\mathcal{E}^{\mathrm{rep}}$ 和总误差 $\mathcal{E}$ 在总计算成本 $\mathcal{C}_0$ 固定时将随着样本数量 N 的增加而增大。

接下来讨论模型的选择。将相同的计算成本 $\mathcal{C}_0$ 分别配予高保真模型和低保真模型：

$$\mathcal{C}(\Psi^{\mathrm{h}}, N^{\mathrm{h}}) = \mathcal{C}(\Psi^{l_i}, N^{l_i}) = \mathcal{C}_0 \tag{4.111}$$

其中，高保真模型的样本数量少于低保真模型，即 $N^{\mathrm{h}} < N^{l_i}$。令 $\Delta\mathcal{E}$ 表示高保真模型与低保真模型之间的相对误差，代入式 (4.110) 可得：

$$\begin{aligned}
\Delta\mathcal{E} &= \mathcal{E}(\Psi^{\mathrm{h}}, N^{\mathrm{h}}) - \mathcal{E}(\Psi^{l_i}, N^{l_i}) \\
&= \left[\frac{c_1\sqrt{c_0/\mathcal{C}_0}}{(\sqrt{|\Psi - \Psi^{\mathrm{h}}|} + \sqrt{|\Psi - \Psi^{l_i}|})\sqrt{|\Psi - \Psi^{\mathrm{h}}||\Psi - \Psi^{l_i}|}} - c_2 \right] (|\Psi - \Psi^{l_i}| - |\Psi - \Psi^{\mathrm{h}}|)
\end{aligned} \tag{4.112}$$

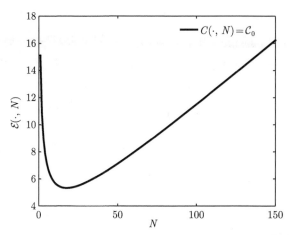

图 4.3 总误差与样本数量在计算成本给定时的关系[18]

对于选定的高保真模型和低保真模型，其与真实算子之间的误差 $|\Psi - \Psi^h|$ 和 $|\Psi - \Psi^{l_i}|$ 相对固定。此时，由式 (4.112) 可知，相对误差 $\Delta\mathcal{E}$ 仅由计算成本 $\mathcal{C}_0$ 决定，即由式 (4.111) 中多保真模型的样本数量（N^h 和 N^{l_i}）决定。

图 4.4 展示了当 $c_0 = 1, c_1 = 15, c_2 = 1, |\Psi - \Psi^h| = 1, |\Psi - \Psi^{l_i}| = 4$ 时，相对误差 $\Delta\mathcal{E}$ 与计算成本 $\mathcal{C}_0$ 的关系。可以看出，相对误差 $\Delta\mathcal{E}$ 随着计算成本 $\mathcal{C}_0$ 的增加而减小，而其符号在 $\Delta\mathcal{E} = 0$ 时也从正变为负，标示着多保真模型 Ψ^h 和 Ψ^{l_i} 之间相对性能的转变，如图 4.4 所示。一般称 $\Delta\mathcal{E} = 0$ 处为临界点，令 $\tilde{\mathcal{C}}_0, \tilde{N}^h, \tilde{N}^{l_i}$ 分别表示计算资源、高保真模型样本数量和低保真模型样本数量的临界值：

$$\tilde{\mathcal{C}}_0 = \frac{c_0 c_1^2}{c_2^2 |\Psi - \Psi^{l_i}||\Psi - \Psi^h|(\sqrt{|\Psi - \Psi^{l_i}|} + \sqrt{|\Psi - \Psi^h|})^2} \tag{4.113}$$

$$\tilde{N}^h = \frac{c_1^2}{c_2^2 |\Psi - \Psi^{l_i}|(\sqrt{|\Psi - \Psi^{l_i}|} + \sqrt{|\Psi - \Psi^h|})^2} \tag{4.114}$$

$$\tilde{N}^{l_i} = \frac{c_1^2}{c_2^2 |\Psi - \Psi^h|(\sqrt{|\Psi - \Psi^{l_i}|} + \sqrt{|\Psi - \Psi^h|})^2} \tag{4.115}$$

现在，可以将多保真模型的选择问题转化为最优化问题，即在给定的计算成本 $\mathcal{C}_0$ 和高保真模型、低保真模型的条件下，最小化预测总误差 $\mathcal{E}$，则代价函数可表示为

$$\mathcal{L}(N, \Psi^k, \lambda) = \mathcal{E}(\Psi^k, N) + \lambda[\mathcal{C}(\Psi^k, N) - \mathcal{C}_0] \tag{4.116}$$

此处 λ 为拉格朗日乘数。

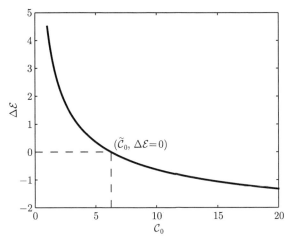

图 4.4　相对误差与计算成本的关系[18]

代价函数是同时量化模型或算法精度和计算成本的一种综合度量函数,其结果代表模型在精度和计算成本上的总体表现。例如,给定精度条件,代价函数值越高,表示模型的计算成本越高;给定计算成本,模型的精度越高,对应的代价函数值越低。总体上,代价函数值越低,模型表现越好。

代价函数 $\mathcal{L}$ 的最小值为其偏导数零点。对式 (4.117) 分别取 λ, N, $|\Psi - \Psi^k|$ 的偏导数,可以得到以下极值点:

$$\tilde{N} = \left(\frac{c_1 \mathcal{C}_0}{2 c_0 c_2} \right)^{2/3}, \qquad |\Psi - \tilde{\Psi}| = \frac{c_0}{\mathcal{C}_0} \left(\frac{c_1 \mathcal{C}_0}{2 c_0 c_2} \right)^{2/3} \tag{4.117}$$

将上述极值点代入总误差 [式 (4.105)] 之中,即可获得最优模型 Ψ^b 的采样误差和模型误差:

$$\mathcal{E}^{\mathrm{sam}} = \left(\frac{2 c_0 c_1^2 c_2}{\mathcal{C}_0} \right)^{1/3}, \qquad \mathcal{E}^{\mathrm{rep}} = \left(\frac{c_0 c_1^2 c_2}{4 \mathcal{C}_0} \right)^{1/3} \tag{4.118}$$

此时,该模型的预测误差最小值为

$$\mathcal{E}_{\mathrm{min}} = \left(\frac{9 c_0 c_1^2 c_2}{4 \mathcal{C}_0} \right)^{1/3} \tag{4.119}$$

需要注意的是,总误差 [式 (4.105)] 和计算成本 [式 (4.108)] 中的比例常数 c_0^k, c_1^k 和 c_2^k 与多保真模型密切相关。通常来说,大多数多保真模型会受到逼近模型种类 $s_k \in \{$ 插值, 回归, 物理简化, 投影 $\}$、模型参数数量 N_{par} 和模型自由度 N_{deg} 的影响。因此,可以将前述比例常数表示为函数 $c_i^k = c_i(s_k, N_{\mathrm{par}}^k, N_{\mathrm{deg}}^k)$,其中,$i = 1, 2, 3$ 且 $k = \mathrm{h}, \mathrm{l}$。虽然具有较高复杂度的模型对特殊的真实算子和应用场景有良好的拟合,但是其通用性也受到相应的限制,在其他场景下的预测精度并不绝对优秀。

为方便理解，考虑一个简单示例。假设两个复杂度不同的模型来自同一种类 s_k，并具有相同的自由度 $N_{\deg}$，两者仅在模型复杂度 N_{par}^k 上有所差异。例如，使用多项式作为多保真模型逼近真实算子时，基于同类多项式的多保真模型可由不同拟合阶数加以区别。令模型复杂性影响仿真成本但不影响采样误差，即 $c_0^k = c_0(N_{\text{par}}^k)$ 为递增函数。

在其余比例常数保持恒定的条件下，总误差 [式 (4.105)] 和计算成本 [式 (4.108)] 可表示为

$$\mathcal{E}(\Psi^k, N) = \frac{c_1}{\sqrt{N}} + c_2(N_{\text{par}}^k)|\Psi - \Psi^k| \tag{4.120}$$

$$\mathcal{C}(\Psi^k, N) = c_0(N_{\text{par}}^k)\frac{N}{|\Psi - \Psi^k|} \tag{4.121}$$

而总误差 $\mathcal{E}$ 与模型复杂度 N_{par}^k、计算成本 $\mathcal{C}_0$ 的关系如下：

$$\mathcal{E}(\Psi^k, \mathcal{C}_0) = \sqrt{\frac{c_0(N_{\text{par}}^k)}{\mathcal{C}_0}}\frac{c_1}{\sqrt{|\Psi - \Psi^k|}} + c_2(N_{\text{par}}^k)|\Psi - \Psi^k|, \quad k = \text{h, l} \tag{4.122}$$

此时，最佳模型将满足如下条件：

$$\Psi^b \triangleq \arg\min_{\Psi^k} \mathcal{E}(\Psi^k, \mathcal{C}_0), \quad k = \text{h, l} \tag{4.123}$$

图 4.5 展示了 3 种不同模型复杂度下总误差与计算成本之间的关系。其中，3 个模型的复杂度分别为 $N_{\text{par}}^h = 3$, $N_{\text{par}}^{l_1} = 2$, $N_{\text{par}}^{l_2} = 1$；取 $c_1 = 15$, $c_0^k = c_2^k = \sqrt{N_{\text{par}}^k}$, $|\Psi^{l_2} - \Psi| = 8$, $|\Psi^{l_1} - \Psi| = 4.3$, $|\Psi^h - \Psi| = 3$。3 个模型的选择可由计算成本转折点 $\mathcal{C}_1$ 和 $\mathcal{C}_2$ 来决定，如图 4.5 所示。当 $\mathcal{C}_0 \leqslant \mathcal{C}_1$ 时，低保真模型 Ψ^{l_2} 的预测误差最低；随着计算成本的增加，当 $\mathcal{C}_1 < \mathcal{C}_0 < \mathcal{C}_2$ 时，低保真模型 Ψ^{l_1} 是最佳选择；当计算成本进一步增加后，即当 $\mathcal{C}_0 \geqslant \mathcal{C}_2$ 时，高保真模型 Ψ^h 的精度更占优势，是最佳选择。

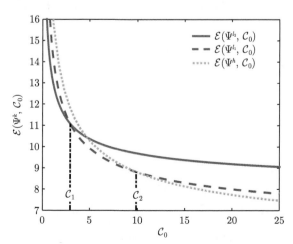

图 4.5　不同模型复杂度下模拟误差与计算成本的关系[18]

4.3.2 基于集合卡尔曼滤波的模型选择

第 4.3.1 节基于计算成本与精度分析了多保真模型的选择，指出高保真模型的预测结果（系统状态的均值、方差、概率密度函数等统计信息）具有相对较大的采样误差 $\mathcal{E}^{\text{sam}}$ 和相对较小的模型误差 $\mathcal{E}^{\text{rep}}$。本小节将在集合卡尔曼滤波框架下探讨多保真模型的选择方案。

系统状态 $\boldsymbol{u}$ 的预测更新需要依次经过模型预测和同化分析这两个步骤。在模型预测中，使用科尔莫戈罗夫-查普曼方程，根据时刻 t_i 的概率密度函数 $f_{\boldsymbol{u}_i|\boldsymbol{d}_i}$ 计算状态 $\boldsymbol{u}$ 在时刻 t_{i+1} 的条件概率密度函数 $f_{\boldsymbol{u}_{i+1}|\boldsymbol{d}_i}$：

$$f_{\boldsymbol{u}_{i+1}|\boldsymbol{d}_i} = \int_{\mathbb{R}^N} f_{\boldsymbol{u}_i|\boldsymbol{d}_i} f_{\boldsymbol{u}_{i+1}|\boldsymbol{u}_i} \mathrm{d}\boldsymbol{u}_i \tag{4.124}$$

接下来，基于观测数据 $\boldsymbol{d}_{i+1} = \{d_1, \cdots, d_{i+1}\}$ [式 (4.100)] 和先验概率密度函数 $f_{\boldsymbol{u}_{i+1})|\boldsymbol{d}_i}$，使用贝叶斯定理获得后验概率密度函数 $f_{\boldsymbol{u}_{i+1}|\boldsymbol{d}_{i+1}}$：

$$f_{\boldsymbol{u}_{i+1}|\boldsymbol{d}_{i+1}} = \frac{f_{\boldsymbol{d}_{i+1}|\boldsymbol{u}_{i+1}} f_{\boldsymbol{u}_{i+1}|\boldsymbol{d}_i}}{f_{\boldsymbol{d}_{i+1}|\boldsymbol{d}_i}} \tag{4.125}$$

在集合卡尔曼滤波框架下，系统状态可假设为正态分布随机变量：

$$\boldsymbol{u}_i|\boldsymbol{d}_i \sim \mathcal{N}(\boldsymbol{\mu}_i, \boldsymbol{C}_i), \quad \boldsymbol{u}_{i+1}|\boldsymbol{d}_i \sim \mathcal{N}(\hat{\boldsymbol{\mu}}_{i+1}, \hat{\boldsymbol{C}}_{i+1}), \quad \boldsymbol{u}_{i+1}|\boldsymbol{d}_{i+1} \sim \mathcal{N}(\boldsymbol{\mu}_{i+1}, \boldsymbol{C}_{i+1}) \tag{4.126}$$

因此，上述模型预测 [式 (4.124)] 和同化分析 [式 (4.125)] 中的概率密度函数可使用高斯分布进行近似估计。其中，式 (4.124) 中的 $f_{\boldsymbol{u}_i|\boldsymbol{d}_i} \mapsto f_{\boldsymbol{u}_{i+1}|\boldsymbol{d}_i}$ 可替换为 $(\boldsymbol{\mu}_i, \boldsymbol{C}_i) \mapsto (\boldsymbol{\mu}_{i+1}, \boldsymbol{C}_{i+1})$，则式 (4.125) 满足如下关系：

$$\exp\left[-\frac{1}{2}|\boldsymbol{u} - \boldsymbol{\mu}_{i+1}|^2_{\boldsymbol{C}_{i+1}}\right] \propto \exp\left[-\frac{1}{2}|\boldsymbol{d}_{i+1} - h(\boldsymbol{u})|^2_{\boldsymbol{\Gamma}} - \frac{1}{2}|\boldsymbol{u} - \hat{\boldsymbol{\mu}}_{i+1}|^2_{\hat{\boldsymbol{C}}_{i+1}}\right] \tag{4.127}$$

此处 $|\cdot|^2_A := |\cdot|^2 A^{-1}$。

可以使用最小方差估计处理非线性的多保真模型 Ψ^k [7]。为方便展示，假设观测算子为线性：$h(\boldsymbol{u}) = \boldsymbol{H}\boldsymbol{u}$，则式 (4.124) 可表示为最小化二次问题：

$$\boldsymbol{\mu}_{i+1} = \arg\min_{\boldsymbol{u}} \Phi(\boldsymbol{u}) \tag{4.128a}$$

$$\hat{\boldsymbol{\mu}}_{i+1} = \Psi(\boldsymbol{\mu}_i) + \boldsymbol{\xi}_i \tag{4.128b}$$

$$\Phi(\boldsymbol{u}) = \frac{1}{2}|\boldsymbol{d}_{i+1} - \boldsymbol{H}\boldsymbol{u}|^2_{\boldsymbol{\Gamma}} + \frac{1}{2}|\boldsymbol{u} - \hat{\boldsymbol{\mu}}_{i+1}|^2_{\hat{\boldsymbol{C}}_{i+1}} \tag{4.128c}$$

由此可以获得如下更新公式：

$$\boldsymbol{\mu}_{i+1} = (\boldsymbol{I} - \boldsymbol{K}_{i+1}\boldsymbol{H})\hat{\boldsymbol{\mu}}_{i+1} + \boldsymbol{K}_{i+1}\boldsymbol{d}_{i+1} \tag{4.129a}$$

$$\boldsymbol{K}_{i+1} = \hat{\boldsymbol{C}}_{i+1}\boldsymbol{H}^{\mathrm{T}}(\boldsymbol{H}\hat{\boldsymbol{C}}_{i+1}\boldsymbol{H}^{\mathrm{T}} + \boldsymbol{\Gamma})^{-1} \tag{4.129b}$$

上述流程框架可由算法 4.9 具体表示，其中，高斯近似过程和状态更新可以通过反复迭代求解实现。

算法 4.9　多保真模型集合卡尔曼滤波算法

---

1. 初始化

   当 $i = 0$ 时，根据初始状态为 $\boldsymbol{u}_0$ 的先验分布 $\boldsymbol{u}_0 \sim \mathcal{N}(\boldsymbol{\mu}_0, \boldsymbol{C}_0)$ 生成 N 个样本 $\boldsymbol{u}_0^{(n)}$（$n = 1, \cdots, N$）。

2. 状态预测

   - 当 $i = 1, 2, \cdots$ 且 $n = 1, \cdots, N$ 时，用高保真模型或低保真模型 Ψ^k 估计下一时刻的系统状态：

   $$\hat{\boldsymbol{u}}_{i+1}^{(n)} = \Psi^k(\tilde{\boldsymbol{u}}_i^{(n)}) + \boldsymbol{\xi}_i^{k(n)} \tag{4.130}$$

   - 计算模型预测值的均值和协方差：

   $$\hat{\boldsymbol{\mu}}_{i+1} = \frac{1}{N} \sum_{n=1}^{N} \hat{\boldsymbol{u}}_{i+1}^{(n)} \tag{4.131a}$$

   $$\hat{\boldsymbol{C}}_{i+1} = \frac{1}{N-1} \sum_{n=1}^{N} (\hat{\boldsymbol{u}}_{i+1}^{(n)} - \hat{\boldsymbol{\mu}}_{i+1})(\hat{\boldsymbol{u}}_{i+1}^{(n)} - \hat{\boldsymbol{\mu}}_{i+1})^{\mathrm{T}} \tag{4.131b}$$

3. 分析

   - 根据观测模型 [式 (4.100)]，令 $\boldsymbol{\eta}_{i+1} \sim \mathcal{N}(\boldsymbol{0}, \boldsymbol{\Gamma})$，可获取随机数据样本：

   $$\boldsymbol{d}_{i+1}^{(n)} = \boldsymbol{d}_{i+1} + \boldsymbol{\eta}_{i+1}^{(n)} \tag{4.132}$$

   - 根据式 (4.129) 计算卡尔曼增益 [注]：

   $$\boldsymbol{K}_{i+1} = \hat{\boldsymbol{C}}_{i+1} \boldsymbol{H}^{\mathrm{T}} (\boldsymbol{H} \hat{\boldsymbol{C}}_{i+1} \boldsymbol{H}^{\mathrm{T}} + \boldsymbol{\Gamma})^{-1} \tag{4.133}$$

   - 同化模型预测值 $\hat{\boldsymbol{u}}_{i+1}$ 和数据 $\boldsymbol{d}_{i+1}$ 以获得 N 个"分析状态" $\tilde{\boldsymbol{u}}_{i+1}$ 的粒子：

   $$\tilde{\boldsymbol{u}}_{i+1}^{(n)} = (\boldsymbol{I} - \boldsymbol{K}_{i+1} \boldsymbol{H}) \hat{\boldsymbol{u}}_{i+1}^{(n)} + \boldsymbol{K}_{i+1} \boldsymbol{d}_{i+1}^{(n)} \tag{4.134}$$

   注：卡尔曼增益可衡量数据噪声中不确定性对模型的影响。

对于完美的多保真模型，集合卡尔曼滤波算法的精度和稳定性已有较为细致全面的研究[19]。接下来将讨论实际应用中经常遇到的不完美模型情况，分析讨论其精度和收敛性质。

在集合卡尔曼滤波框架下，时刻 t_{i+1} 的系统状态的样本均值为

$$\boldsymbol{\mu}_{i+1} = \frac{1}{N} \sum_{n=1}^{N} \tilde{\boldsymbol{u}}_{i+1}^{(n)} \tag{4.135a}$$

将式 (4.134) 代入上式可得：

$$\boldsymbol{\mu}_{i+1} = (\boldsymbol{I} - \boldsymbol{K}_{i+1}\boldsymbol{H})\frac{1}{N}\sum_{n=1}^{N}\hat{\boldsymbol{u}}_{i+1}^{(n)} + \boldsymbol{K}_{i+1}\frac{1}{N}\sum_{n=1}^{N}\boldsymbol{d}_{i+1}^{(n)} \tag{4.135b}$$

$$= (\boldsymbol{I} - \boldsymbol{K}_{i+1}\boldsymbol{H})\frac{1}{N}\sum_{n=1}^{N}\left[\Psi^k(\tilde{\boldsymbol{u}}_i^{(n)}) + \boldsymbol{\xi}_i^{(n)}\right]$$

$$+ \boldsymbol{K}_{i+1}\frac{1}{N}\sum_{n=1}^{N}[\boldsymbol{H}\boldsymbol{u}_{i+1} + \boldsymbol{\eta}_{i+1} + \boldsymbol{\eta}_{i+1}^{(n)}] \tag{4.135c}$$

为简化表达，令 $\boldsymbol{A}_{i+1} := \boldsymbol{I} - \boldsymbol{K}_{i+1}\boldsymbol{H}$。

此时系统真实状态 $\boldsymbol{u}_{i+1}$ 可写为真实模型算子 $\Psi(\cdot)$ 的表达式：

$$\boldsymbol{u}_{i+1} = \boldsymbol{A}_{i+1}\Psi(\boldsymbol{u}_i) + \boldsymbol{K}_{i+1}\boldsymbol{H}\Psi(\boldsymbol{u}_i) \tag{4.136}$$

定义时刻 t_{i+1} 的系统状态误差为 ℓ_2 范数，即 $\mathcal{E}_{i+1} = \|\boldsymbol{\mu}_{i+1} - \boldsymbol{u}_{i+1}\|$，代入式 (4.135) 和式 (4.136) 可以得到：

$$\mathcal{E}_{i+1} = \left\| \boldsymbol{A}_{i+1}\left[\frac{1}{N}\sum_{n=1}^{N}\Psi^k(\tilde{\boldsymbol{u}}_i^{(n)}) - \Psi(\boldsymbol{u}_i)\right] + \frac{1}{N}\sum_{n=1}^{N}\left[\boldsymbol{A}_{i+1}\boldsymbol{\xi}_i^{(n)} + \boldsymbol{K}_{i+1}\boldsymbol{\eta}_{i+1}^{(n)}\right] + \boldsymbol{K}_{i+1}\boldsymbol{\eta}_i \right\| \tag{4.137}$$

令集合均值为

$$\bar{\boldsymbol{u}}_{i+1} := E(\Psi^k(\boldsymbol{u}_i|\boldsymbol{d}_i)) = \int_{\mathbb{R}^N}\Psi^k(\boldsymbol{u}_i')f_{\boldsymbol{u}_i|\boldsymbol{d}_i}(\boldsymbol{u}_i')\mathrm{d}\boldsymbol{u}_i' \tag{4.138}$$

则同化误差可进一步表示为

$$\mathcal{E}_{i+1} = \left\| \boldsymbol{A}_{i+1}\left[\frac{1}{N}\sum_{n=1}^{N}(\Psi^k(\tilde{\boldsymbol{u}}_i^{(n)}) - \bar{\boldsymbol{u}}_{i+1})\right] + \boldsymbol{A}_{i+1}\left[(\bar{\boldsymbol{u}}_{i+1} - \Psi^k(\boldsymbol{u}_i)) + (\Psi^k(\boldsymbol{u}_i) - \Psi(\boldsymbol{u}_i))\right] \right.$$

$$\left. + \frac{1}{N}\sum_{n=1}^{N}(\boldsymbol{A}_{i+1}\boldsymbol{\xi}_i^{(n)} + \boldsymbol{K}_{i+1}\boldsymbol{\eta}_{i+1}^{(n)}) + \boldsymbol{K}_{i+1}\boldsymbol{\eta}_i \right\| \tag{4.139a}$$

满足三角不等式：

$$\mathcal{E}_{i+1} \leqslant \mathcal{E}_{i+1}^{\mathrm{sam}} + \mathcal{E}_{i+1}^{\mathrm{rep}} + \mathcal{E}_{i+1}^{\mathrm{ini}} + \mathcal{E}_{i+1}^{\mathrm{dat}} \tag{4.139b}$$

其中，时刻 t_{i+1} 的采样误差 $\mathcal{E}_{i+1}^{\mathrm{sam}}$、模型误差 $\mathcal{E}_{i+1}^{\mathrm{rep}}$、初始误差 $\mathcal{E}_{i+1}^{\mathrm{ini}}$ 和观测误差 $\mathcal{E}_{i+1}^{\mathrm{dat}}$ 分别为

$$\mathcal{E}_{i+1}^{\mathrm{sam}} = \frac{1}{N}\|\boldsymbol{A}_{i+1}\sum_{n=1}^{N}(\Psi^k(\tilde{\boldsymbol{u}}_i^{(n)}) - \bar{\boldsymbol{u}}_{i+1})\| + \frac{1}{N}\|\sum_{n=1}^{N}[\boldsymbol{A}_{i+1}\boldsymbol{\xi}_i^n + \boldsymbol{K}_{i+1}\boldsymbol{\eta}_{i+1}^{(n)}]\| \tag{4.139c}$$

$$\mathcal{E}_{i+1}^{\mathrm{rep}} = \|\boldsymbol{A}_{i+1}(\Psi^k(\boldsymbol{u}_i) - \Psi(\boldsymbol{u}_i))\| \tag{4.139d}$$

$$\mathcal{E}_{i+1}^{\mathrm{ini}} = \|\boldsymbol{A}_{i+1}(\bar{\boldsymbol{u}}_{i+1} - \Psi^k(\boldsymbol{u}_i))\| \tag{4.139e}$$

$$\mathcal{E}_{i+1}^{\mathrm{dat}} = \|\boldsymbol{K}_{i+1}\boldsymbol{\eta}_{i+1}\| \tag{4.139f}$$

其中，令采样误差、模型误差和观测误差在整个时域内有界：

$$\sup_{i\in\mathbb{N}}\mathcal{E}_i^{\mathrm{sam}}=\mathcal{E}^{\mathrm{sam}}<+\infty,\qquad \sup_{i\in\mathbb{N}}\mathcal{E}_i^{\mathrm{rep}}=\mathcal{E}^{\mathrm{rep}}<+\infty,\qquad \sup_{i\in\mathbb{N}}\mathcal{E}_i^{\mathrm{dat}}=\mathcal{E}^{\mathrm{dat}}<+\infty \qquad (4.140)$$

如果 $A_{i+1}\Psi:\mathbb{R}^{N_u}\to\mathbb{R}^{N_u}$ 满足全局利普希茨条件（Lipschitz condition）：

$$\|A_{i+1}(\Psi(\mu_i)-\Psi(u_i))\|\leqslant c\mathcal{E}_i \qquad (4.141)$$

且在 ℓ_2 范数下存在常数 $c<1$ 使得线性化 $E(\Psi(u))\approx E(\Psi(\mu))$ 有界：

$$\|A_{i+1}(\bar{u}_{i+1}-\Psi(\mu_i))\|\leqslant\mathcal{E}^{\mathrm{avg}} \qquad (4.142)$$

此处为 $\mathcal{E}^{\mathrm{avg}}$ 线性化误差。由此可得初始误差的上界：

$$\mathcal{E}^{\mathrm{ini}}=\|A_{i+1}(\bar{u}_{i+1}-\Psi(\mu_i)+\Psi(\mu_i)-\Psi(u_i))\|\leqslant\mathcal{E}^{\mathrm{avg}}+c\mathcal{E}_i \qquad (4.143)$$

将上式代入式 (4.139b)：

$$\mathcal{E}_{i+1}\leqslant c\mathcal{E}_i+\mathcal{E}^{\mathrm{sam}}+\mathcal{E}^{\mathrm{rep}}+\mathcal{E}^{\mathrm{dat}}+\mathcal{E}^{\mathrm{avg}} \qquad (4.144)$$

根据离散时间格朗沃尔引理（Gronwall lemma），进一步整理式 (4.144) 可以得到同化结果的总收敛误差：

$$\limsup_{i\to+\infty}\mathcal{E}_i\leqslant\frac{\mathcal{E}^{\mathrm{sam}}+\mathcal{E}^{\mathrm{rep}}+\mathcal{E}^{\mathrm{dat}}+\mathcal{E}^{\mathrm{avg}}}{1-c} \qquad (4.145)$$

假设多保真模型为完美模型且呈线性，则模型误差和线性化误差均为 0，即 $\mathcal{E}^{\mathrm{rep}}=\mathcal{E}^{\mathrm{avg}}=0$。同时，令样本数量无限，则采样误差也为 0，即 $\mathcal{E}^{\mathrm{sam}}=0$。将上述信息代入同化结果的总收敛误差 [式 (4.145)]，可得：

$$\limsup_{i\to+\infty,N\to+\infty}\mathcal{E}_i\leqslant\frac{\mathcal{E}^{\mathrm{dat}}}{1-c} \qquad (4.146)$$

对于标准卡尔曼滤波，如果 μ_i' 表示状态 u_i 的整体平均值，其动力学过程由线性算子 $\Psi(\mu_i')=\psi\mu_i'$ 控制，则误差可写为

$$\begin{aligned}\mathcal{E}_{i+1}&=\|\mu_{i+1}'-u_{i+1}\|\\&=\|(I-K_{i+1}H)\psi(\mu_i'-u_i)+K_{i+1}(d_{i+1}-Hu_{i+1})\|\\&\leqslant\|(I-K_{i+1}H)\psi(\mu_i'-u_i)\|+\|K_{i+1}(d_{i+1}-Hu_{i+1})\|\\&=c\mathcal{E}_i+\|K_{i+1}\eta\|=c\mathcal{E}_i+\mathcal{E}^{\mathrm{dat}}\end{aligned} \qquad (4.147)$$

根据离散时间格朗沃尔引理，上述误差与同化结果的总收敛误差 [式 (4.146)] 一致。

接下来讨论观测数据质量对模型选择的影响。在观测数据存在的条件下，由式 (4.139) 可知采样误差 $\mathcal{E}^{\text{sam}}$ 和模型误差 $\mathcal{E}^{\text{rep}}$ 受 $I - K_{i+1}H$ 影响。令 $\boldsymbol{\alpha} \sim I - K_{i+1}H, \boldsymbol{\beta} \sim K_{i+1}$，且满足 $\boldsymbol{\alpha} + H\boldsymbol{\beta} = I$，代入误差模型 [式 (4.109)] 可得：

$$\mathcal{E}(\Psi^k, N|\boldsymbol{d}) = (\boldsymbol{\alpha}c_1 + \boldsymbol{\beta}c_3)/\sqrt{N} + \boldsymbol{\alpha}c_2|\Psi - \Psi^k| \tag{4.148}$$

初始误差 $\mathcal{E}^{\text{ini}}$ 对模型选择没有帮助，故不在此讨论。当观测误差较小（方差小）时，$\boldsymbol{\alpha} \leqslant I$ 且特征值较小，表明高质量观测数据对模型选择的影响程度较大。由此可知，随着观测数据质量的提高，同化结果会更接近于数据结果，此时模型复杂度的重要性下降。在每个时刻，集合卡尔曼滤波的计算成本包括模型预测和同化分析两个步骤产生的计算成本。其中，模型预测阶段的计算成本等价于 N 个前向算子求解的总运行时间，由式 (4.108) 给出；而同化分析步骤的运行时间和计算成本往往远远小于模型预测阶段，可以忽略不计。

在使用集合卡尔曼滤波进行数据同化时，惩罚函数 [式 (4.116)] 变为

$$\mathcal{L}(N, \Psi^k, \lambda|\boldsymbol{d}) = \mathcal{E}(\Psi^k, N|\boldsymbol{d}) + \lambda[\mathcal{C}(\Psi^k, N) - \mathcal{C}_0] \tag{4.149}$$

求上式中 $N, |\Psi - \Psi^k|$ 和 λ 的偏导数，令偏导数为 0 可以得到最优模型及其采样粒子数量：

$$|\Psi - \tilde{\Psi}_{\boldsymbol{d}}| = \frac{c_0}{\mathcal{C}_0}\left(\frac{\boldsymbol{\alpha}c_1\mathcal{C}_0}{2c_0c_2} + \frac{\boldsymbol{\beta}}{\boldsymbol{\alpha}}\frac{c_3\mathcal{C}_0}{2c_0c_2}\right)^{2/3}, \qquad \tilde{N}_{\boldsymbol{d}} = \left(\frac{\boldsymbol{\alpha}c_1\mathcal{C}_0}{2c_0c_2} + \frac{\boldsymbol{\beta}}{\boldsymbol{\alpha}}\frac{c_3\mathcal{C}_0}{2c_0c_2}\right)^{2/3} \tag{4.150}$$

至此，对于固定的计算成本 $\mathcal{C}_0$ 和一组已知的多保真模型 $\boldsymbol{\Psi} = \{\Psi^{\text{h}}, \Psi^{l_1}, \cdots, \Psi^{l_m}\}$，通过集合卡尔曼滤波同化观测数据，最佳的预测模型为

$$\Psi_{\boldsymbol{d}}^b \triangleq \arg\min_{\Psi^k \in \boldsymbol{\Psi}} \mathcal{E}(\Psi^k, \cdot|\boldsymbol{d}) \tag{4.151}$$

且满足以下条件：

$$\mathcal{E}(\Psi^k, \cdot|\boldsymbol{d}) = \sqrt{\frac{c_0}{\mathcal{C}_0}}\frac{\boldsymbol{\alpha}c_1 + \boldsymbol{\beta}c_3}{\sqrt{|\Psi - \Psi^k|}} + \boldsymbol{\alpha}c_2|\Psi - \Psi^k| \tag{4.152}$$

$$\mathcal{E}(\Psi_{\boldsymbol{d}}^b, \cdot|\boldsymbol{d}) \geqslant \mathcal{E}(\tilde{\Psi}_{\boldsymbol{d}}, \cdot|\boldsymbol{d}) \tag{4.153}$$

假设在某个时刻 t_i，通过对系统状态的 M 次采样，可以得到一个无偏数据集 $\{\boldsymbol{d}_{i,1}, \cdots, \boldsymbol{d}_{i,M}\}$，且其观测误差满足独立同分布的正态分布随机变量，即 $\boldsymbol{d}_{i,m} \sim \mathcal{N}(\bar{\boldsymbol{d}}_i, \boldsymbol{\Gamma})$。其中，$\bar{\boldsymbol{d}}_i = h(\boldsymbol{u}_i)$ 符合样本均值 [式 (4.100)]，误差变量服从强大数定律（定理 2.3）：

$$\hat{\boldsymbol{d}}_i = \frac{1}{M}\sum_{m=1}^{M}\boldsymbol{d}_{i,m}, \quad \sigma_{\boldsymbol{d}_i}^2 = \frac{\boldsymbol{\Gamma}}{M}, \quad P\left\{\lim_{M \to +\infty}\hat{\boldsymbol{d}}_i = h(\boldsymbol{u}_i)\right\} = 1 \tag{4.154}$$

可见，数据质量随着采样次数 M 的增加而提高。

将算法 4.9 分析步骤的观测值 d_{i+1} 替换为样本均值 $\hat{d}_{i+1}$，则随机数据样本 [式 (4.132)] 可表示为

$$d_{i+1}^{(n)} = \hat{d}_{i+1} + \hat{\eta}_{i+1}^{(n)}, \quad \hat{\eta}_{i+1} \sim \mathcal{N}(\mathbf{0}, \boldsymbol{\Gamma}/M) \tag{4.155}$$

卡尔曼增益 [式 (4.133)] 变为

$$\boldsymbol{K}_{i+1} = \hat{\boldsymbol{C}}_{i+1} \boldsymbol{H}^{\mathrm{T}} (\boldsymbol{H} \hat{\boldsymbol{C}}_{i+1} \boldsymbol{H}^{\mathrm{T}} + \boldsymbol{\Gamma}/M)^{-1} \tag{4.156}$$

由此可得：

$$\boldsymbol{I} - \boldsymbol{K}_{i+1} \boldsymbol{H} = \frac{\boldsymbol{\Gamma}}{M} (\boldsymbol{H} \hat{\boldsymbol{C}}_{i+1} \boldsymbol{H}^{\mathrm{T}} + \boldsymbol{\Gamma}/M)^{-1} \tag{4.157}$$

随着测量次数 M 的增加，$\boldsymbol{\beta}/\boldsymbol{\alpha} \sim M \hat{\boldsymbol{C}}_{i+1} \boldsymbol{H}^{\mathrm{T}}/\boldsymbol{\Gamma} > 0$ 也会增加。同时，从式 (4.150) 可知，$|\boldsymbol{\Psi} - \tilde{\boldsymbol{\Psi}}_d|$ 也会增加，即所允许的模型差异变大，最优模型的复杂度减小。从数据可用性出发，低保真模型在固定计算时间内可生成大量仿真样本粒子，减少采样误差。因此，高质量的数据将削弱模型复杂度对模型选择的影响，允许更低复杂度模型的使用。

4.3.3 应用示例：常微分方程

本小节将通过一个具体应用示例向读者展示上述模型选择方案的使用[18]。令 $u(t)$：$\mathbb{R}^+ \to \mathbb{R}^+$ 表示常微分方程系统的真实状态：

$$\frac{\mathrm{d}u}{\mathrm{d}t} = \alpha u, \qquad u(t=0) = \nu, \qquad t \in [0, T] \tag{4.158}$$

其中，$\alpha \in \mathbb{R}^+$ 为常数。该方程具有显式解析表达，解的数值离散表达为

$$u_{i+1} = u_i \mathrm{e}^{-\alpha \Delta t}, \qquad i = 0, 1, 2, \cdots, \qquad u_0 = \nu \tag{4.159}$$

通过调整离散时间步长 Δt 的大小，可以借助泰勒级数 $\mathrm{e}^{-\alpha \Delta t} \approx 1 + \alpha \Delta t$，生成一组多保真模型（标记为 k）用于近似真实解 [式 (4.159)]：

$$\hat{u}_{i+1}^k = \hat{u}_i^k (1 + \alpha \Delta t) + \xi_i^k, \qquad u_0 \sim \mathcal{N}(\mu_0, \sigma_0^2) \tag{4.160}$$

其中，$\xi_i^k \sim \mathcal{N}(0, \sigma_\xi^2)$ 为独立同分布的正态分布随机变量，用于表示不同多保真模型的模型误差。可以看出，当使用较小时间步长 Δt_h 时，泰勒级数的近似误差较小，该模型的复杂度高。反之，当使用较大时间步长时，$\Delta t_h < \Delta t_{l_1} < \Delta t_{l_2} < \cdots$，模型复杂度较低。在余下实验中，通过设置不同时间步长 $\Delta t_k \in \{0.001, 0.002, 0.005, 0.01, 0.015, 0.03\}$，共生成 6 个多保真模型。其中，$\Delta t = 0.001$ 对应高保真模型，其余为低保真模型。

在时刻 t_{i+1}，6 个模型均有观测数据，数学形式为

$$d_{i+1} = H u_{i+1} + \eta_{i+1} \tag{4.161}$$

其中，$\eta_i \sim \mathcal{N}(0, \sigma_\eta^2)$ 表示观测误差，为独立同分布的正态分布随机变量。在数值实验中，共有 33 处观测数据，时刻为 $\{0.09i\}(i = 1, 2, \cdots, 33)$。

计算成本 $\mathcal{C}(\Psi, N)$ 特指集合卡尔曼滤波在特定的时间步长 Δt 和样本数量 N 下的总运行时间 T_{run}：

$$\mathcal{C}(\Psi, N) = \mathcal{C}(\Delta t, N) = \frac{c_0 N}{|\mathrm{e}^{\alpha \Delta t} - (1 + \alpha \Delta t)|} \tag{4.162}$$

误差 $\mathcal{E}$ 为整个时域中 ℓ_1 范数下，同化结果与真实值之间差的平均值：

$$\mathcal{E}(\Delta t, N) = \frac{c_1}{N^{\alpha_1}} + c_2 |\mathrm{e}^{\alpha \Delta t} - (1 + \alpha \Delta t)| \tag{4.163}$$

图 4.6 展示了在不同样本数量和模型复杂度（时间步长）下，集合卡尔曼滤波的计算成本与总误差。其中，总仿真时间 $T = 3$，集合卡尔曼滤波采样粒子数量 N 分别设置为 5, 10, 20, 50, 100, 200, 500, 1000, 2000。为降低伪随机数生成器采样引起的误差影响，数据同化结果为同样设置下重复 30 次试验结果的均值。令 $\alpha = 1.5, \nu = 1, \mu_0 = 0, \sigma_0^2 = 1, H = 1$，计算成本和误差公式的参数 $\alpha_1 = 1$，比例常数 $c_0 = 8 \times 10^{-7}, c_1 = 1, c_2 = 2.5$。此外，为突出模型选择理论对结果的影响，模型误差与观测误差皆设为 0，即 $\sigma_\xi^2 = \sigma_\eta^2 = 0$。对于所有多保真模型，随着样本数量的增加，计算成本随之上升，而误差也相应减少，如图 4.6 所示。在相同样本数量下，高保真模型的计算成本最高，误差最小。

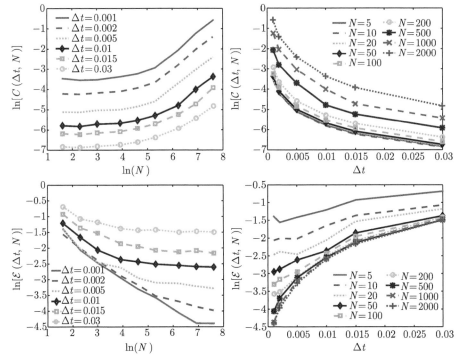

图 4.6　集合卡尔曼滤波的计算成本和总误差在不同样本数量和模型复杂度下的变化[18]

在计算固定成本下，$\Delta t_{l_k} = 0.005$ 的低保真模型具有最小的总误差 $\mathcal{E}(N)$。该误差由 30 次重复模拟计算得出，置信水平为 95%。图 4.7 展示了在计算成本 $\mathcal{C} = \mathcal{C}_0 = 1000c_0$ 时，该多保真模型的仿真误差 $\mathcal{E}$ 与样本数量 N 的关系：误差先随着样本数量的增加而迅速下降，在落至最低点后会逐渐上升，但上升幅度较为缓慢。

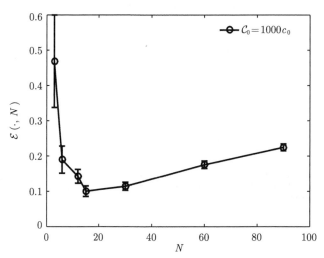

图 4.7　　低保真模型在固定计算成本下总误差与样本数量的关系[18]

4.4　集成式量化参数与模型不确定性

本节针对仿真模型的不确定性，分别在计算资源充足和计算资源有限的条件下，利用数据同化方法对模型不确定性进行量化。尽管数据采集技术不断改进更新，数据样本呈现海量式爆发，但是仿真系统中仍然会因测量精度、人为解释等因素的影响，长期存在着参数不确定性。因此，完整的系统仿真预测必须包含对模型不确定性和参数不确定性的有效量化。

本节将介绍一种集成式量化参数与模型不确定性的方法。该方法使用粒子滤波框架处理模型不确定性。通过生成一组有限的样本（粒子）表示系统状态的分布，在前向模型中将这些粒子传播，并在每个同化阶段对观测数据进行加权。不同于卡尔曼滤波及其衍生方法，粒子滤波可处理线性和非线性系统模型，以及正态分布和非正态分布的随机输入变量。同时，该方法采用广义多项式混沌法对参数不确定性进行量化。其中，系统的前向模型是由广义多项式混沌展开构成的代理模型，即随机加廖尔金法预测模型；在观测数据存在的时刻，该方法采用粒子滤波对前向模型中的多项式系数进行更新，从而同化系统状态。基于广义多项式混沌展开的收敛特性，该方法可有效降低由前向模型的非线性及其参数不确定性所带来海量计算成本。

观测数据可以是直接的观察值，也可以用随机配置法求解，分别发展出了两种算法：直接算法和配置算法。这与 Li 等人提出的方法[20]不同，他们提出的方法在集合卡尔曼滤波或贝叶斯滤波框架中使用广义多项式混沌法获得前向方程的解，而本节介绍的方法在粒子滤波框架中采用广义多项式混沌法，并通过同化观测值来更新广义多项式混沌展开系数从而更新系统状态。

4.4.1　基本概念

令 $u(\boldsymbol{x}, t)$ 为某目标系统在时间 $t \in (0, T]$ 和物理空间 $\boldsymbol{x} = (x_1, \cdots, x_\ell)\ (\ell = 1, 2, 3)$ 的状态，其动态演化过程由前向模型算子 $g(\cdot)$ 近似描述：

$$\begin{cases} \dfrac{\partial u(\boldsymbol{x}, t, \boldsymbol{z})}{\partial t} = g(u, \boldsymbol{z}, t), & D \times (0, T] \times \Omega \\ \mathcal{B}(u) = 0, & \partial D \times [0, T] \times \Omega \\ u = u_0, & D \times \{t = 0\} \times \Omega \end{cases} \tag{4.164}$$

其中，$g(\cdot), \mathcal{B}(\cdot)$ 表示边界条件运算符，u_0 为初始条件。前向模型中含 N_z 个随机参数，用向量 $\boldsymbol{z} = (z_1, \cdots, z_{N_z})\ (N_z \geqslant 1)$ 表示。

在特定节点 $\{\boldsymbol{z}^{(j)}\}_{j=1}^{N_c}$ 处，存在系统状态 $\boldsymbol{u}_d$ 含噪声的观测数据 $\boldsymbol{d} = (d^{(1)}, \cdots, d^{(N_c)})^{\mathrm{T}}$，满足：

$$\boldsymbol{d}(\boldsymbol{x}, t) = h\left(\boldsymbol{u}_d(\boldsymbol{x}, t)\right) + \boldsymbol{\eta}(\boldsymbol{x}, t) \tag{4.165a}$$

$$\boldsymbol{u}_d = (u(\boldsymbol{z}^{(1)}), \cdots, u(\boldsymbol{z}^{(N_c)}))^{\mathrm{T}}, \quad \boldsymbol{\eta} = (\eta^{(1)}, \cdots, \eta^{(N_c)})^{\mathrm{T}} \tag{4.165b}$$

此处的节点包含了时空和随机参数的事件空间 $(\boldsymbol{x}, t, \Omega)$ 的信息，即随机参数在特定取值和特定时间、位置的信息。运算符 h 描述观测数据与系统状态之间的线性或非线性关系，可由矩阵 $\boldsymbol{H}$ 表示。为简单起见，本节使用单位矩阵，即 $\boldsymbol{H} = \boldsymbol{I}$。

4.4.2　基于广义多项式混沌法和粒子滤波的不确定性量化框架

对于含有随机参数的前向模型 [式 (4.164)]，其系统状态不能仅依靠点信息 $u(\boldsymbol{x}, t, \boldsymbol{z})$ 进行量化，而是需要系统状态的概率分布提供全部统计信息。在观测数据 [式 (4.165)] 存在的条件下，数据同化的目标变为系统状态的条件概率 $P(u(\boldsymbol{x}, t, \boldsymbol{z})|\boldsymbol{d}(\boldsymbol{x}, t)))$。

本节介绍笔者所提出的广义多项式混沌法与粒子滤波相结合的不确定性量化框架。其中，广义多项式混沌法用于构建系统状态的分布信息，即将系统状态 $u(\boldsymbol{x}, t, \boldsymbol{z})$ 写为随机参数在随机空间下的有限项 N_o 阶展开：

$$u(\boldsymbol{x}, t, \boldsymbol{z}) \approx u_{N_o}(\boldsymbol{x}, t, \boldsymbol{z}) = \sum_{|\boldsymbol{i}|=0}^{N_o} v_{\boldsymbol{i}}(\boldsymbol{x}, t) \psi_{\boldsymbol{i}}(\boldsymbol{z}) \tag{4.166}$$

在粒子滤波框架下，系统状态 $u(\boldsymbol{x}, t, \boldsymbol{z})$ 的前向模型使用随机加廖尔金法。将其 $N_\circ$ 阶广义多项式混沌近似 [式 (4.166)] 代入随机微分方程 [式 (4.164)]，然后在等号两侧同时乘以 $\boldsymbol{\psi_k}$ ($|\boldsymbol{k}| = 0, \cdots, N$)，即可得到多项式系数 v_i 的前向模型方程组：

$$\begin{cases} E(\partial_t u_{N_\circ}(\boldsymbol{x}, t, \boldsymbol{z})\boldsymbol{\psi_k}(\boldsymbol{z})) = E(g(u_{N_\circ})\boldsymbol{\psi_k}(\boldsymbol{z})) \\ E(\mathcal{B}(u_{N_\circ})\boldsymbol{\psi_k}(\boldsymbol{z})) = 0 \\ v_{\boldsymbol{k}}(\boldsymbol{x}, t = 0) = E(u(\boldsymbol{x}, 0, \boldsymbol{z})) \end{cases} \tag{4.167}$$

令 $\boldsymbol{v} = \{v_{\boldsymbol{i}}\}_{|\boldsymbol{i}|=0}^{N_\circ} = (v_1, \cdots, v_{N_p})^{\mathrm{T}}$ 表示上述系数方程的所有多项式系数。

由广义多项式混沌展开的性质 [式 (3.92) 和式 (3.93)] 可知，多项式系数涵盖系统状态的统计信息。当其取值确定后，可根据广义多项式混沌展开 [式 (4.166)] 获取系统状态的概率密度函数。此时，原系统状态的更新可近似为多项式系数的同化，即将求解 $P(u(\boldsymbol{x}, t, \boldsymbol{z})|\boldsymbol{d}(\boldsymbol{x}, t))$ 转化为计算 $P(\boldsymbol{v}(\boldsymbol{x}, t)|\boldsymbol{d}(\boldsymbol{x}, t))$。因此，在粒子滤波中，原系统状态的随机加廖尔金模型 [式 (4.167)] 可写为如下时间离散形式：

$$\boldsymbol{v}_{t_i} = \boldsymbol{\Psi}(\boldsymbol{v}_{t_{i-1}}) + \boldsymbol{\xi}_{t_{j-1}} \tag{4.168}$$

其中，$\boldsymbol{\xi} = (\xi_1, \cdots, \xi_{N_p})^{\mathrm{T}}$ 表示前向模型误差。

在获得系统状态观测数据 [式 (4.165)] 的时刻下，对系统状态的广义多项式混沌展开系数 v_i 进行同化更新，从而获得系统状态的条件概率。其中，多项式系数可以通过直接算法或随机配置法获得。

直接算法具体可见第 3.3 节，根据式 (3.119) 和式 (3.120) 可得：

$$\boldsymbol{d}_{t_i} = \boldsymbol{A}^{\mathrm{T}} \boldsymbol{v}_{t_i} + \boldsymbol{\eta}_{t_i} \tag{4.169}$$

基于直接算法的粒子滤波算法框架如下。

算法 4.10   直接算法

1. 初始化

   - 对系统状态构建 $N_\circ$ 阶多项式展开 $u(\boldsymbol{x}, t, \boldsymbol{z}) \approx \sum_{|\boldsymbol{i}|=0}^{N_\circ} v_i(\boldsymbol{x}, t)\psi_i(\boldsymbol{z})$；

   - 当 $i = 0$ 时，根据初始分布生成 N 个具有相同权重的样本粒子：$\{\boldsymbol{v}\}_{n=1}^N = \left\{ v_1^{(n)}, v_2^{(n)}, \cdots, v_{N_p}^{(n)} \right\}_{n=1}^N$。

2. 前向预测

   当 $i = 1, 2, \cdots$ 时，对于每个样本粒子，根据前一时刻 t_{i-1} 的多项式混沌系数，用随机加廖尔金法 [式 (4.167)] 计算当前时刻的取值。

3. 重要性采样

- 根据观测模型 [式 (4.165)] 计算每个粒子的权重 $\hat{\omega}_i^{(n)} \propto P(\boldsymbol{d}_{t_i}|\boldsymbol{v}_{t_i}^{(n)}) \propto P(\boldsymbol{d}_{t_i} - \boldsymbol{H}\boldsymbol{A}\boldsymbol{v}_{t_i}^{(n)})$；
- 单位化粒子权重，令 $\tilde{\omega}_i^{(n)} \leftarrow \hat{\omega}_i^{(n)}/(\sum_{n=1}^{N} \hat{\omega}_i^{(n)})$。

4. 重新采样

　　根据粒子样本集合 $\{\boldsymbol{v}_{t_i}\}_{n=1}^{N}$ 和单位化权重 $\tilde{\omega}_i^{(n)}$，重新采样 N 个粒子集合。

5. 输出

　　计算当前时刻下广义多项式混沌展开系数，即粒子集合的样本均值 $\tilde{\boldsymbol{v}}_{t_i} = \sum_{n=1}^{N} \boldsymbol{v}_{t_i}^{(n)}/N$。

　　除了直接算法，也可以重新定义观测数据向量 [式 (4.169)]，根据广义多项式混沌法的随机配置法获得配置系数：

$$\boldsymbol{v}_{t_i}^d = (\boldsymbol{A}\boldsymbol{A}^{\mathrm{T}})^{-1}\boldsymbol{A}\boldsymbol{d}_{t_i} = \boldsymbol{v}_{t_i} + \boldsymbol{\epsilon}_{t_i} \tag{4.170}$$

　　在此框架下，随机配置法可以通过最小二乘法、插值法和压缩感知法等方法实现，其计算效率也依赖于实现方法。其中，最小二乘法易于理解和实现，而压缩感知法能解决配置点数量小于多项式系数的欠定问题，在很多现实情况下具有更高的实用性。综上所述，基于随机配置法的粒子滤波算法框架如下。

算法 4.11　随机配置法

1. 初始化

- 对系统状态构建 $N_\circ$ 阶多项式展开 $u(\boldsymbol{x}, t, \boldsymbol{z}) \approx \sum_{|\boldsymbol{i}|=0}^{N_\circ} v_{\boldsymbol{i}}(\boldsymbol{x}, t)\boldsymbol{\psi}_{\boldsymbol{i}}(\boldsymbol{z})$；
- 当 $i = 0$ 时，根据初始分布生成 N 个具有相同权重的样本粒子 $\{\boldsymbol{v}\}_{n=1}^{N} = \left\{v_1^{(n)}, v_2^{(n)}, \cdots, v_{N_p}^{(n)}\right\}_{n=1}^{N}$。

2. 前向预测

　　当 $i = 1, 2, \cdots$ 时，对于每个样本粒子，根据前一时刻 t_{i-1} 的多项式混沌系数，用随机配置法 [式 (4.170)] 计算当前时刻的取值。

3. 重要性采样

- 根据观测值和观测噪声的概率分布计算每个粒子权重 $\hat{\omega}_i^{(n)} \propto P(\boldsymbol{d}_{t_i}|\boldsymbol{v}_{t_i}^{(n)}) \propto P(\boldsymbol{v}_{t_i}^d - \boldsymbol{v}_{t_i}^{(n)})$；
- 单位化粒子权重，令 $\tilde{\omega}_i^{(n)} \leftarrow \hat{\omega}_i^{(n)}/(\sum_{n=1}^{N} \hat{\omega}_i^{(n)})$。

4. 重新采样

　　根据样本集合 $\{\boldsymbol{v}_{t_i}\}_{n=1}^{N}$ 和单位化权重 $\tilde{\omega}_i^{(n)}$，重新采样 N 个粒子集合。

5. 输出

　　计算当前时刻下广义多项式混沌展开系数，即粒子集合的样本均值 $\tilde{\boldsymbol{v}}_{t_i} = \sum_{n=1}^{N} \boldsymbol{v}_{t_i}^{(n)}/N$。

　　在一定条件下，直接算法与随机配置法等价。在直接算法中，"完美"的观测数据 $\boldsymbol{d}_{t_i}$ 与系统预测数据 $\boldsymbol{A}^{\mathrm{T}}\boldsymbol{v}_{t_i}$ 之间的误差为广义多项式混沌展开的投影误差。如果将其表示为正态分布的随机变量：

$$\boldsymbol{\eta} = (\eta^{(1)}, \cdots, \eta^{(N_c)})^T \in \mathbb{R}^{N_c} \quad , \qquad \eta_i \sim \mathcal{N}(0, \sigma_\eta^2), i = 1, \cdots, N_c \tag{4.171}$$

则直接算法中的重要性采样可写为

$$\omega_i^{(n)} \propto P(\boldsymbol{d}_i - \boldsymbol{A}^{\mathrm{T}} \boldsymbol{v}_i^{(n)}) \propto \exp\left[-\boldsymbol{\eta} \circ \boldsymbol{\eta}/2\sigma_\eta^2\right] \tag{4.172}$$

此处 ∘ 表示阿达马积（Hadamard product）。

在随机配置法中，如果使用最小二乘法，可得 $\boldsymbol{v}_i^d = \left(\boldsymbol{A}\boldsymbol{A}^{\mathrm{T}}\right)^{-1} \boldsymbol{A}\boldsymbol{d}_i$。假设其插值误差为高斯噪声，即 $\boldsymbol{\epsilon} \sim \mathcal{N}(0, \sigma_\epsilon^2)$，则随机配置法的重要性采样可表示为

$$\begin{aligned}
\omega_i^{(n)} &\propto P(\boldsymbol{v}_{t_i}^d - \boldsymbol{v}_{t_i}^{(n)}) \\
&\propto \exp\left[-\left(\boldsymbol{v}_{t_i}^d - \boldsymbol{v}_{t_i}^{(n)}\right) \circ \left(\boldsymbol{v}_{t_i}^d - \boldsymbol{v}_{t_i}^{(n)}\right)/2\sigma_\epsilon^2\right] \\
&= \exp\left\{-\left[\left(\boldsymbol{A}\boldsymbol{A}^{\mathrm{T}}\right)^{-1} \boldsymbol{A}\left(\boldsymbol{d}_i t_i - \boldsymbol{A}^{\mathrm{T}} \boldsymbol{v}_{t_i}^{(n)}\right)\right] \circ \right. \\
&\qquad \left. \left[\left(\boldsymbol{A}\boldsymbol{A}^{\mathrm{T}}\right)^{-1} \boldsymbol{A}\left(\boldsymbol{d}_{t_i} - \boldsymbol{A}^{\mathrm{T}} \boldsymbol{v}_{t_i}^{(n)}\right)\right]/2\sigma_\epsilon^2\right\}
\end{aligned} \tag{4.173}$$

可以看出，当满足以下条件时，直接算法的重要性采样 [式 (4.172)] 与随机配置法的重要性采样 [式 (4.173)] 相等：

$$\sigma_\eta^{-1} \boldsymbol{I} = \left[\left(\boldsymbol{A}\boldsymbol{A}^{\mathrm{T}}\right)^{-1} \boldsymbol{A}\right] \sigma_\epsilon^{-1} \boldsymbol{I} \tag{4.174}$$

此时两种算法的同化结果等效。

前述集成式量化方法的估计误差不仅来源于模型和数据，也在一定程度上受到粒子采样数量的影响。其中，模型误差来源于广义多项式混沌展开的有限截断以及数值求解格式的选取；而观测误差则来源于数据自身的测量以及求解多项式系数所用的数值方法。接下来将分别讨论这些误差，并讨论整体算法的收敛效果。

令 $u(t, \boldsymbol{z})$ 为系统状态，其时间演化由以下控制系统表示：

$$\frac{\mathrm{d}u(t, \boldsymbol{z})}{\mathrm{d}t} = g(t, u, \boldsymbol{z}) \tag{4.175}$$

其中，$g(t, u)$ 代表系统算子，$\boldsymbol{z}$ 为系统随机参数。该系统状态和随机参数的广义多项式混沌展开可以表示为

$$u(t, \boldsymbol{z}) = \sum_{k=0}^{+\infty} \hat{u}_k(t) \boldsymbol{\psi}_k(\boldsymbol{z}), \qquad \boldsymbol{z} = \sum_{k=0}^{+\infty} \hat{z}_k(t) \boldsymbol{\psi}_k(\boldsymbol{z}) \tag{4.176}$$

$\boldsymbol{\psi}_k(\boldsymbol{z})$ 代表随机参数 $\boldsymbol{z}$ 对应的正交多项式。

将上述多项式展开代入系统方程 [式 (4.176)]，等号两侧同时乘以正交多项式 $\boldsymbol{\psi}_j(\boldsymbol{z})$ $(j = 0, 1, 2, \cdots)$。此时，每个多项式的乘积结果均为随机参数 $\boldsymbol{z}$ 的函数。对其等号两侧分别取数学期望，则可以得到一组关于多项式系数的控制方程：

$$
E\left(\sum_{k=0}^{+\infty} \frac{\partial \hat{u}_k(t)}{\partial t} \boldsymbol{\psi}_k(\boldsymbol{z})\boldsymbol{\psi}_j(\boldsymbol{z})\right) = E\left(g\left(t, \sum_{k=0}^{+\infty} \hat{u}_k(t)\boldsymbol{\psi}_k(\boldsymbol{z}), \sum_{k=0}^{+\infty} \hat{z}_k(t)\boldsymbol{\psi}_k(\boldsymbol{z})\right)\boldsymbol{\psi}_j(\boldsymbol{z})\right)
$$
(4.177)

根据广义多项式混沌展开的正交特性，上式可以简化为

$$
\frac{\partial \hat{u}_j(t)}{\partial t} = E\left(g\left(t, \sum_{k=0}^{+\infty} \hat{u}_k(t)\boldsymbol{\psi}_k(\boldsymbol{z}), \sum_{k=0}^{+\infty} \hat{z}_k(t)\boldsymbol{\psi}_k(\boldsymbol{z})\right)\boldsymbol{\psi}_j(\boldsymbol{z})\right)
$$
(4.178)

如果使用一阶前向欧拉格式，则广义多项式混沌展开的系数可以通过以下数值形式进行计算：

$$
\hat{u}_j(t_{i+1}) = \hat{u}_j(t_i) + \Delta t E\left(g\left(t, \sum_{k=0}^{+\infty} \hat{u}_k(t)\boldsymbol{\psi}_k(\boldsymbol{z}), \sum_{k=0}^{+\infty} \hat{z}_k(t)\boldsymbol{\psi}_k(\boldsymbol{z})\right)\boldsymbol{\psi}_j(\boldsymbol{z})\right) + \epsilon_m(t_i)
$$
(4.179)

其中，ϵ_m 为前向欧拉格式的数值误差。至此，对于 N_p 阶有限项的广义多项式混沌展开，其系数在时刻 t_{i+1} 的模型误差可以表示为

$$
\begin{aligned}
\xi_j(t_{i+1}) = \xi_j(t_i) &+ \Delta t E\left(g\left(t, \sum_{k=0}^{+\infty} \hat{u}_k(t)\boldsymbol{\psi}_k(\boldsymbol{z}), \sum_{k=0}^{+\infty} \hat{z}_k(t)\boldsymbol{\psi}_k(\boldsymbol{z})\right)\boldsymbol{\psi}_j(\boldsymbol{z})\right] \\
&- g\left(t, \sum_{k=0}^{N_p} \hat{u}_k(t)\boldsymbol{\psi}_k(\boldsymbol{z}), \sum_{k=0}^{N_p} \hat{z}_k(t)\boldsymbol{\psi}_k(\boldsymbol{z})\right)\boldsymbol{\psi}_j(\boldsymbol{z}) + \epsilon_m(t)
\end{aligned}
$$
(4.180)

其他数值格式下的模型误差可参考以上步骤获得。

令 η 为数据观测在时刻 j 的固有误差，$d^{(j)} = u(\boldsymbol{z}^{(j)}) + \eta$。如果使用随机配置法将观测数据转化为多项式的系数信息 $\boldsymbol{v}^d$，则会引入相关数值方法的计算误差。以数值积分方法为例，式 (4.170) 中总观测误差 $\epsilon_{t_i} = \left(\epsilon_d^{(k)}\right)_{|k|=0}^{N_p}$ 由插值误差和积分误差组成：

$$
\epsilon_d^{(|k|)}(t) = \frac{\sum_{j>N_o}^{+\infty} \hat{u}[\boldsymbol{\psi}_j, \boldsymbol{\psi}_k]_w}{E(\boldsymbol{\psi}_k^2(\boldsymbol{z}))} + \sum_{j=1}^{N_p} \eta\boldsymbol{\psi}_k(\boldsymbol{z}^{(j)})w(\boldsymbol{z}^{(j)}), \qquad |k| = 0, \cdots, N_p
$$
(4.181)

上式等号右侧的第一项为失真误差，$[\cdot, \cdot]_w$ 为配置网格的离散内积，第二项为积分法则误差，w 为积分法则下的权重系数。可以看出，观测误差会随着多项式阶数的增加而逐渐增大。

接下来引入测度 $\mathcal{P}$ 表示粒子滤波的误差。为方便表达，将 $\boldsymbol{v}_{t_i}^d$ 记作 $\boldsymbol{v}_i^d$，并定义 $\mathcal{P}_i$ 为时刻 t_i 下条件密度 $P(\boldsymbol{v}_i^d|\boldsymbol{d}_{1:i})$ 的概率测度，$\hat{\mathcal{P}}_{i+1}$ 为时刻 t_{i+1} 下条件密度 $P(\boldsymbol{v}_{i+1}^d|\boldsymbol{d}_{1:i})$ 的

概率测度。那么，真实过程可以表示为马尔可夫过程，满足如下公式：

$$\mathcal{P}_{i+1} = L_i P \mathcal{P}_i, \quad \mathcal{P}_0 \sim \mathcal{N}(\mu_0, C_0) \tag{4.182}$$

其中，P 代表马尔可夫过程从当前时刻的移动，L_i 为贝叶斯公式中的似然函数。

在粒子滤波中，测度 $\mathcal{P}$ 由 N 个有限样本进行近似，即 $\mathcal{P} \rightarrow \mathcal{P}^N$。令 $\{\boldsymbol{v}^{(n)}\}_{n=1}^N$ 为 $\mathcal{P}$ 的 N 个采样结果，$\delta(\cdot)$ 为狄拉克函数，则样本近似可以写为

$$\mathcal{P}^N = \frac{1}{N} \sum_{n=1}^N \delta(\mathcal{P} - \mathcal{P}^N) \tag{4.183}$$

代入式 (4.182)，可以得到：

$$\mathcal{P}_{i+1}^N = L_i S^N P \mathcal{P}_i^N, \quad \mathcal{P}_0^N \sim \mathcal{N}(\mu_0, C_0) \tag{4.184}$$

当样本数量趋于无穷时，有限样本近似与真实过程的均方根误差可写为

$$\text{dist}(\mathcal{P}_{i+1}^N, \mathcal{P}_{i+1}) := \sup \sqrt{E(|\mathcal{P}_{i+1}^N - \mathcal{P}_{i+1}|^2)} \leqslant \sum_{i=1}^T (2\kappa^{-2})^i \frac{1}{\sqrt{N}}, \qquad N \rightarrow +\infty \tag{4.185}$$

其中，T 为总时间步长，$\kappa \in (0, 1]$ 为满足下式的实数[7]：

$$\kappa \leqslant P(\boldsymbol{d}_{i+1}|\boldsymbol{v}_{i+1}^d) \leqslant \kappa^{-1} \tag{4.186}$$

令 $\bar{\boldsymbol{v}}_i \equiv \bar{\boldsymbol{v}}_i = (\bar{v}_1, \cdots, \bar{v}_{N_p})_i = \int_\Omega \boldsymbol{v}_i^d \mathcal{P}(\mathrm{d}\boldsymbol{v}_i^d)$ 表示时刻 t_i 同化后广义多项式混沌展开的系数均值。根据标准卡尔曼滤波，同化结果为

$$\bar{\boldsymbol{v}}_{i+1} = (\boldsymbol{I} - \boldsymbol{K}_{i+1} \boldsymbol{H}) \boldsymbol{G} \bar{\boldsymbol{v}}_i + \boldsymbol{K}_{i+1} \boldsymbol{v}_{i+1}^d \tag{4.187}$$

如果 $(\boldsymbol{I} - \boldsymbol{K}_{i+1} \boldsymbol{H}) \boldsymbol{G}$ 在 ℓ_2 范数下满足全局利普希茨条件，则存在实数 $\gamma < 1$，使得 $\|(\boldsymbol{I} - \boldsymbol{K}_{i+1} \boldsymbol{H}) \boldsymbol{G}\| \leqslant \gamma$。由格朗沃尔引理可以得到同化后广义多项式混沌展开的系数均值与真实系数之间的误差上限：

$$\lim_{i \rightarrow +\infty} \sup \|\bar{\boldsymbol{v}}_i - \hat{\boldsymbol{u}}_i\| \leqslant \frac{\beta}{1-\gamma} \epsilon_{\max} \tag{4.188}$$

其中，$\beta = \sum_{j=1}^i (2K_j^{-2})^j$ 为实数，$\epsilon_{\max}$ 为时刻 t_i 下通过数据观测得到的多项式系数与真实系数之间的误差，即 $\epsilon_{\max} = \sup |\boldsymbol{v}_i^d - \hat{\boldsymbol{u}}_i|$ $(i = 1, 2, \cdots)$。

假设式 (4.168) 为线性高斯模型，$\boldsymbol{\Psi}(\boldsymbol{v}_i^d) = \boldsymbol{G} \boldsymbol{v}_i^d$。粒子滤波在时刻 t_i 下广义多项式混沌展开系数样本的均值向量为

$$\boldsymbol{\mu}_i = (\mu_1, \cdots, \mu_{N_p})_i = \frac{1}{N} \sum_{n=1}^N \boldsymbol{v}_i^d \delta(\boldsymbol{v}_i^d - \boldsymbol{v}_i^{(n)}) \tag{4.189}$$

至此，数据同化后所得的系统状态估计 $\sum_{k=0}^{N_p} \mu_k(\boldsymbol{x},t)\boldsymbol{\psi}_k(\boldsymbol{z})$ 与真实状态 u 之间的误差上限可以表示为

$$
\left\| u(t,\boldsymbol{z}) - \sum_{k=0}^{N_p} \mu_k(t)\boldsymbol{\psi}_k(\boldsymbol{z}) \right\|_{l_\Omega^2}^2 \leqslant \left\| u(t,\boldsymbol{z}) - \sum_{k=0}^{N_p} \hat{u}_k(t)\boldsymbol{\psi}_k(\boldsymbol{z}) \right\|_{l_\Omega^2}^2
$$

$$
+ \left\| \sum_{k=0}^{N_p} \hat{u}_k(t)\boldsymbol{\psi}_k(\boldsymbol{z}) - \sum_{k=0}^{N_p} \bar{v}_k(t)\boldsymbol{\psi}_k(\boldsymbol{z}) \right\|_{l_\Omega^2}^2 + \left\| \sum_{k=0}^{N_p} \bar{v}_k(t)\boldsymbol{\psi}_k(\boldsymbol{z}) - \sum_{k=0}^{N_p} \mu_k(t)\boldsymbol{\psi}_k(\boldsymbol{z}) \right\|_{l_\Omega^2}^2
$$

$$
\leqslant cN_p^{-\alpha} + \frac{\beta N_p}{1-\gamma}\epsilon_{\max} + \alpha \frac{N_p}{\sqrt{N}} \tag{4.190}
$$

不等式右侧的第一项为有限项广义多项式混沌展开的截断误差；第二项表示卡尔曼滤波同化后的误差；第三项为滤波中有限粒子的采样误差，且受到蒙特卡洛采样误差上界 $\alpha/\sqrt{N}$ 的影响。由式 (4.190) 可知，随着粒子滤波采样数量 N 的增加、多项式的阶数 N_p 的上升和数据观测误差 $\epsilon_{\max}$ 的减少，系统状态估计误差将趋于 0。

4.4.3 应用示例：传染病模型

本小节将以一个由常微分方程组构成的随机系统为例，向读者展示前述集成式量化算法的使用与效果。感兴趣的读者可查阅参考文献 [21] 来获取更详细的信息。该示例选用无量纲化的传染病动力学模型系统，含有 3 个随时间变化的状态 $S(t), I(t), R(t)$：

$$
\frac{\mathrm{d}S}{\mathrm{d}t} = -\alpha SI \tag{4.191a}
$$

$$
\frac{\mathrm{d}I}{\mathrm{d}t} = \alpha SI - I \tag{4.191b}
$$

$$
\frac{\mathrm{d}R}{\mathrm{d}t} = I \tag{4.191c}
$$

其中，$\alpha \sim U[0.1, 10]$ 为服从均匀分布的随机变量。3 个系统状态在初始时刻均为随机变量，且满足均匀分布：

$$
\begin{cases}
S(t=0) \sim U[0.01, 0.47] \\
I(t=0) \sim U[0.01, 0.47] \\
R(t=0) \sim U[0.02, 0.98]
\end{cases} \tag{4.192}
$$

上述模型也被称为简化的克马克-麦肯德里克模型（Kermack-McKendrick model）[22]，用于描述封闭人群中，易感染人群（susceptible people，记作 S）、感染人群（infected people，记作 I）和康复人群（recovered people，记作 R）的数量变化过程。

从式 (4.191) 可以看出，对于固定数量的封闭人群，3 个状态在任意时刻满足守恒定律，即 $S(t) + R(t) + I(t) = 1$。换言之，该状态系统可由 3 个常微分方程简化为两个耦合系统。随机参数的数量也从 4 个缩减为 3 个，即 $\boldsymbol{z} = (\alpha, S(0), I(0))$。

通过 N_o 阶广义多项式混沌展开近似缩减后的系统状态 $S(t, \boldsymbol{z})$ 和 $I(t, \boldsymbol{z})$ 可表示为

$$S \approx S_{N_o}(t, \boldsymbol{z}) = \sum_{|\boldsymbol{i}|=0}^{N_o} \hat{S}_{\boldsymbol{i}}(t) \boldsymbol{\psi}_{\boldsymbol{i}}(\boldsymbol{z}) \tag{4.193a}$$

$$I \approx I_{N_o}(t, \boldsymbol{z}) = \sum_{|\boldsymbol{i}|=0}^{N_o} \hat{I}_{\boldsymbol{i}}(t) \boldsymbol{\psi}_{\boldsymbol{i}}(\boldsymbol{z}) \tag{4.193b}$$

此处 $\boldsymbol{\psi}_{\boldsymbol{i}}(z)$ 为均匀分布随机向量 $\boldsymbol{z}$ 所对应的勒让德多项式张量。

通过随机加廖尔金法，可以构建系统状态广义多项式混沌展开 [式 (4.193)] 系数的前向模型 $\hat{S}_{|\boldsymbol{k}|}$ 和 $\hat{I}_{|\boldsymbol{k}|}$ ($|\boldsymbol{k}| = 0, 1, \cdots, N_o$)：

$$E\left(\boldsymbol{\psi}_{|\boldsymbol{k}|}^2\right) \frac{\mathrm{d}\hat{S}_{|\boldsymbol{k}|}}{\mathrm{d}t} = -\sum_{|\boldsymbol{i}|=0}^{N_o} \sum_{|\boldsymbol{j}|=0}^{N_o} \hat{S}_{|\boldsymbol{i}|} \hat{I}_{|\boldsymbol{j}|} E\left(\alpha \boldsymbol{\psi}_{|\boldsymbol{i}|} \boldsymbol{\psi}_{|\boldsymbol{j}|} \boldsymbol{\psi}_{|\boldsymbol{k}|}\right) \tag{4.194a}$$

$$E\left(\boldsymbol{\psi}_{|\boldsymbol{k}|}^2\right) \frac{\mathrm{d}\hat{I}_{|\boldsymbol{k}|}}{\mathrm{d}t} = \sum_{|\boldsymbol{i}|=0}^{N_o} \sum_{|\boldsymbol{j}|=0}^{N_o} \hat{S}_{|\boldsymbol{i}|} \hat{I}_{|\boldsymbol{j}|} E\left(\alpha \boldsymbol{\psi}_{|\boldsymbol{i}|} \boldsymbol{\psi}_{|\boldsymbol{j}|} \boldsymbol{\psi}_{|\boldsymbol{k}|}\right) - E\left(\boldsymbol{\psi}_{|\boldsymbol{k}|}^2\right) \hat{I}_{|\boldsymbol{k}|} \tag{4.194b}$$

在数值模拟中，令 $N = 1000$，即系统状态的真实结果由 1000 次蒙特卡洛仿真求解获得。对于两个系统状态的广义多项式混沌展开 [式 (4.193)]，将其截断阶数设为 $N_o = 8$。为提高计算效率，此处采用了双曲型交叉多项式[23]，将多项式展开系数的总量从 $\binom{8+3}{3} = 165$ 个减少为 44 个。前向模型 [式 (4.194)] 的计算方法为四阶龙格-库塔法。在每个时间步长 $\Delta t = 0.01$ 中，将广义多项式混沌展开系数的模型误差设为高斯噪声，服从 $\mathcal{N}(0, 0.00005^2)$。观测数据由前述 1000 次蒙特卡洛仿真结果和服从 $\mathcal{N}(0, 0.001^2)$ 的噪声扰动所组成。在这些数据的基础上，可以通过直接算法 4.9 求解广义多项式混沌展开的系数。

该示例采用了 1000 个粒子样本对 44 个广义多项式混沌展开的系数进行同化。图 4.8 展示了 3 个系统状态在 $t = 3.5$ 和 $t = 5$ 时刻的边缘概率密度函数 P_S、P_I 和 P_R。每张图均包含了由前向模型预测、数据同化和"真实状态"（通过 1000 次蒙特卡洛仿真所得）所对应的概率密度函数。可以看出，数据同化后的状态估计较未同化的结果更接近"真实状态"。而易感人群在两个时刻下概率密度函数 $P_S(S^*; t = 3.5)$ 和 $P_S(S^*; t = 5)$ 的相似性，也表明这类人群正在趋近稳定状态。需要注意的是，图 4.8 中存在着一些不符合物理特性的解。例如，在某些时刻下 3 种人群有一定可能性取负值，即 $P_S(S^* \leqslant 0; t)$、$P_I(I^* \leqslant 0; t)$ 和 $P_R(R^* \leqslant 1; t)$ 大于 0。这些源于模型预测的问题可能会导致最终同化结果与真实状态之间存在误差，需要引入额外的物理约束进行纠正。

本章面向模型不确定性量化，介绍了以卡尔曼滤波为代表的数据同化方法。通过有限的时序观测数据，对模型预测结果进行动态修正，从而减少模型自身不确定性和观测数据不确定性对系统状态估计的影响。数据同化也是一种数值控制方法，经过半个多世纪的发展已在现代天气预报、导航、无人驾驶等领域中被广泛应用。

本章所介绍的以贝叶斯滤波为基础的卡尔曼滤波、扩展卡尔曼滤波、集合卡尔曼滤波和粒子滤波各具特点，可处理不同类型的系统模型和不确定性，如表 4.1 所示。其中，以卡尔曼滤波为代表的 3 种数据同化框架主要面向含有高斯噪声的系统模型，而粒子滤波可处理任意概率分布的模型不确定性。另一方面，集合卡尔曼滤波和粒子滤波均需生成大量样本，且后者可能存在粒子衰减问题，会对同化结果产生较大影响。

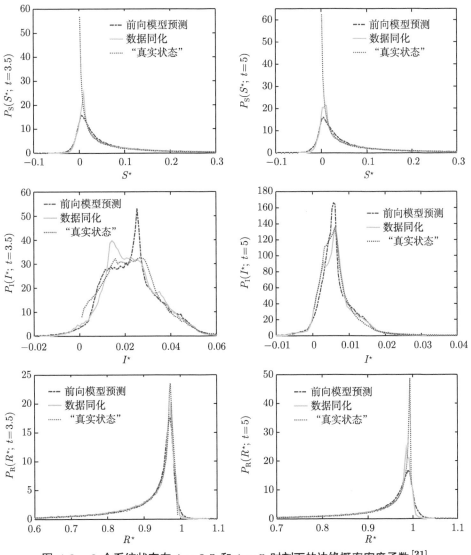

图 4.8　3 个系统状态在 $t = 3.5$ 和 $t = 5$ 时刻下的边缘概率密度函数[21]

表 4.1　卡尔曼滤波、扩展卡尔曼滤波、集合卡尔曼滤波和粒子滤波对比

比较内容	卡尔曼滤波	扩展卡尔曼滤波	集合卡尔曼滤波	粒子滤波
初始化步骤	分析状态和误差协方差	分析状态和误差协方差	分析状态集合采样和误差协方差	分析状态集合采样和误差协方差
预测步骤	预测状态和误差协方差	预测状态和误差协方差	预测状态集合和误差协方差	预测状态集合和误差协方差
分析步骤	同化数据和模型，分析状态和误差协方差	同化数据和模型，分析状态和误差协方差	同化数据和模型，分析状态集合和误差协方差	同化数据和模型重采样，分析状态集合
应用场景	线性、高斯分布	非线性、高斯分布	非线性、高斯分布	非线性、高斯分布、非高斯分布
技术区别	泰勒展开一阶近似	泰勒展开一阶近似	蒙特卡洛采样	重要性采样

在卡尔曼滤波、扩展卡尔曼滤波、集合卡尔曼滤波和粒子滤波的基础上，本章介绍了一种可对多个候选模型的预测数据进行修正的算法框架。不同于单一模型的数据同化算法，此类多预测模型数据同化框架融合了来自多个候选模型的预测数据，可有效量化由模型选择引起的不确定性，降低其对系统状态估计的影响。但是，模型预测往往会涉及海量的计算仿真。因此，多预测模型数据同化框架较适用于计算资源充足的情况。

在计算资源有限的情况下，本章通过系统性定义模型的计算成本和精度，介绍了多保真模型的选取方案。该方案基于对模型误差、采样误差和观测误差等预测误差类型的分析，得出结论：在样本数量较小时，预测误差主要来源于采样误差，低复杂度模型比高复杂度模型更能提供准确的预测；随着样本数量的增加，模型误差会逐渐成为预测误差的主要组成部分，此时高保真模型的预测更准确。同时，该方案揭示了数据质量对模型误差的削弱性影响，因此高质量数据在低复杂度模型上可发挥更大的作用。

最后，本章在模型不确定性量化的框架基础上集成了参数不确定性量化方法。该方法将参数不确定量化的广义多项式混沌理论用于粒子滤波。在集成式量化的框架下，系统状态的广义多项式混沌展开系数是同化的目标。通过对其进行数据同化，可有效更新系统状态信息，所得到的系统状态概率密度函数更接近于真实分布。但是，由于该方法的前向模型为广义多项式混沌展开系数的方程组，其推导和计算依赖原系统模型的数学特征，故较难处理黑盒系统。

如今，以卡尔曼滤波为代表的模型不确定性量化方法面临着诸多机遇与挑战。伴随着前向模型参数不确定性的引入，系统状态预测将从点预测延伸到线和面的预测。为此，数据同化框架不仅要考虑均值、方差等系统状态的低阶统计特征的预测修正，更要涵盖累积分布函数或概率密度函数等系统状态的统计信息，从而有效预测小概率事件。同时，随着近年来人工神经网络的飞跃发展和愈发低廉的数据获取成本，观测数据将在系统状态的预测修正中扮演更重要的角色，由观测数据所驱动的人工神经网络模型也将在不确定性量化中发挥更大的作用。

参 考 文 献

[1] KALMAN R E. A new approach to linear filtering and prediction problems[J]. Journal of Fluids Engineering, 1960, 1(82): 35-45.

[2] The Analytic Sciences Corporation. Applied optimal estimation[M]. Cambridge, MA: MIT press, 1974.

[3] EVENSEN G. Sequential data assimilation with a nonlinear quasi-geostrophic model using Monte Carlo methods to forecast error statistics[J]. Journal of Geophysical Research: Oceans, 1994, C5(99): 10143-10162.

[4] ANDERSON J L. An ensemble adjustment Kalman filter for data assimilation[J]. Monthly Weather Review, 2001, 12(129): 2884-2903.

[5] LEWIS J M, LAKSHMIVARAHAN S, DHALL S. Dynamic data assimilation: a least squares approach[M]. Cambridge, England: Cambridge University Press, 2006.

[6] VAN DER MERWE R, DOUCET A, DE FREITAS N, et al. The unscented particle filter[J]. Advances in Neural Information Processing Systems 13, 2000.

[7] LAW K, STUART A, ZYGALAKIS K. Data assimilation: a mathematical introduction[M]. Cham, Switzerland: Springer, 2015.

[8] HOETING J A, MADIGAN D, RAFTERY A E, et al. Bayesian model averaging: a tutorial (with comments by M. Clyde, David Draper and E.I. George, and a rejoinder by the authors[J]. Statistical Science, 1999, 4(14): 382-417.

[9] DIKS C G, VRUGT J A. Comparison of point forecast accuracy of model averaging methods in hydrologic applications[J]. Stochastic Environmental Research and Risk Assessment, 2010(24): 809-820.

[10] NARAYAN A, MARZOUK Y, XIU D. Sequential data assimilation with multiple models[J]. Journal of Computational Physics, 2012, 19(231): 6401-6418.

[11] YANG L, NARAYAN A, WANG P. Sequential data assimilation with multiple nonlinear models and applications to subsurface flow[J]. Journal of Computational Physics, 2017(346): 356-368.

[12] SINSBECK M, TARTAKOVSKY D M. Impact of data assimilation on cost-accuracy tradeoff in multifidelity models[J]. SIAM/ASA Journal on Uncertainty Quantification, 2015, 1(3): 954-968.

[13] BUCKLAND S T, BURNHAM K P, AUGUSTIN N H. Model selection: an integral part of inference [J]. Biometrics, 1997, 2(53): 603-618.

[14] CLAESKENS G, HJORT N L. Model selection and model averaging[M]. Cambridge: Cambridge University Press, 2008.

[15] HEINRICH S. Multilevel Monte Carlo methods[C]//International Conference on Large-Scale Scientific Computing. Sozopol, Bulgaria: LSSC, 2001: 58-67.

[16] MYUNG I J. The importance of complexity in model selection[J]. Journal of Mathematical Psychology, 2000, 1(44): 190-204.

[17] SOBOL I M. A primer for the Monte Carlo method[M]. Boca Raton: CRC press, 2018.

[18] YANG L, WANG P, TARTAKOVSKY D M. Resource-constrained model selection for uncertainty propagation and data assimilation[J]. SIAM/ASA Journal on Uncertainty Quantification, 2020, 3(8): 1118-1138.

[19] BRETT C E, LAM K F, LAW K J, et al. Accuracy and stability of filters for dissipative pdes[J]. Physica D: Nonlinear Phenomena, 2013, 1(245): 34-45.

[20] LI J, XIU D. A generalized polynomial chaos based ensemble Kalman filter with high accuracy[J]. Journal of Computational Physics, 2009, 15(228): 5454-5469.

[21] YANG L, QIN Y, NARAYAN A, et al. Data assimilation for models with parametric uncertainty[J]. Journal of Computational Physics, 2019(396): 785-798.

[22] KERMACK W O, MCKENDRICK A G. A contribution to the mathematical theory of epidemics[J]. Proceedings of the Royal Society of London(Series A, Containing Papers of a Mathematical and Physical Character), 1927, 772(115): 700-721.

[23] HESTHAVEN J S, RØNQUIST E M. Spectral and high order methods for partial differential equations[M]. Berlin: Springer, 2011.

第 5 章 逆向建模的不确定性量化方法

在实际应用中，除了不确定性正向传播的量化，人们也需要解决不确定性的反向传播，即如何通过系统的输出状态反向获得系统的输入信息。此类问题与前述章节所考虑的正向建模相反，被称为逆向建模，也称逆问题（inverse problem），常见于计算机视觉、自然语言处理、信号处理、医学成像、遥感、无损检测等应用领域。

不同于正向建模，逆向建模的核心目标是通过系统的输出信息来获得系统的输入信息。但是，由于参数的未知性，以及未知信息空间的规模往往远大于已知信息空间，因此逆向建模的解并不唯一。逆向建模试图寻找一个最接近观测数据和物理现象的有效结果，但与系统真实情况仍存在着一定出入。

第 5.1 节将从经典的贝叶斯理论出发，重点围绕贝叶斯线性回归和模型选择来介绍贝叶斯推理。第 5.2 节将聚焦马尔可夫链蒙特卡洛方法，介绍如何利用蒙特卡洛采样和马尔可夫链性质，近似获得未知信息的概率分布。第 5.3 节将从计算未知参数分布的角度介绍双集合卡尔曼滤波在逆向建模中的应用。第 5.4 节将介绍面向欠定稀疏系统的压缩感知方法及其应用。目前，虽然逆问题仍然没有完美的解决方法，但本章介绍的方法可以为实际应用提供参考，具有一定的理论指导意义。

5.1 贝叶斯推理

贝叶斯推理（Bayesian inference）[1] 源于 18 世纪的贝叶斯框架，通过有限的数据信息，量化估计信息的不确定性，从而对未来决策予以修正。贝叶斯推理是逆向建模的重要手段，在参数估计、回归分析等诸多问题中有着广泛应用。

令 $\boldsymbol{y}$ 为目标向量，$p(\boldsymbol{y})$ 表示其先验概率分布，$\mathcal{D} = \{d_1, \cdots, d_N\}(N \in \mathbb{N}^+)$ 表示已知的观测数据集，则贝叶斯定理可以表达为

$$p(\boldsymbol{y}|\mathcal{D}) = \frac{p(\mathcal{D}|\boldsymbol{y})p(\boldsymbol{y})}{p(\mathcal{D})} \tag{5.1}$$

其中，$p(\boldsymbol{y}|\mathcal{D})$ 是在观测数据 $\mathcal{D}$ 的基础上所得的目标向量的概率密度函数，也称为 $\boldsymbol{y}$ 的后验概率，是对估计结果不确定性的量化。

式 (5.1) 中的条件概率 $p(\mathcal{D}|\boldsymbol{y})$ 被称为似然函数（likelihood function）。它是目标向量 $\boldsymbol{y}$ 的函数，但不是 $\boldsymbol{y}$ 的概率分布。$p(\mathcal{D}|\boldsymbol{y})$ 由观测数据集 $\mathcal{D}$ 决定，表示当目标向量 $\boldsymbol{y}$ 取不同的值时，观测数据取值恰为所得数据集 $\mathcal{D}$ 的概率。

似然函数 $p(\mathcal{D}|\boldsymbol{y})$ 存在着"贝叶斯"和"频率"两种不同的使用方法。在贝叶斯方法，即贝叶斯推理中，仅有一个确定的实际观测数据集，因此在对目标向量的估算时要考虑先验概率信息。此时，目标向量估计结果的不确定性由其后验概率分布 $p(\boldsymbol{y}|\mathcal{D})$ 量化。而在频率方法中，观测数据集被假设存在多种取值，需要寻找目标向量的合适取值，使得观测数据取值为实际观测值 $\mathcal{D}$ 的概率最大（即最大似然函数）。在这种情况下，目标向量估计结果的不确定性由观测数据集的概率分布 $p(\mathcal{D}|\boldsymbol{y})$ 量化。

接下来通过一个简单示例对上述两种方法进行解释。令 y 表示投掷一枚硬币后的结果，$y=1$ 表示正面朝上，$y=0$ 表示反面朝上。共进行 3 次试验，假设结果均为正面朝上，即观测数据集 $\mathcal{D}=\{1,1,1\}$。如果使用频率方法，则观测数据集的最大似然函数可写为

$$p(\mathcal{D}|y) = \prod_{i=1}^{3} p_i(y-1) \tag{5.2}$$

如果 $p_i(\cdot)$ 服从正态分布概率，其取最大值时，y 的取值为 1，即未来的投掷结果必然为正面。相反，如果使用贝叶斯推理，在已知观测数据集为 $\mathcal{D}=\{1,1,1\}$ 的情况下，投掷结果为反面的概率为

$$p(y=1|\mathcal{D}) = \frac{p(\mathcal{D}|y=1)p(y=1)}{p(\mathcal{D})} \tag{5.3}$$

上式分子中的概率 $p(\mathcal{D}|y=1)$ 虽然很大，但不为 1。因此，未来的投掷结果为反面朝上的可能性依旧存在。由此可见，带有先验信息的贝叶斯推理结果与真实情况更为贴近。

近年来，随着采样方法的发展以及计算机性能的飞速提升，贝叶斯推理中复杂完整的计算步骤得以实现，极大地推广了其实际应用。本节将从经典的线性回归问题出发，介绍贝叶斯推理的使用。

线性回归（linear regression）通过已知数据来预测未知数据信息，是一种常用的数据统计与分析技术。根据建模函数中自变量的多少，线性回归可以分为一个自变量的简单回归和多元回归。作为一种成熟的数据分析工具，线性回归已广泛用于机器学习、人工智能、生物学、行为学、社会学等领域。

先从简单的一维情况出发。对于给定的目标 y，构建一个含有连续变量 x 的线性回归

相关科学家简介

　　贝叶斯（Thomas Bayes，1702—1761），英国数学家。他的贡献主要在概率论方面，在统计决策函数、统计推断、统计估算等方面也做出了贡献，创立的贝叶斯统计理论对现代概率论和数理统计的发展有重要推动作用。

模型：

$$\hat{y}(x, \boldsymbol{w}) = \sum_{i=0}^{N} w_i \phi_i(x) = \boldsymbol{w}^{\mathrm{T}} \boldsymbol{\phi}(x) \tag{5.4}$$

在该模型中，系数向量 $\boldsymbol{w}$ 是模型参数，多项式 $\phi_i(x)$ 被称为基函数，其阶数 M 的取值大小决定了模型参数的总量和复杂程度。

线性回归模型 [式 (5.4)] 可用于近似目标 y，两者之间存在如下关系：

$$y \approx \hat{y} = \hat{y}(x, \boldsymbol{w}) + \epsilon \tag{5.5}$$

此处的 ϵ 表示均值为 0、方差为 β^{-1} 的高斯白噪声。

根据贝叶斯定理，可以列出目标 y 的条件概率分布。由于 ϵ 为正态分布的随机变量，目标的条件概率也符合正态分布：

$$p(y|x, \boldsymbol{w}, \beta) \sim \mathcal{N}(y|\boldsymbol{w}^{\mathrm{T}} \boldsymbol{\phi}(x), \beta^{-1}) \tag{5.6}$$

当获得一组关于变量 x 和目标 y 的容量为 N 的观测数据 $\mathcal{D} = \{(\tilde{\boldsymbol{x}}, \tilde{\boldsymbol{y}})\} = \{(\tilde{x}, \tilde{y})_1, (\tilde{x}, \tilde{y})_2, \cdots, (\tilde{x}, \tilde{y})_N\}$ 时，可以将相应的最大似然估计表示为如下优化问题：

$$\max_{\boldsymbol{w}, \beta} \; p(\tilde{\boldsymbol{y}}|\tilde{\boldsymbol{x}}, \boldsymbol{w}, \beta) = \prod_{i=1}^{N} \mathcal{N}(\tilde{y}_i|\boldsymbol{w}^{\mathrm{T}} \boldsymbol{\phi}(\tilde{x}_i), \beta^{-1}) \tag{5.7}$$

最大似然函数取对数后可以写为

$$\log p(\tilde{\boldsymbol{y}}|\tilde{\boldsymbol{x}}, \boldsymbol{w}, \beta) = \frac{N}{2} \log \beta - \frac{N}{2} \log(2\pi) - \beta E_D(\boldsymbol{w}) \tag{5.8}$$

$$E_D(\boldsymbol{w}) = \frac{1}{2} \sum_{i=1}^{N} \left(\tilde{y}_i - \boldsymbol{w}^{\mathrm{T}} \boldsymbol{\phi}(\tilde{x}_i)\right)^2 \tag{5.9}$$

由此可见，当噪声方差 β 为固定值时，最大似然估计等价于 $E_D(\boldsymbol{w})$ 的最小值。为此，对最大似然函数的对数进行回归模型系数的求导运算：

$$\nabla \log p(\tilde{\boldsymbol{y}}|\boldsymbol{w}, \beta) = \sum_{i=1}^{N} \left(\tilde{y}_i - \boldsymbol{w}^{\mathrm{T}} \boldsymbol{\phi}(\tilde{x}_i)\right) \boldsymbol{\phi}(\tilde{x}_i)^{\mathrm{T}} \tag{5.10}$$

其零点为

$$\boldsymbol{w}_{ML} = (\boldsymbol{\Phi}^{\mathrm{T}} \boldsymbol{\Phi}) \boldsymbol{\Phi}^{\mathrm{T}} \tilde{\boldsymbol{y}}, \qquad \boldsymbol{\Phi} = \begin{pmatrix} \phi_0(\tilde{x}_1) & \phi_1(\tilde{x}_1) & \cdots & \phi_r(\tilde{x}_1) \\ \phi_0(\tilde{x}_2) & \phi_1(\tilde{x}_2) & \cdots & \phi_r(\tilde{x}_2) \\ \vdots & \vdots & \vdots & \vdots \\ \phi_0(\tilde{x}_N) & \phi_1(\tilde{x}_N) & \cdots & \phi_r(\tilde{x}_N) \end{pmatrix} \tag{5.11}$$

　　在实际操作中，为避免过多模型参数导致过拟合现象，多项式回归模型的阶数 M 不能过大。为此通常会在对数似然估计后加入正则项 $E_R(\boldsymbol{w})$：

$$E_D(\boldsymbol{w}) + \lambda E_R(\boldsymbol{w}) \tag{5.12}$$

其中，λ 表示拉格朗日乘子，用于控制模型的复杂度。

　　在实际操作中，选取合适复杂度的线性回归模型至关重要。首先，在构建线性回归模型之前，要确定所选多项式的种类，如勒让德多项式、埃尔米特多项式等都是常用的多项式类型。但是，由于回归模型的收敛速度与多项式的类型存在一定联系，具体的选择需要根据实际需求而定。其次，多项式的最高阶数 M 决定了回归模型参数 w_i 的总量。最后，观测数据集的大小直接影响着多项式系数 w_i 的求解。过于简单的模型无法捕捉细节特征，但过于复杂的模型又会造成数据过拟合问题，无法简单地通过最大化似然函数来解决。虽然可以将数据集重新划分，采用交叉验证（cross-validation）减少过拟合现象，但也将耗费巨大计算资源，且有可能错过其中有价值的数据信息。

　　为了避免最大似然估计的过拟合问题，可以使用贝叶斯线性回归方法来自动确定模型的复杂度。在该方法中，首先要明确回归模型参数向量的先验分布 $p(\boldsymbol{w})$。令噪声方差 β 为已知信息（常数），由目标向量的条件概率 [式 (5.7)] 满足正态分布可知，先验分布 $p(\boldsymbol{w})$ 为正态分布：

$$p(\boldsymbol{w}) = \mathcal{N}(\boldsymbol{w}|\boldsymbol{m}_0, \boldsymbol{S}_0) \tag{5.13}$$

　　根据贝叶斯定理 [式 (5.3)]，后验分布与先验分布和条件概率均成正比。鉴于后两者均为正态分布，模型参数的后验概率也为正态分布 [2]：

$$p(\boldsymbol{w}|\tilde{\boldsymbol{y}}) = \mathcal{N}(\boldsymbol{w}|\boldsymbol{m}_N, \boldsymbol{S}_N) \tag{5.14}$$

其中，$(\boldsymbol{m}_0, \boldsymbol{S}_0)$ 和 $(\boldsymbol{m}_N, \boldsymbol{S}_N)$ 分别表示先验分布与后验分布的均值与协方差：

$$\boldsymbol{m}_N = \boldsymbol{S}_N(\boldsymbol{S}_0^{-1}\boldsymbol{m}_0 + \beta\boldsymbol{\Phi}\boldsymbol{\Phi}^{\mathrm{T}}\tilde{\boldsymbol{y}}) \tag{5.15a}$$

$$\boldsymbol{S}_N^{-1} = \boldsymbol{S}_0^{-1} + \beta\boldsymbol{\Phi}^{\mathrm{T}}\boldsymbol{\Phi} \tag{5.15b}$$

当先验分布的不确定性趋于无穷，即 $\boldsymbol{S}_0 \to +\infty$ 时，后验分布概率的最大值来自均值点 $\boldsymbol{m}_N$，等价于优化问题 [式 (5.7)] 给出的最大似然估计结果，即 $\boldsymbol{m}_N = \boldsymbol{w}_{ML}$。

　　接下来将通过一个具体实例展示上述线性回归模型的构建。令目标为含附加高斯白噪声的一阶线性函数：

$$y = w_0 + w_1 x + \epsilon \tag{5.16}$$

其中，两个待定参数的取值为 $w_0 = -0.3, w_1 = 0.5$，白噪声的方差为 $\beta = 25$。

假设待定参数具有均值为 0、协方差矩阵为 $\boldsymbol{S}_0 = \alpha^{-1}\boldsymbol{I}$ 的先验分布：

$$p(\boldsymbol{w}) = \mathcal{N}(\boldsymbol{w}|0, \alpha^{-1}\boldsymbol{I}) \tag{5.17}$$

则后验分布的均值和方差 [式 (5.15)] 可以写为

$$\boldsymbol{m}_N = \beta\boldsymbol{S}_N\boldsymbol{\Phi}^{\mathrm{T}}\boldsymbol{\Phi} \tag{5.18}$$

$$\boldsymbol{S}_N^{-1} = \alpha\boldsymbol{I} + \beta\boldsymbol{\Phi}^{\mathrm{T}}\boldsymbol{\Phi} \tag{5.19}$$

图 5.1 展示了当先验分布的参数取值为 $\alpha = 2$ 时，模型参数 (w_0, w_1) 的先验分布和后验分布。其中，图 5.1（a）为先验分布 $p(\boldsymbol{w})$，图 5.1（b）、（c）、（d）分别表示数据量为 3、6、9 的后验分布 $p(\boldsymbol{w}|\tilde{\boldsymbol{y}})$。可见，随着可用数据量的增加，后验分布逐渐接近真实结果 $(-0.3, 0.5)$。

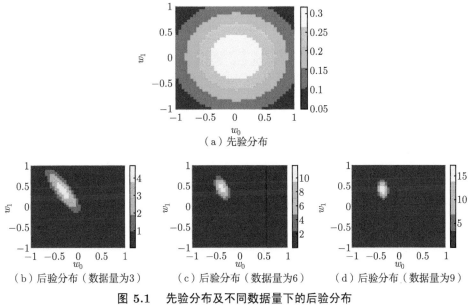

（a）先验分布

（b）后验分布（数据量为3）　　（c）后验分布（数据量为6）　　（d）后验分布（数据量为9）

图 5.1　先验分布及不同数据量下的后验分布

对后验分布 [式 (5.14)] 取对数运算，可以获得一个含常数 c_0 的表达式：

$$\ln p(\boldsymbol{w}|\tilde{\boldsymbol{y}}) = -\frac{\beta}{2}\sum_{i=1}^{N}[\tilde{y}_i - \boldsymbol{w}^{\mathrm{T}}\boldsymbol{\phi}(\tilde{x}_i)]^2 - \frac{\alpha}{2}\boldsymbol{w}^{\mathrm{T}}\boldsymbol{w} + c_0 \tag{5.20}$$

感兴趣的读者可将上述例子中的数值代入上式，计算得到目标参数 $\boldsymbol{w}$ 的最值，其结果也会随着数据量的增加而逐渐接近真实结果 $(-0.3, 0.5)$。

同理，对模型参数后验分布结果的平方和误差函数添加一个二次正则项后，上述后验分布目标参数 $\boldsymbol{w}$ 的最值问题 [式 (5.20)] 可等价为新表达式的最小化求解：

$$\min_{\boldsymbol{w}} \left\{ \frac{1}{2} \sum_{j=1}^{N} \left(\tilde{y}_j - \boldsymbol{w}^{\mathrm{T}} \boldsymbol{\phi}(\tilde{x}_j) \right)^2 + \frac{\lambda}{2} \boldsymbol{w}^{\mathrm{T}} \boldsymbol{w} \right\}, \qquad \lambda = \frac{\alpha}{\beta} \tag{5.21}$$

在获得线性回归模型参数 $\boldsymbol{w}$ 的后验概率后，可以代入目标函数 y 的条件概率 $p(y|\boldsymbol{w},\beta)$，从而获得其后验概率：

$$\begin{aligned} p(y|\tilde{\boldsymbol{y}}, \alpha, \beta) &= \int p(y|\boldsymbol{w}, \beta)\, p(\boldsymbol{w}|\tilde{\boldsymbol{y}}, \alpha, \beta) \mathrm{d}\boldsymbol{w} \\ &= \int \mathcal{N}(y|\boldsymbol{w}^{\mathrm{T}}\boldsymbol{\phi}(\tilde{\boldsymbol{x}}), \beta^{-1}) \mathcal{N}(\boldsymbol{w}|\boldsymbol{m}_N, \boldsymbol{S}_N) \mathrm{d}\boldsymbol{w} \end{aligned} \tag{5.22}$$

上述表达式涉及两个正态分布变量的卷积运算，可以通过推导得出目标函数的后验概率也为正态分布，其均值和方差可以分别表示为

$$\mu_y = \boldsymbol{m}_N^{\mathrm{T}} \boldsymbol{\phi}(\tilde{\boldsymbol{x}}), \qquad \sigma_y^2 = \boldsymbol{\Phi}(\tilde{\boldsymbol{x}})^{\mathrm{T}} \boldsymbol{S}_N \boldsymbol{\Phi}(\tilde{\boldsymbol{x}}) + \beta^{-1} \tag{5.23}$$

方差 σ_y^2 描述了目标预测结果的不确定性。在其表达式 [式(5.23)] 中，第一项来自回归模型 $y(x, \boldsymbol{w})$，第二项则来自高斯白噪声 ϵ，两者之间相互独立，前者会随着数据量的增加而逐渐变小，即 $\sigma_{y,N+1}^2 \leqslant \sigma_{y,N}^2 \leqslant \sigma_{y,N-1}^2$。当数据总量 $N \to +\infty$ 时，回归模型将无限接近于真实模型，两者的偏差仅来自自由参数 β 的附加噪声。这一结论也可以通过回归模型与真实结果之间的关系 [式 (5.5)] 获得。此外，由式 (5.23) 可知，预测结果的局部精度与观测数据 $\mathcal{D} = \{\tilde{\boldsymbol{x}}, \tilde{\boldsymbol{y}}\}$ 密切相关。

接下来通过一个简单例子来展示上述贝叶斯线性回归方法对目标函数 $\boldsymbol{x}$ 的预测效果。选用三角函数 $y = \sin 2\pi x [x \in (0, 1)]$ 为真实结果，观测数据为添加了白噪声的真实结果，回归模型为 13 阶数多项式：

$$\hat{y} = w_0 + w_1 x + w_2 x^2 + \cdots + w_{13} x^{13} \tag{5.24}$$

图 5.2 展示了不同数据量（$N = 1, 4, 7, 31$）下的贝叶斯线性回归的预测结果。其中，红色圆点表示观测数据，蓝色曲线为回归预测结果的均值曲线，阴影部分表示均值曲线上下两侧的标准差区域，可表示预测结果的不确定性。可见，随着数据量的不断增加，回归模型逐渐接近真实结果，而预测的不确定性也伴随着阴影面积的缩小而逐渐缩小。

需要注意的是，可以选用高斯函数这类在局部取得最大值的函数来作为回归模型的基函数 $\phi(x)$。鉴于基函数的特性，在远离其中心的区域（即结果概率分布的尾部），预测方差 [式 (5.23)] 中的第一项将变为 0。此时，需要引入如高斯过程（Gaussian process）的核方法来避免此类区域的预测结果完全由高斯白噪声参数 β 决定。

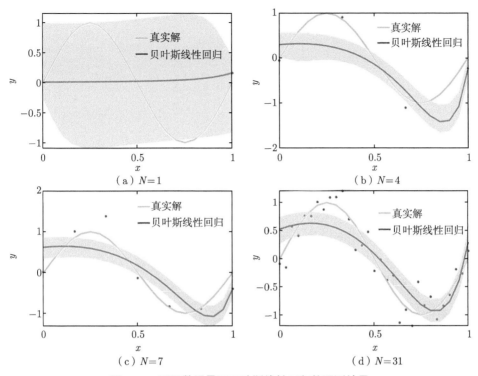

图 5.2　不同数据量下贝叶斯线性回归的预测结果

在以核方法为基础的贝叶斯线性回归方法中[3]，回归模型不再由基函数 $\phi(x)$ 组成，而是通过局部核函数 $k(\boldsymbol{x}, \boldsymbol{x}')$ 来定义模型的权重系数。首先将线性基函数模型的后验均值 [式 (5.15a)] 代入线性回归模型，预测结果的均值可以写为

$$\mu_y = \boldsymbol{m}_N^{\mathrm{T}} \boldsymbol{\phi}(\boldsymbol{x}) = \beta \boldsymbol{\phi}(\boldsymbol{x})^{\mathrm{T}} \boldsymbol{S}_N \boldsymbol{\Phi}^{\mathrm{T}} \tilde{\boldsymbol{x}} = \sum_{i=1}^{N} \beta \boldsymbol{\phi}(\boldsymbol{x})^{\mathrm{T}} \boldsymbol{S}_N \boldsymbol{\phi}(\tilde{\boldsymbol{x}}_i) \, \tilde{\boldsymbol{y}}_i \tag{5.25}$$

引入平滑矩阵 $k(\boldsymbol{x}, \boldsymbol{x}')$，也称为等价核：

$$k(\boldsymbol{x}, \boldsymbol{x}') = \beta \boldsymbol{\phi}(\boldsymbol{x})^{\mathrm{T}} \boldsymbol{S}_N \boldsymbol{\phi}(\boldsymbol{x}') \tag{5.26}$$

令 $\boldsymbol{\psi}(\boldsymbol{x}) = \sqrt{\beta \boldsymbol{S}_N} \phi(\boldsymbol{x})$，则可将等价核表示为内积的形式：

$$k(\boldsymbol{x}, \boldsymbol{z}) = \boldsymbol{\psi}(\boldsymbol{x})^{\mathrm{T}} \boldsymbol{\psi}(\boldsymbol{z}) \tag{5.27}$$

这也是核函数的一个重要特性。

将核函数代入式 (5.25)，则预测结果在变量 $\boldsymbol{x}$ 的均值处可表示为线性加权组合：

$$y(\boldsymbol{x}, \boldsymbol{m}_N) = \sum_{n=1}^{N} k(\boldsymbol{x}, \tilde{\boldsymbol{x}}_i) \, \tilde{\boldsymbol{y}}_i \tag{5.28}$$

也可以将此处的核函数 $k(\cdot)$ 视为权重函数，其取值依赖于数据集 $\mathcal{D}$，可正可负，但满足加和为 1 的限制条件：

$$\sum_{i=1}^{N} k\left(\boldsymbol{x}, \tilde{\boldsymbol{x}}_i\right) = 1 \tag{5.29}$$

核函数通常将较高的权重绝对值赋予距离较近的数据点，表示其对预测结果的重要贡献。相反，距离数据点较远时，权重的绝对值较低。

5.2　马尔可夫链和马尔可夫链蒙特卡洛方法

马尔可夫链蒙特卡洛（Markov chain Monte Carlo，MCMC）方法源于 20 世纪 40 年代，是以马尔可夫链为概率模型的蒙特卡洛方法。该方法的核心思想是构建一个马尔可夫链，从而进行随机游走并产生样本序列，在其平稳分布后进行采样、近似的数值计算。鉴于马尔可夫链蒙特卡洛方法可以有效处理高维度样本空间，自 20 世纪 80 年代起被广泛用于概率分布估计、定积分的近似计算、最优化等近似求解问题。本节将分为两个部分，第 5.2.1 节介绍马尔可夫链的基本概念，第 5.2.2 节介绍马尔可夫链蒙特卡洛方法的原理与操作。

5.2.1　马尔可夫链

令 X_t 表示时刻 t 的随机变量，$t = 0, 1, 2, \cdots$。如果每个 X_t 都在同一个状态空间 S 中取值，则相关随机变量所组成的序列 $X = \{X_0, X_1, \cdots, X_t, \cdots\}$ 为随机过程。

马尔可夫链 $X = \{X_0, X_1, \cdots, X_t, \cdots\}$ 中的随机变量 X_t 在时刻 t 的概率分布也称为此时的状态分布：

$$\pi(t) = \begin{pmatrix} \pi_1(t), & \pi_2(t), & \cdots \end{pmatrix} \tag{5.30}$$

其中，$\pi_i(t)$ 表示在时刻 t 下，随机变量状态为 i 的概率 $\pi_i(t) = P(X_t = i)$。在初始时刻 $t = 0$，马尔可夫链的初始状态分布为

$$\pi(0) = \begin{pmatrix} \pi_1(0), & \pi_2(0), & \cdots \end{pmatrix} \tag{5.31}$$

定义 5.1（马尔可夫链）　　在一个随机过程中，如果任意时刻 $t \geqslant 1$ 的随机变量 X_t 仅与前一时刻的随机变量 X_{t-1} 之间存在着条件分布 $P(X_t|X_{t-1})$，不依赖于过去时刻的随机

相关科学家简介

　　马尔可夫（Andrey Andreyevich Markov，1856—1922），俄国数学家。他对不定二次型、数的几何、数理统计等均有贡献，特别在概率论中发展了切比雪夫方法，扩大了中心极限定理的应用范围；并研究随机过程理论，提出了马尔可夫链和马尔可夫过程等。

变量 $\{X_0, X_1, \cdots, X_{t-2}\}$，则称之为马尔可夫性，即

$$P(X_t|X_0, X_1, \cdots, X_{t-1}) = P(X_t|X_{t-1}). \qquad t = 1, 2, \cdots \tag{5.32}$$

具有马尔可夫性的随机过程 $X = \{X_0, X_1, \cdots, X_t, \cdots\}$ 称为马尔可夫链（Markov chain），或马尔可夫过程（Markov process）。

上述定义对马尔可夫链进行了简单直观地解释：假设已经知道现在的随机变量 X_t，则未来的随机变量 X_{t+1} 只依赖于当前的随机变量 X_t，与过去的随机变量 $X_0, X_1, \cdots, X_{t-1}$ 无关。

在马尔可夫链中，相邻随机变量之间的条件概率分布 $P(X_t|X_{t-1})$ 也称为转移概率分布，是马尔可夫链的重要组成部分。若转移概率 $P(X_t|X_{t-1})$ 不依赖于时刻 t：

$$P(X_t = j|X_{t-1} = i) = P(X_1 = j|X_0 = i), \qquad \forall t \tag{5.33}$$

则称该马尔可夫链为时齐马尔可夫链（time homogenous Markov chain）。除非特别指出，本节接下来提及的马尔可夫链均默认为时齐马尔可夫链。

马尔可夫链 $X = \{X_0, X_1, \cdots, X_t, \cdots\}$ 的转移概率分布通常用矩阵 $\boldsymbol{Q} = (q_{ij})$ 的形式表示。如果马尔可夫链 X 在时刻 t 处于状态 j，在时刻 $t-1$ 处于状态 i，则两者的转移概率记为

$$q_{ij} = (X_t = j|X_{t-1} = i), \quad i = 1, 2, \cdots, \quad j = 1, 2, \cdots \tag{5.34}$$

所有时刻转移概率分布所组成的矩阵为

$$\boldsymbol{Q} = \begin{bmatrix} q_{11} & q_{12} & q_{13} & \cdots \\ q_{21} & q_{22} & q_{23} & \cdots \\ \vdots & \vdots & \vdots & \vdots \end{bmatrix} \tag{5.35}$$

也称矩阵 $\boldsymbol{Q}$ 为马尔可夫链 X 的转移概率矩阵。根据概率定义，$q_{ij} \geqslant 0$ 且 $\sum\limits_j q_{ij} = 1$，即矩阵 $\boldsymbol{Q}$ 中每一行元素之和为 1。

通过马尔可夫链的初始状态分布 [式 (5.31)] 与转移概率矩阵 [式 (5.35)]，可以获得马尔可夫链中随机变量在任意时刻 t 的状态分布：

$$\pi_i(t) = \sum_k P(X_t = i|X_{t-1} = k)P(X_{k-1} = k) = \sum_k \pi_k(t-1)q_{ki} \tag{5.36}$$

接下来通过一个简单例子理解上述概念。令马尔可夫链由 3 个离散状态组成，其初始

状态为 $\pi(t=0) = (0.21, 0.68, 0.11)$，转移概率矩阵为

$$Q = \begin{bmatrix} 0.65 & 0.28 & 0.07 \\ 0.15 & 0.67 & 0.18 \\ 0.12 & 0.36 & 0.52 \end{bmatrix} \tag{5.37}$$

该转移概率矩阵可用有向图表示，如图 5.3 所示。在图 5.3 中，3 个圆圈代表随机变量的三种离散状态，圆圈之间带箭头的曲线表示状态之间的转移。根据马尔可夫链状态分布 [式 (5.36)]，可以获得任意时刻下随机变量的状态。可以发现，从时刻 $t=5$ 开始，随机变量的状态分布保持为 $(0.286, 0.489, 0.225)$，该状态分布称为平稳分布。

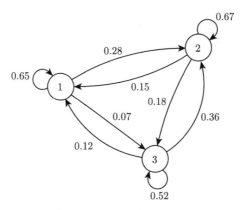

图 5.3　转移概率矩阵的有向图示例

定义 5.2（平稳分布） 对于状态空间为 S、转移概率矩阵为 $Q = (q_{ij})$ 的马尔可夫链 $X = \{X_0, X_1, \cdots\}$，如果存在一个状态分布 $\pi = (\pi_1, \pi_2, \cdots)$ 满足：

$$\pi Q = \pi \tag{5.38}$$

则称该状态 $\pi(t)$ 为马尔可夫链 $X = \{X_0, X_1, \cdots\}$ 的一个平稳分布。

需要注意的是，马尔可夫链的平稳分布不唯一，可能有多个甚至无穷个，也可能不存在。如果马尔可夫链 $X = \{X_0, X_1, \cdots\}$ 的初始分布为平稳分布 π，则之后任一时刻的分布都是平稳分布。读者可通过以下定理计算马尔可夫链的平稳分布。

定理 5.1 对于一个状态空间为 S、转移概率矩阵为 $Q = (q_{ij})$ 的马尔可夫链 $X = \{X_0, X_1, \cdots\}$，随机变量的状态分布 $\pi = (\pi_1, \pi_2, \cdots)$ 为平稳分布的充分必要条件为

$$\sum_j \pi_j = 1, \quad \pi_j = \sum_i \pi_i q_{ij} \geqslant 0, \qquad j = 1, 2, \cdots \tag{5.39}$$

假设 X_t 为定义于连续状态空间 S 上的随机变量,其马尔可夫链 $X = \{X_0, X_1, \cdots\}$ 的转移核 $P(x, A)$ 表示从状态 x 到集合 A 的转移概率:

$$P(x, A) = \int_A p(x, y)\mathrm{d}y, \qquad \forall x \in S, A \subset S \tag{5.40}$$

其中, $p(x, \cdot)$ 为概率密度函数,满足 $p(x) \geqslant 0$ 且 $P(x, S) = \int_S p(x, y)\mathrm{d}y = 1$。如果该连续状态马尔可夫链的状态分布 $\pi(x)$ 满足:

$$\pi(y) = \int p(x, y)\pi(x)\mathrm{d}x, \qquad \forall y \in S \tag{5.41}$$

则称分布 $\pi(x)$ 为该马尔可夫链的平稳分布。

对于一个状态空间为 S 的马尔可夫链 $X = \{X_0, X_1, \cdots, X_t, \cdots\}$,如果随机变量从任意状态 $j \in S$ 出发,经过足够长的时间 t 后,可以达到任意状态 $i \in S$,则称该马尔可夫链不可约(irreducible),否则称该马尔可夫链可约(reducible)。例如,对于不可约马尔可夫链,随机变量在时刻 $t = 0$ 从状态 i 出发,在时刻 t 到达状态 j 的概率大于 0:

$$P(X_t = j | X_0 = i) > 0, \qquad i, j \in S \tag{5.42}$$

此外,对于任意状态 $i \in S$,如果随机变量在时刻 $t = 0$ 从状态 i 出发,并于时刻 t 返回状态 i,所有时间 $\{t : P(X_t = i | X_0 = i) > 0\}$ 的最大公约数 d_i 为 1,则称该马尔可夫链为非周期性马尔可夫链,否则称其为周期性马尔可夫链。

定理 5.2 不可约、非周期性、有限离散状态的马尔可夫链具有唯一平稳分布。

令 $T_{ij} = \min\{n : n \geqslant 1, X_0 = i, X_n = j\}$ 表示随机变量从状态 i 出发首次到达状态 j 的时间,也称为首达时间。如果从状态 i 出发不能到达状态 j,则首达时间无限长,即 $T_{ij} = +\infty$。令 $P_{ij}^{(n)} = P(X_n = j, X_m \neq j, m = 1, 2, \cdots, n-1 | X_0 = i)$ 表示随机变量从状态 i 出发,经过 n 步首次到达 j 的概率,也称为首达概率, $P_{ij}^{(+\infty)}$ 表示从状态 i 出发永远不能到达状态 j 的概率。随机变量从状态 i 出发,经过有限步首次到达状态 j 的概率可以表示为

$$P_{ij} = \sum_{n=1}^{+\infty} P_{ij}^{(n)} = P(T_{ij} < +\infty) \tag{5.43}$$

若对于随机变量的状态 i 存在 $P_{ii} = 1$,即通过有限步一定可以返回状态 i,则称状态 i 为常返态;若对于状态 i 存在 $P_{ii} < 1$,即通过有限步后不一定能返回状态 i,则称状态 i 为非常返态。常返态 i 的平均返回时间可以表示为

$$\mu_i = \sum_{n=1}^{+\infty} n P_{ii}^{(n)} \tag{5.44}$$

若随机变量的状态 i 为常返态，且有 $\mu_i < +\infty$，则称状态 i 为正常返；若 $\mu_i = +\infty$，则称状态 i 为零常返。如果一个马尔可夫链 X 中所有状态 $i \in S$ 均为正常返，则称该马尔可夫链正常返（positive recurrent）。

定理 5.3（遍历定理）   不可约、非周期的马尔可夫链存在唯一平稳分布的充要条件是其所有状态都是正常返的。转移概率的极限分布是该马尔可夫链的平稳分布，即

$$\lim_{t \to +\infty} P(X_t = j | X_0 = i) = \pi_j, \qquad i = 1, 2, \cdots, \quad j = 1, 2, \cdots \tag{5.45}$$

通过遍历定理可以看出，一个不可约、非周期且正常返的马尔可夫链具有唯一的平稳分布，且其转移概率矩阵 $\boldsymbol{Q}$ 在时刻 $t \to +\infty$ 满足：

$$\lim_{t \to \infty} \boldsymbol{Q}^t = \begin{bmatrix} \pi_1 & \pi_2 & \cdots \\ \pi_1 & \pi_2 & \cdots \\ \vdots & \vdots & \vdots \end{bmatrix} \tag{5.46}$$

在此情况下，随机变量从不同的起始点出发，都会收敛到同一平稳分布，即随机游走的起始点并不影响最终结果。

对于一个状态空间为 S、转移概率矩阵为 $\boldsymbol{Q}$ 的马尔可夫链 $X = \{X_0, X_1, \cdots, X_t, \cdots\}$，如果状态分布 $\pi = (\pi_1, \pi_2, \cdots)$ 在任意时刻 t 满足：

$$P(X_t = j | X_{t-1} = i)\pi_i = P(X_{t-1} = i | X_t = j)\pi_j, \qquad \forall i, j \in S \tag{5.47}$$

或者简写为

$$q_{ij}\pi_i = q_{ji}\pi_j, \qquad \forall i, j \in S \tag{5.48}$$

则称该马尔可夫链 X 为可逆马尔可夫链（reversible Markov chain）。由此可见，如果马尔可夫链 X 可逆，以其平稳分布作为初始分布进行随机状态转移时，任一时刻的状态分布均为该平稳分布。对上述可逆马尔可夫链定义稍加整理：

$$(\pi\boldsymbol{Q})_j = \sum_i q_{ij}\pi_i = \sum_i q_{ij}\pi_j = \pi_j \sum_i q_{ji}$$
$$= \pi_j, \qquad j = 1, 2, \cdots \tag{5.49}$$

上式也被称为细致平衡方程：$\pi\boldsymbol{Q} = \pi$。

定理 5.4   在马尔可夫链 X 中，满足细致平衡方程的状态分布 π 为平稳分布。

该定理说明，可逆马尔可夫链一定有且仅有唯一的平稳分布。细致平衡方程不仅给出了马尔可夫链具有平稳分布的充分条件，同时也是可逆马尔可夫链满足遍历定理的必要条件。

5.2.2　马尔可夫链蒙特卡洛方法

马尔可夫链蒙特卡洛方法是一种基于马尔可夫链特性的抽样方法，可针对高维度随机变量 $\boldsymbol{X}$ 生成一组符合其概率密度函数 $p(\boldsymbol{x})$ 的样本 $\{\boldsymbol{X} = \boldsymbol{x}\}$，较经典蒙特卡洛方法更为高效。马尔可夫链蒙特卡洛方法可以分为两个主要步骤。

（1）在随机变量 $\boldsymbol{X}$ 的状态空间 S 上构造一个马尔可夫链。该马尔可夫链要满足细致平衡方程和遍历定理，且其平稳分布满足目标概率密度函数 $p(\boldsymbol{x})$。

（2）在生成的马尔可夫链上进行随机游走，获得对应的样本。根据遍历定理，马尔可夫链的平稳分布不受随机游走起点的影响，任意初始分布都会随着时间的增长而收敛到同一平稳分布。可以通过遍历样本的均值来判断马尔可夫链是否收敛。需要注意的是，相邻时刻下采样所得的样本具有一定相关性。因此，如果需要抽取相互独立的样本，每两次采样之间应有一定的时间间隔。

马尔可夫链蒙特卡洛方法的核心是生成合适的马尔可夫链。为此，接下来将介绍常用的梅特罗波利斯-黑斯廷斯算法（Metropolis-Hastings algorithm）。首先考虑离散型随机变量。令 $\pi = (\pi_1, \pi_2, \cdots)$ 为目标平稳分布，q_{ij} 为转移概率，$\boldsymbol{Q} = (q_{ij})$ 为转移概率矩阵。为满足细致平衡方程 [式 (5.48)]，引入 α_{ij} 和 α_{ji}，使得：

$$q_{ij}\alpha_{ij}\pi_i = q_{ji}\alpha_{ji}\pi_j \tag{5.50}$$

若令 $p_{ij} = q_{ij}\alpha_{ij}, p_{ji} = q_{ji}\alpha_{ji}$，则可构建新的转移概率矩阵 $\boldsymbol{P} = (p_{ij})$。此处 q_{ij} 称为建议分布，α_{ij} 为接受分布，表示接受概率。当 α_{ij} 很小时，随机游走的拒绝率陡增，进而导致采样时间增加。接受分布的取值通常可以表示为

$$\alpha_{ij} = \min\left\{\frac{q_{ji}\pi_j}{q_{ji}\pi_i}, 1\right\} \tag{5.51}$$

可以将上述形式推广至连续空间，此时转移概率可以用转移核 $p(x, y)$ 表示：

$$p(x, y) = q(x|y)\alpha(x|y) \tag{5.52}$$

如前所述，$q(x|y) \geqslant 0$ 为建议分布，通常情况下可以通过梅特罗波利斯-黑斯廷斯算法选择，即对称分布：$q(x|y) = q(y|x)$。接受分布 $\alpha(x|y)$ 可以表示为

$$\alpha(x|y) = \min\left\{\frac{p(y)q(y|x)}{p(x)q(x|y)}, 1\right\} \tag{5.53}$$

定理 5.5　上述所定义的马尔可夫链是可逆的，即

$$p(x)p(x, y) = p(y)p(y, x) \tag{5.54}$$

且 $p(x)$ 是该马尔可夫链的平稳分布。

建议分布有多种选择，最常见的选择为 $q(x|y) \sim \mathcal{N}(y, \sigma^2)$，其中，$\mathcal{N}$ 是正态分布，σ^2 为方差。

梅特罗波利斯-黑斯廷斯算法的具体过程如下所示。

算法 5.1　梅特罗波利斯-黑斯廷斯算法

1. 初始化

   当 $t = 0$ 时，初始样本为 x_0。

2. 迭代

   - 设置最大迭代时刻为 $t = N$，当 $t \leqslant N$ 时，根据建议分布 $q(x|x')$，生成随机样本 x'；
   - 计算接受分布 $\alpha(x|x') = \min\left\{\dfrac{p(x')q(x|x')}{p(x)q(x'|x)}, 1\right\}$；
   - 从均匀分布 $\mathcal{U}[0, 1]$ 中生成随机数 u；
   - 如果 $u \leqslant \alpha(x|x')$，则接受样本，$x_{t+1} = x'$；
   - 否则，拒绝样本，$x_{t+1} = x$；
   - $t = t + 1$。

至此，已经生成一个符合细致平衡方程 [式 (5.48)] 的马尔可夫链。在该链上随机游走至时刻 t，根据建议分布 $q(x|x')$ 采样产生随机样本 x'。同时，在区间 $(0,1)$ 上生成随机数 u 用于判断。如果 $u \leqslant \alpha(x|x')$，则接受该候选样本，令 $x_{t+1} = x'$；如果 $u > \alpha(x|x')$，则拒绝该样本并保留状态，令 $x_{t+1} = x_t$。经过足够长的时间 t 后，样本 x_t 满足目标概率密度函数 $p(x)$。

5.3　集合卡尔曼滤波和双集合卡尔曼滤波

本节将介绍基于集合卡尔曼滤波的逆向建模方法。该方法可同时对模型状态和模型参数进行估计，适用于含有不确定参数的状态空间模型。第 5.3.1 节将详细介绍集合卡尔曼滤波的特性；第 5.3.2 节将介绍双集合卡尔曼滤波的特性，并通过锂电池安全这一应用示例，展示双集合卡尔曼滤波的使用方法与效果。

5.3.1　集合卡尔曼滤波

集合卡尔曼滤波是卡尔曼滤波的一种扩展，可以处理百万级维度的非线性状态空间估计问题 [4,5]，通过样本集合来近似系统状态的分布，使用样本协方差矩阵替代卡尔曼滤波协方差矩阵，以蒙特卡洛方法实现非线性系统的贝叶斯更新。

集合卡尔曼滤波早先用于处理非线性模型估计，由埃文森（Geir-Evensen）[4] 提出，由伯格斯（Gerrit-Burgers）等人[6] 和范·李文（P. J. van Leeuwen）[7] 改进。作为扩展卡尔曼滤波的替代方案，集合卡尔曼滤波有效解决了扩展卡尔曼滤波在线性化处理模型时所引起的误差传播问题，以及高维状态空间误差协方差矩阵的计算与存储难点。不同于扩展卡尔曼滤波，集合卡尔曼滤波的误差主要来源于有限样本集合对目标分布的近似。

令系统状态 $u = (u_i)_{i \in \mathbb{N}} \in \mathbb{R}^{N_u}(N_u \geqslant 1)$ 为时间序列的估计目标，u_0 为已知的初始状态。在相邻时间 (t_i, t_{i+1}) 内，系统状态的变化可以用含噪声的状态空间模型予以描述：

$$u_{i+1} = \Psi(u_i) + \xi_i, \quad i \in \mathbb{N} \tag{5.55}$$

ξ_i 表示状态模型的噪声，满足正态分布：$\xi_i \sim \mathcal{N}(\mathbf{0}, \boldsymbol{\Sigma})$。

假设在时刻 t_i，可以通过观测算子 $h(\cdot) : \mathbb{R}^{N_u} \to \mathbb{R}^{N_d}$ 获得含有噪声 η 的系统状态观测数据 $d_i \in \mathbb{R}^{N_d}$：

$$d_i = h(u_i) + \eta_i \tag{5.56}$$

观测噪声 η_i 是满足正态分布的随机变量：$\eta_i \sim \mathcal{N}(\mathbf{0}, \boldsymbol{\Gamma})$。为方便表示，通常假设观测算子 h 为线性，则可用矩阵 H 来表示：$d_i = Hu_i + \eta_i$。

集合卡尔曼滤波假设系统初始状态呈现正态分布：$u_0 \sim \mathcal{N}(\boldsymbol{\mu}_0, C_0)$。集合卡尔曼滤波通过初始化、状态预测、状态分析 3 个主要步骤，以蒙特卡洛采样的形式近似高斯过程。具体实现过程可参照算法 5.2。

算法 5.2　集合卡尔曼滤波

1. 初始化

    当 $i = 0$ 时，根据初始状态 u_0 的先验分布 $u_0 \sim \mathcal{N}(\boldsymbol{\mu}_0, C_0)$ 进行蒙特卡洛采样，均匀地取 N 个样本 $u_0^{(n)}(n = 1, \cdots, N)$ 得到粒子集合。

2. 状态预测

    - 当 $i = 1, 2, \cdots$ 时，通过状态空间模型 [式 (5.55)] 估计每个粒子在下一时刻的状态：

    $$\hat{u}_{i+1}^{(n)} = \Psi(u_i^{(n)}) + \xi_i^{(n)} \tag{5.57}$$

    - 计算预测样本的均值和协方差：

    $$\hat{\boldsymbol{\mu}}_{i+1} = \frac{1}{N} \sum_{n=1}^{N} \hat{u}_{i+1}^{(n)} \tag{5.58}$$

    $$\hat{C}_{i+1} = \frac{1}{N-1} \sum_{n=1}^{N} (\hat{u}_{i+1}^{(n)} - \hat{\boldsymbol{\mu}}_{i+1})^{\mathrm{T}}(\hat{u}_{i+1}^{(n)} - \hat{\boldsymbol{\mu}}_{i+1}) \tag{5.59}$$

3. 状态分析

    - 根据系统的观测模型 [式 (5.56)]，获得数据样本：

    $$d_{i+1}^{(n)} = d_{i+1} + \eta_{i+1}^{(n)} \tag{5.60}$$

- 计算卡尔曼增益：

$$K_{(i+1)} = \hat{C}_{i+1} H^{\mathrm{T}} [H \hat{C}_{i+1} H^{\mathrm{T}} + \Gamma]^{-1} \tag{5.61}$$

- 通过模型预测状态 $\hat{u}_{i+1}$ 和观测数据 d_{i+1} 获得分析状态粒子：

$$\tilde{u}_{i+1}^{(n)} = (I - K_{i+1} H) \hat{u}_{i+1}^{(n)} + K_{i+1} d_{i+1}^{(n)} \tag{5.62}$$

在集合卡尔曼滤波中，假设时刻 t_i 的采样误差（$\mathcal{E}_i^{\mathrm{sam}}$）、模型误差（$\mathcal{E}_i^{\mathrm{rep}}$）和观测误差（$\mathcal{E}_i^{\mathrm{dat}}$）取值存在上限：

$$\sup_{i \in \mathbb{N}} \mathcal{E}_i^{\mathrm{sam}} = \mathcal{E}^{\mathrm{sam}} < +\infty, \qquad \sup_{i \in \mathbb{N}} \mathcal{E}_i^{\mathrm{rep}} = \mathcal{E}^{\mathrm{rep}} < +\infty, \qquad \sup_{i \in \mathbb{N}} \mathcal{E}_i^{\mathrm{dat}} = \mathcal{E}^{\mathrm{dat}} < +\infty \tag{5.63}$$

令 $A_{i+1} := I - K_{i+1} H$，$\mathcal{E}^{\mathrm{avg}}$ 表示线性化误差。如果 $A_{i+1} \Psi : \mathbb{R}^{N_u} \to \mathbb{R}^{N_u}$ 满足全局利普希茨条件 [式 (4.141)]，且在 ℓ_2 范数下存在常数 $c < 1$ 使得线性化 $E(\Psi(u)) \approx E(\Psi(\mu))$ 有界，即 $\|A_{i+1}(\bar{u}_{i+1} - \Psi(\mu_i))\| \leqslant \mathcal{E}^{\mathrm{avg}}$，则可量化集合卡尔曼滤波的渐进收敛性。通过离散时间格朗沃尔引理，同化结果的总收敛误差 [式 (4.145)] 为

$$\limsup_{i \to +\infty} \mathcal{E}_i \leqslant \frac{\mathcal{E}^{\mathrm{sam}} + \mathcal{E}^{\mathrm{rep}} + \mathcal{E}^{\mathrm{dat}} + \mathcal{E}^{\mathrm{avg}}}{1 - c} \tag{5.64}$$

当系统状态预测模型 $\Psi(\cdot)$ 为线性的完美模型，即 $u_{i+1} = \Psi(u_i)$，且样本数量趋于无穷时，模型误差 $\mathcal{E}^{\mathrm{rep}}$、线性化误差 $\mathcal{E}^{\mathrm{avg}}$ 和采样误差 $\mathcal{E}_i^{\mathrm{sam}}$ 均为 0。此时，集合卡尔曼滤波将等价于卡尔曼滤波，其总收敛误差 [式 (4.146)] 存在下限：

$$\limsup_{i \to +\infty, N \to +\infty} \mathcal{E}_i \leqslant \frac{\mathcal{E}^{\mathrm{dat}}}{1 - c} \tag{5.65}$$

5.3.2　双集合卡尔曼滤波

当系统状态预测模型 [式 (5.55)] 中存在未知参数 θ 时，不仅需要对系统状态 u 进行估计，也要对参数 θ 进行量化。此时可以引入新控制方程，将原有系统状态空间 u 扩展至 (u, θ)，从而描述新系统状态在离散时间的变化情况：

$$\begin{cases} u_{k+1} = \Psi(u_k, \theta_k) + \xi_k \\ \theta_{k+1} = \theta_k + \epsilon_k \end{cases}, \qquad k \in \mathbb{N} \tag{5.66}$$

其中，预测模型状态噪声 ξ_k 和未知参数噪声 ϵ_k 均满足正态分布：$\xi_k \sim \mathcal{N}(0, \Sigma)$，$\epsilon_k \sim \mathcal{N}(0, \sigma^2)$。

双集合卡尔曼滤波以集合卡尔曼滤波为基础，对"状态-参数"空间开展数据同化，具体算法过程如下。

算法 5.3　双集合卡尔曼滤波

1. 初始化

当 $k = 0$ 时，根据状态初始值 $\boldsymbol{u}_0$ 的先验分布 $\boldsymbol{u}_0 \sim \mathcal{N}(\boldsymbol{\mu}_0, \boldsymbol{C}_0)$ 和参数初始值 $\boldsymbol{\theta}_0$ 的先验分布 $\boldsymbol{\theta}_0 \sim \mathcal{N}(\boldsymbol{\mu}_0^\theta, \boldsymbol{C}_0^\theta)$ 分别对模型状态和参数进行蒙特卡洛采样，取 N 个样本得到粒子集合：

$$\begin{cases} \boldsymbol{u}_0^{(n)}, & n = 1, \cdots, N \\ \boldsymbol{\theta}_0^{(n)}, & n = 1, \cdots, N \end{cases} \tag{5.67}$$

2. 更新参数状态

- 当 $k = 1, 2, \cdots$ 时，通过状态空间模型 [式 (5.66)] 估计系统下一时刻的状态：

$$\hat{\boldsymbol{u}}_{k+1}^{(n)} = \Psi(\boldsymbol{u}_k^{(n)}, \boldsymbol{\theta}_k) + \boldsymbol{\xi}_k^{(n)}$$

$$\hat{\boldsymbol{\theta}}_{k+1}^{(n)} = \boldsymbol{\theta}_k^{(n)} + \boldsymbol{\epsilon}_k^{(n)}$$

- 根据系统的观测模型 [式 (5.56)]，获得数据样本：

$$\boldsymbol{d}_{k+1}^{(n)} = \boldsymbol{d}_{k+1} + \boldsymbol{\eta}_{k+1}^{(n)}$$

- 计算不确定参数的卡尔曼增益 $\boldsymbol{K}_{k+1}^\theta$ 并更新参数值：

$$\boldsymbol{K}_{k+1}^\theta = \boldsymbol{\Sigma}_{k+1}^{\theta y} [\boldsymbol{\Sigma}_{k+1}^{yy} + \boldsymbol{\Sigma}_{k+1}^y]^{-1}$$

$$\boldsymbol{\theta}_{k+1}^{(n)} = \hat{\boldsymbol{\theta}}_{k+1}^{(n)} + \boldsymbol{K}_{k+1}^\theta (\boldsymbol{d}_{k+1}^{(n)} - \hat{\boldsymbol{u}}_{k+1}^{(n)})$$

3. 更新系统状态

- 由更新的参数计算系统状态：

$$\boldsymbol{u}_{k+1}^{(n)} = \Psi(\boldsymbol{u}_k^{(n)}, \boldsymbol{\theta}_{k+1}^{(n)}) + \boldsymbol{\xi}_k^{(n)}$$

- 通过模型预测状态 $\boldsymbol{u}_{k+1}^{(n)}$ 和观测数据 $\boldsymbol{d}_{k+1}$ 获得分析状态粒子：

$$\boldsymbol{K}_{k+1}^u = \boldsymbol{\Sigma}_{k+1}^{uy} [\boldsymbol{\Sigma}_{k+1}^{yy} + \boldsymbol{\Sigma}_{k+1}^y]^{-1}$$

$$\tilde{\boldsymbol{u}}_{k+1}^{(n)} = \hat{\boldsymbol{u}}_{k+1}^{(n)} + \boldsymbol{K}_{k+1}^u (\boldsymbol{d}_{k+1}^{(n)} - \boldsymbol{u}_{k+1}^{(n)})$$

通过上述算法可以看出，双集合卡尔曼滤波可以同时估计系统状态和模型参数，可以有效量化输入、输出和模型参数的不确定性。此外，该算法框架具有递归性，不需要知道所有的过去信息，可有效节省存储空间。接下来将以汽车电子中的锂电池安全为例，展示双集合卡尔曼滤波对系统未知输入的估计效果。

伴随着锂电池技术的普及与推广，电池的可靠性与安全性愈发重要。电解液温度作为衡量锂离子电池性能的重要参数，通常需要保持在一个额定的取值范围之内。但是，由于电池内部的电化学过程极为复杂，通过现有的机理模型逆向估计电解液温度依旧存在较大的近似误差。从产业角度来看，温度传感器的价格、体积与重量仍不尽如人意，直接测量电解液温度并不具备实操性。可考虑用双集合卡尔曼滤波来解决这一难题——构建一个双集合卡尔曼滤波框架，通过不完美的电化学模型和间接观测信息，可有效估计圆柱形锂离子电池的电解液温度 T。

令 c 表示电池阳极、阴极和电解液中的锂离子浓度，I 表示电流，$f_m(c,T,I)$ 表示锂离子在电池阴极、阳极和电解液中的扩散模型，$g_m(c,T,I)$ 表示终端电压 V 的非线性算子，可以通过锂离子浓度、电解液温度和电流获得。最后，引入一个动态方程来描述电解液温度在相邻时间 $(k,k+1)$ 上的变化：

$$T_{k+1} = T_k + \epsilon_k^T$$

其中，T_k 和 T_{k+1} 分别表示离散时刻 k 和 $k+1$ 的电解液温度。噪声 ϵ^T 为一个平稳分布的随机过程，在任意时刻 k 满足均值为 0、方差为 σ_T^2 的正态分布。

综上所述，双集合卡尔曼滤波框架下的正向模型可以表示为

$$\begin{cases} \dfrac{\mathrm{d}c}{\mathrm{d}t} = f_m(c,T,I) \\ V = g_m(c,T,I) \\ T_{k+1} = T_k + \epsilon_k^T \end{cases} \tag{5.68}$$

此外，还有含高斯白噪声的终端电压观测信息：

$$d_{k+1} = V_{k+1}^{\mathrm{obs}} + \epsilon_{k+1}^{\mathrm{d}} \tag{5.69}$$

相应的双集合卡尔曼滤波算法如下。

算法 5.4　"状态-参数"双集合卡尔曼滤波

---

1. 初始化

　　当 $k=0$ 时，令锂离子浓度和电解液温度为服从均匀分布的随机变量，并各自生成 N 个初始状态样本 $c_0^{(n)}$ 和 $T_0^{(n)}(n=1,\cdots,N)$：

$$c_0 \sim U(c_{\min}, c_{\max}), \qquad T_0 \sim U(T_{\min}, T_{\max})$$

2. 通过正向模型预测下一时刻的"状态-参数"

- 当 $k \geqslant 1$ 时，针对所有样本（$n=1,\cdots,N$），电解液温度、锂离子浓度和终端电压的预测信息：

$$\hat{T}_{k+1}^{(n)} = T_k^{(n)} + \epsilon_{k+1}^{\mathrm{T}\,(n)}$$
$$\hat{c}_{k+1}^{(n)} = f_m(c_k^{(n)}, \hat{T}_{k+1}^{(n)}, I_{k+1})$$
$$\hat{V}_{k+1}^{(n)} = g_m(\hat{c}_{k+1}^{(n)}, \hat{T}_{k+1}^{(n)}, I_{k+1})$$

- 获得终端电压的观测信息：

$$d_{k+1}^{(n)} = V_{k+1}^{\mathrm{obs}} + \epsilon_{k+1}^{\mathrm{d}\,(n)}$$

- 计算电解液温度的卡尔曼增益 K_{k+1}^{tem} 并更新电解液温度信息：

$$K_{k+1}^{\mathrm{tem}} = \mathrm{Cov}(\hat{T}_{k+1}, \hat{V}_{k+1})[\mathrm{Cov}(\hat{V}_{k+1}, \hat{V}_{k+1}) + \sigma_{\mathrm{d}}^2]^{-1}$$

$$T_{k+1}^{(n)} = \hat{T}_{k+1}^{(n)} + (d_{k+1}^{(n)} - \hat{V}_{k+1}^{(n)})K_{k+1}^{\mathrm{tem}}$$

3. 更新终端电压和锂离子浓度信息

- 通过电解液温度更新终端电压信息：

$$\hat{c}_{k+1}^{(n)} = f_{\mathrm{m}}(c_k^{(n)}, T_{k+1}^{(n)}, I_{k+1})$$

$$V_{k+1}^{(n)} = g_{\mathrm{m}}(\hat{c}_{k+1}^{(n)}, T_{k+1}^{(n)}, I_{k+1})$$

- 计算锂离子浓度的卡尔曼增益 K_{k+1}^{con}，并更新锂离子浓度信息：

$$K_{k+1}^{\mathrm{con}} = \mathrm{Cov}(\hat{c}_{k+1}, V_{k+1})[\mathrm{Cov}(V_{k+1}, V_{k+1}) + \sigma_{\mathrm{d}}^2]^{-1}$$

$$c_{k+1}^{(n)} = \hat{c}_{k+1}^{(n)} + (d_{k+1}^{(n)} - V_{k+1}^{(n)})K_{k+1}^{\mathrm{con}}$$

需要注意的是，上述电解液温度的逆向建模框架为通用型框架，不局限于特定的电化学模型 $f(\cdot)$ 和终端电压模型 $g_{\mathrm{m}}(\cdot)$。鉴于这些模型大多形式复杂、工程参数繁多，且不属于本书对不确定性量化方法的讨论范畴，故不在此具体展开。感兴趣的读者可以查阅参考文献 [8] 获取更多模型细节。

在锂电池安全的案例中，分别使用了扩展单粒子模型（extended single particle model，eSPM）和巴特勒-福尔默模型（Bulter-Volmer model）作为锂离子浓度和终端电压的正向预测模型 [式 (5.68)]。将终端电压测量噪声和电解液温度模型噪声分别设置为 $\sigma_{\mathrm{d}}^2 = 1 \times 10^{-6}$ V^2 和 $\sigma_{\mathrm{T}}^2 = 0.001$ ℃^{2}。图 5.4 展示了通过含有 20 个样本的双集合卡尔曼滤波逆向估计在 1 倍 [图 5.4（a）]、2 倍 [见图 5.4（b）]、3 倍 [见图 5.4（c）] 放电速率下 LGChem INR21700 M50 型号的锂电池电解液温度，并将不同时刻下的均值结果与通过 Arbin LBT21024 电池测试平台获得的实际温度进行对比。可以看出，在不同放电速率下，双集合卡尔曼滤波逆向估计的电解液温度均值与实际测量结果高度吻合。

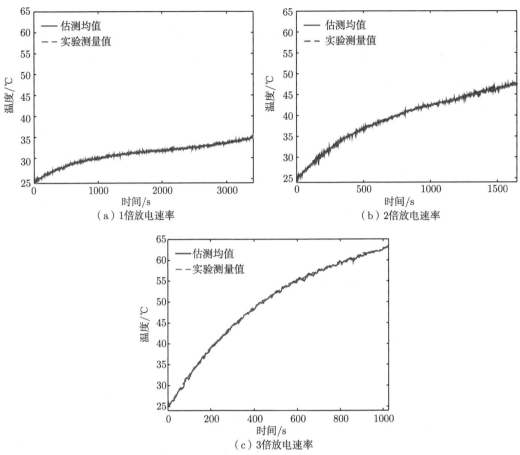

图 5.4　双集合卡尔曼滤波逆向估计的电解液温度均值和实验测量值在不同放电速率下的对比 [8]

5.4　压缩感知

在逆向建模中，人们常常会遇到已知信息少于未知目标的欠定问题。例如，信号处理时需要从稀疏采样中重构原有的未知信号。根据奈奎斯特定理（Nyquist theorem），如果采样频率小于目标信号最高频率的一半，稀疏的测量数据无法还原真实信号。为此，以陶哲轩（Terence Chi-Shen Tao）为代表的科学工作者提出了压缩感知（compressed sensing，也称压缩采样、稀疏采样）方法，证明了即使不满足奈奎斯特采样条件依旧可以实现信号的无失真重建。经过近 20 年的发展，压缩感知不仅在医学成像、雷达技术等电子工程领域有着广泛应用，其理论思想也与数学、材料等领域的逆向建模问题相结合，形成了一种有效求解欠定线性逆问题的方法，本节将重点介绍该方法。第 5.4.1 节将介绍压缩感知的基本概念，第 5.4.2 节将以计算互扩散系统为例介绍基于压缩感知的逆向建模方法。

5.4.1　基本概念

数据的稀疏性与样本间的不相关性是压缩感知理论的核心。令 $y \in C^M$ 表示测量数据向量，$x \in C^N$ 表示未知的输入向量，$A \in C^m \times C^N$ 为测量矩阵。压缩感知的目标是快速获得尽可能稀疏的未知向量 x 使得：

$$y = Ax \tag{5.70}$$

如果使用 ℓ_0-最小化方法，且规定向量 x 中非零元素的个数小于预置的稀疏度 s，即 $\| x \|_0 := \#\{l : x_l \neq 0\} \leqslant s$，则上述压缩感知问题可以转为如下优化问题：

$$\min_{\|x\|_0} \| Ax - y \|_2 \leqslant \sigma \tag{5.71}$$

其中，σ 为预设的误差上限。实际运行时需要遍历稀疏度为 s 的向量。由于子集的总量 $\binom{N}{s}$ 会随着目标数量 N 的增加而呈现出指数级增长，所以采用 ℓ_0-最小化方法会产生 NP 问题。

如果采用 ℓ_1-最小化方法，则可将逆向建模问题转化为新的优化问题：

$$\min_{\|x\|_1} \| Ax - y \|_2 \leqslant \sigma \tag{5.72}$$

当未知向量 x 符合一定稀疏程度，或 A 满足互相关性条件时，可利用一范数 $\| x \|_1$ 的凸性特点，通过凸优化方式将未知向量 x 完全恢复。接下来将通过材料领域的具体应用示例展示压缩感知理论的使用方法。受篇幅所限，本节仅讨论不确定性量化放大的相关内容，读者如对示例中的材料问题感兴趣，可以查阅参考文献 [9]、[10]。

5.4.2　应用示例：互扩散系数

互扩散系数是控制物质之间相互交换（扩散和混合等）的重要参数。受实验条件、成本等外界因素的限制，互扩散系数较难直接测量，需要依赖物质成分浓度的空间变化而反向求解菲克定律（Fick's law）来获得。假设在一维空间 x 中存在一个由 $N+1$ 种物质组成的合金，令 c_i 表示合金中物质成分 i 的浓度，合金内的物质交换仅发生于不同成分之间的接触面 x_0 上。通过定义该接触面的位置信息：

$$x_0 = \frac{1}{c^+ - c^-} \int_{-\infty}^{+\infty} x \frac{\partial c}{\partial x} \mathrm{d}x \tag{5.73}$$

相关科学家简介

　　陶哲轩（Terence Chi-Shen Tao，1975—　），澳大利亚数学家，国际数学界最高奖项之一费尔兹奖获得者。他不仅在基础数学领域获得重要成就，同时在应用研究上也做出了重要贡献。他提出的压缩感知理论被广泛用于信号和图像处理、医疗成像、模式识别、地质勘探、光学和雷达成像等领域。

可以由菲克第二定律（Fick second law）推导得到关于互扩散系数 D_{ij} 的控制方程 [也称为玻尔兹曼-俣野模型（Boltzmann-Matano model）][11,12]：

$$J_i = \frac{1}{2t} \int_{c_i^{-\infty} \text{或} c_i^{+\infty}}^{c_i} (x - x_0) \mathrm{d}c_i = -\sum_{j=1}^{N} D_{ij} \nabla c_j, \quad i =, \cdots, N \tag{5.74}$$

其中，D_{ij} 表示成分 i 与 j 之间的互扩散系数，$c_i^{-\infty}$ 和 $c_i^{+\infty}$ 分别代表成分 i 在区域两端的浓度数值。由于互扩散系数与物质成分浓度密切相关，因此通常将其建模为成分浓度的函数 $D_{ij}(c_1, \cdots, c_N)$。如果将 $N+1$ 种成分视为溶剂，则矩阵 $\boldsymbol{D}_{N \times N}$ 存在 N^2 个未知互扩散系数 D_{ij}。

玻尔兹曼-俣野模型 [式 (5.74)] 假设接触界面 x_0 两端的合金半无限长，从而使得两端的物质浓度不受瞬态扩散的影响。虽然可以通过这一模型从合金的成分-距离分布曲线的实验数据 $c(x)$ 中提取互扩散系数 D_{ij}，但是随着合金内物质种类的增加（$N+1 > 3$），互扩散系数与浓度之间的函数关系愈发复杂，需要更多的样本数据才能计算模型中的待定系数。

为了构建一个合理的压缩感知框架，可以通过有限的成分-距离数据 $c(x)$ 求解玻尔兹曼-俣野模型中互扩散系数的欠定线性系统，具体算法逻辑如下。

算法 5.5　基于压缩感知的材料互扩散系数逆向求解算法

1. 假设互扩散系数和成分浓度之间的函数关系为多项式形式。令 K 表示该函数的阶数，则该函数关系中未知模型参数的总量为 $N^2(NK+1)$：

$$D_{ij} = \alpha_{ij}^{(0)} + \sum_{n=1}^{N} \sum_{k=1}^{K} \alpha_{ij}^{(n+k-1)} c_n^k, \quad i,j = 1, \cdots, N \tag{5.75}$$

2. 在 M 个位置上获取成分浓度的样本：$c(x_i)$，$i = 1, \cdots, M$。

3. 将互扩散系数的函数形式和 M 个样本点信息代入玻尔兹曼-俣野模型 [式 (5.74)]，整理为 $\boldsymbol{J} = \boldsymbol{Ax}$ 形式。其中，$\boldsymbol{J}_{NM \times 1}$ 是由采样点位置上的互扩散通量组成的向量，其元素为玻尔兹曼-俣野模型 [式 (5.74)] 的等号左侧；$\boldsymbol{A}_{NM \times N^2}$ 为样本点上的成分浓度梯度（∇c_j）矩阵；$\boldsymbol{x}_{N^2 \times 1}$ 为待定的互扩散系数向量：

$$\boldsymbol{x} = \begin{pmatrix} D_{11} & \cdots & D_{N1} & D_{12} & \cdots & D_{NN} \end{pmatrix}^{\mathrm{T}} \tag{5.76}$$

可以进一步转换为 $N^2 \times (N^2 + KN^3)$ 维的对角矩阵与预设函数关系中待定系数构成的向量系数 $\boldsymbol{a}_{(N^2+KN^3) \times 1}$ 的乘积：

$$\boldsymbol{x} = \begin{pmatrix} \phi & 0 & 0 \\ 0 & \ddots & 0 \\ 0 & 0 & \phi \end{pmatrix} \boldsymbol{a} \tag{5.77a}$$

$$\phi = \begin{pmatrix} I & c_1 I & \cdots & c_N I & \cdots & c_1^K I & \cdots & c_N^K I \end{pmatrix} \tag{5.77b}$$

$$a = \begin{pmatrix} a_1 & \cdots & a_i & \cdots & a_N \end{pmatrix} \tag{5.77c}$$

$$a_i = \begin{pmatrix} \alpha_{1i}^{(0)} & \cdots & \alpha_{ni}^{(0)} & \cdots & \alpha_{1i}^{(K)} & \cdots & \alpha_{ni}^{(K)} \end{pmatrix}^{\mathrm{T}} \tag{5.77d}$$

4. 利用 ℓ_1 -magic、SPGl1 等开源压缩感知软件恢复模型参数矩阵 a，重建互扩散系数矩阵 D。

在上述算法中，结果误差主要来自 3 个方面：互扩散通量 J 的测量误差、浓度梯度 ∇c 的离散近似误差以及压缩感知软件的误差。需要注意的是，基于压缩感知的逆向求解效率严重依赖于模型参数矩阵 a 的稀疏性。因此，算法 5.5 虽然采用了多项式的函数关系 [式 (5.75)]，但只要 a 足够稀疏，该算法依旧适用于其他形式的互扩散系数模型。

下面将通过 3 个数值算例来展示逆向建模框架的求解效果。每个算例中的互扩散系数矩阵已知且正定，真实的成分浓度结果为基于空间二阶差分、时间四阶龙格-库塔法的高阶数值解；测量数据采样于真实结果中的成分-距离曲线；算例中使用的压缩感知算法基于非加权一范数凸优化的 ℓ_1 -magic 软件。为简化表达，3 个算例中的所有变量均无量纲。使用互扩散系数的相对误差作为算法精度的评估标准：

$$\frac{\Delta D_{ij}}{\widetilde{D}_{ij}} = \sqrt{\left(\frac{J_i - \tilde{J}_i}{\tilde{J}_i}\right)^2 + \left(\frac{\nabla c_j - \widetilde{\nabla c_j}}{\widetilde{\nabla c_j}}\right)^2}, \quad i,j = 1,\cdots,N \tag{5.78}$$

其中，$\tilde{D}_{ij}, \tilde{J}_i, \widetilde{\nabla c_j}$ 指代相关测量结果。

例 5.1 考虑一个三元系统（$N = 2$），其互扩散系数为常数：

$$D = \begin{pmatrix} 1 & 0.1 \\ 0.15 & 2 \end{pmatrix} \tag{5.79}$$

在时刻 $t = 10^4 \Delta t$，从成分-距离曲线上随机选取两个位置的样本数据 $[c_1(x_i), c_2(x_i)](i = 1,2)$，代入玻尔兹曼-侯野模型 [式 (5.74)]：

$$\begin{pmatrix} J_1|_{x_1} \\ J_2|_{x_1} \\ J_1|_{x_2} \\ J_2|_{x_2} \end{pmatrix} = \begin{pmatrix} \left.\frac{\partial c_1}{\partial x}\right|_{x_1} & 0 & \left.\frac{\partial c_2}{\partial x}\right|_{x_1} & 0 \\ 0 & \left.\frac{\partial c_1}{\partial x}\right|_{x_1} & 0 & \left.\frac{\partial c_2}{\partial x}\right|_{x_1} \\ \left.\frac{\partial c_1}{\partial x}\right|_{x_2} & 0 & \left.\frac{\partial c_2}{\partial x}\right|_{x_2} & 0 \\ 0 & \left.\frac{\partial c_1}{\partial x}\right|_{x_2} & 0 & \left.\frac{\partial c_2}{\partial x}\right|_{x_2} \end{pmatrix} \begin{pmatrix} D_{11} \\ D_{21} \\ D_{12} \\ D_{22} \end{pmatrix} \tag{5.80}$$

假设互扩散系数和成分之间的函数关系为零阶多项式（$K = 0$），即 $D_{ij} = \alpha_{ij}^{(0)}$，则互扩散系数模型参数的稀疏向量 [式 (5.77)] 可以表达为

$$\boldsymbol{x} = \begin{pmatrix} 1 & 0 & 0 & 0 \\ 0 & 1 & 0 & 0 \\ 0 & 0 & 1 & 0 \\ 0 & 0 & 0 & 1 \end{pmatrix} \begin{pmatrix} \alpha_{11}^{(0)} & \alpha_{12}^{(0)} & \alpha_{21}^{(0)} & \alpha_{22}^{(0)} \end{pmatrix}^{\mathrm{T}} \tag{5.81}$$

图 5.5 展示了通过算法 5.5 求得的例 5.1 的互扩散通量 $\boldsymbol{J}$、成分浓度 $\boldsymbol{c}(x)$ 和互扩散系数的相关误差。为直观展示效果，互扩散通量和成分浓度分布的真实结果也含于图中。可以看出，基于压缩感知的逆向算法较为准确地估计了常数情况下的互扩散系数。为验证该算法能否在随机样本情况下保持稳定，沿着成分-距离曲线随意选取了 100 对样本。在二范数下，由这些样本逆向所得的成分浓度平均误差约为 10^{-5} 量级。图 5.5（c）和图 5.5（d）绘制了互扩散系数与真实测量结果之间的相对误差 [式 (5.78)]。虽然逆向算法在大部分区域内可以较好地还原互扩散系数，但是在成分浓度最小值和最大值附近，精度明显下降。这一误差来自互扩散系数矩阵特征矢量平行方向扩散耦合的合成矢量，是互扩散系数建模的常见问题，不在逆向建模算法的讨论范畴，本书不做详细介绍，感兴趣的读者可以查阅材料领域的参考文献 [13]。

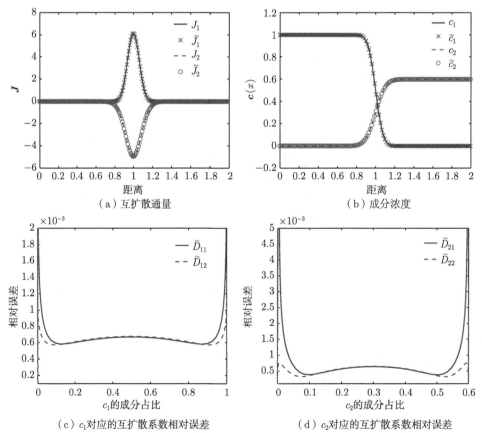

（a）互扩散通量   （b）成分浓度

（c）c_1 对应的互扩散系数相对误差   （d）c_2 对应的互扩散系数相对误差

图 5.5 基于算法 5.5 的结果与真实测量结果的对比情况以及互扩散系数相对误差的分布情况 [9]

例 5.2　考虑一个含有二阶互扩散系数的三元系统:

$$\boldsymbol{D} = \begin{pmatrix} 1 - 0.1c_1 - 0.1c_2 + 0.1c_1^2 & 0.1 - 0.1c_1 + 0.1c_2 \\ 0.15 + 0.15c_1 + 0.15c_2 & 2 - 0.2c_2 - 0.2c_1 + 0.1c_2^2 \end{pmatrix} \tag{5.82}$$

在时刻 $t = 8 \times 10^4 \Delta t$,从成分-距离曲线上随机选取了 4 个位置的样本数据 $[c_1(x_i),$ $c_2(x_i)](i=1,\cdots,4)$,代入玻尔兹曼-俣野模型 [式 (5.74)]:

$$\begin{pmatrix} \left.\dfrac{\partial c_1}{\partial x}\right|_{x_1} & 0 & \left.\dfrac{\partial c_2}{\partial x}\right|_{x_1} & 0 \\[2mm] 0 & \left.\dfrac{\partial c_1}{\partial x}\right|_{x_1} & 0 & \left.\dfrac{\partial c_2}{\partial x}\right|_{x_1} \\[2mm] \left.\dfrac{\partial c_1}{\partial x}\right|_{x_2} & 0 & \left.\dfrac{\partial c_2}{\partial x}\right|_{x_2} & 0 \\[2mm] 0 & \left.\dfrac{\partial c_1}{\partial x}\right|_{x_2} & 0 & \left.\dfrac{\partial c_2}{\partial x}\right|_{x_2} \\[2mm] \left.\dfrac{\partial c_1}{\partial x}\right|_{x_3} & 0 & \left.\dfrac{\partial c_2}{\partial x}\right|_{x_3} & 0 \\[2mm] 0 & \left.\dfrac{\partial c_1}{\partial x}\right|_{x_3} & 0 & \left.\dfrac{\partial c_2}{\partial x}\right|_{x_3} \\[2mm] \left.\dfrac{\partial c_1}{\partial x}\right|_{x_4} & 0 & \left.\dfrac{\partial c_2}{\partial x}\right|_{x_4} & 0 \\[2mm] 0 & \left.\dfrac{\partial c_1}{\partial x}\right|_{x_4} & 0 & \left.\dfrac{\partial c_2}{\partial x}\right|_{x_4} \end{pmatrix} \begin{pmatrix} D_{11} \\ D_{21} \\ D_{12} \\ D_{22} \end{pmatrix} = \begin{pmatrix} J_1|_{x_1} \\ J_2|_{x_1} \\ J_1|_{x_2} \\ J_2|_{x_2} \\ J_1|_{x_3} \\ J_2|_{x_3} \\ J_1|_{x_4} \\ J_2|_{x_4} \end{pmatrix} \tag{5.83}$$

假设互扩散系数与成分之间的函数关系为二次多项式 $(K = 2)$。此时,模型未知参数总量为 20,其向量形式 [式 (5.77)] 可以写为

$$\begin{pmatrix} D_{11} \\ D_{21} \\ D_{12} \\ D_{22} \end{pmatrix} = \begin{pmatrix} \alpha_{11}^{(0)} + \alpha_{11}^{(1)}c_1 + \alpha_{11}^{(2)}c_2 + \alpha_{11}^{(3)}c_1^2 + \alpha_{11}^{(4)}c_2^2 \\ \alpha_{21}^{(0)} + \alpha_{21}^{(1)}c_1 + \alpha_{21}^{(2)}c_2 + \alpha_{21}^{(3)}c_1^2 + \alpha_{21}^{(4)}c_2^2 \\ \alpha_{12}^{(0)} + \alpha_{12}^{(1)}c_1 + \alpha_{12}^{(2)}c_2 + \alpha_{12}^{(3)}c_1^2 + \alpha_{12}^{(4)}c_2^2 \\ \alpha_{22}^{(0)} + \alpha_{22}^{(1)}c_1 + \alpha_{22}^{(2)}c_2 + \alpha_{22}^{(3)}c_1^2 + \alpha_{22}^{(4)}c_2^2 \end{pmatrix} = \begin{pmatrix} \boldsymbol{\phi} & \boldsymbol{0} \\ \boldsymbol{0} & \boldsymbol{\phi} \end{pmatrix} \begin{pmatrix} \boldsymbol{a}_1 \\ \boldsymbol{a}_2 \end{pmatrix} \tag{5.84}$$

$$\boldsymbol{\phi} = \begin{pmatrix} \boldsymbol{I} & c_1\boldsymbol{I} & c_2\boldsymbol{I} & c_1^2\boldsymbol{I} & c_2^2\boldsymbol{I} \end{pmatrix} = \begin{pmatrix} 1 & 0 & c_1 & 0 & c_2 & 0 & c_1^2 & 0 & c_2^2 & 0 \\ 0 & 1 & 0 & c_1 & 0 & c_2 & 0 & c_1^2 & 0 & c_2^2 \end{pmatrix} \tag{5.85}$$

$$\boldsymbol{a}_i = \begin{pmatrix} \alpha_{1i}^{(0)} & \alpha_{2i}^{(0)} & \alpha_{1i}^{(1)} & \alpha_{2i}^{(1)} & \alpha_{1i}^{(2)} & \alpha_{2i}^{(2)} & \alpha_{1i}^{(3)} & \alpha_{2i}^{(3)} & \alpha_{1i}^{(4)} & \alpha_{2i}^{(4)} \end{pmatrix}^{\mathrm{T}}, \quad i=1,2 \tag{5.86}$$

　　图 5.6 展示了通过算法 5.5 求得的例 5.2 的互扩散通量 $\boldsymbol{J}$、成分浓度 $\boldsymbol{c}(x)$ 和互扩散系数的相对误差。可以看出，任意 100 组样本所得的成分浓度分布平均二范数误差较例 5.1 有所上升，为 10^{-3} 量级，但依旧很小。从与真实测量结果的比较来看，基于压缩感知的逆向算法提供了准确且稳定的估计。通过图 5.6（c）和图 5.6（d）可以看出，除成分浓度两端极值区域外，互扩散系数的相对误差维持在 5% 以内。

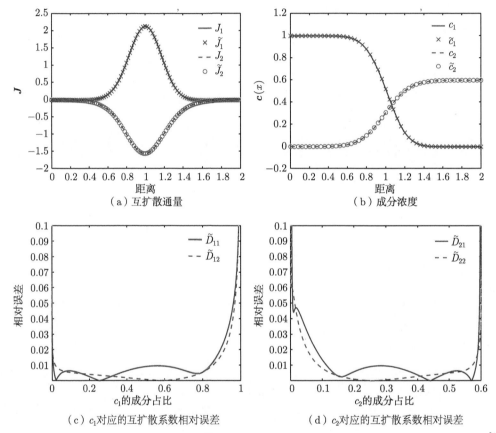

图 5.6　基于算法 5.5 的结果与真实测量结果的对比情况以及互扩散系数相对误差的分布情况 [9]

　　例 5.3　考虑一个四元系统（$N=3$），其互扩散系数与成分之间的函数关系为一阶多项式，其矩阵形式为

$$\boldsymbol{D} = \begin{pmatrix} 1-0.1c_1 & 0.1 & 0.2 \\ 0.05 & 2-0.2c_2 & 0.15 \\ 0.05 & 0.15 & 2-0.2c_3 \end{pmatrix} \tag{5.87}$$

在逆向求解中，假设互扩散系数为一阶函数，即 $K=1$，有

$$D_{ij} = \alpha_{ij}^{(0)} + \alpha_{ij}^{(1)}c_1 + \alpha_{ij}^{(2)}c_2 + \alpha_{ij}^{(3)}c_3 \tag{5.88}$$

则模型未知参数的总量为 36 个。扩散向量 $\boldsymbol{x}$ 可以写为

$$\boldsymbol{x} = \begin{pmatrix} \boldsymbol{\phi} & \boldsymbol{0} & \boldsymbol{0} \\ \boldsymbol{0} & \boldsymbol{\phi} & \boldsymbol{0} \\ \boldsymbol{0} & \boldsymbol{0} & \boldsymbol{\phi} \end{pmatrix} \begin{pmatrix} \boldsymbol{a}_1 \\ \boldsymbol{a}_2 \\ \boldsymbol{a}_3 \end{pmatrix} \tag{5.89}$$

$$\boldsymbol{\phi} = \begin{pmatrix} \boldsymbol{I} & c_1\boldsymbol{I} & c_2\boldsymbol{I} & c_3\boldsymbol{I} \end{pmatrix} \tag{5.90}$$

$$\boldsymbol{a}_i = \begin{pmatrix} \alpha_{1i}^{(0)} & \alpha_{2i}^{(0)}\alpha_{3i}^{(0)} & \alpha_{1i}^{(1)} & \alpha_{2i}^{(1)}\alpha_{3i}^{(1)} & \cdots & \alpha_{1i}^{(3)} & \alpha_{2i}^{(3)}\alpha_{3i}^{(3)} \end{pmatrix}^{\mathrm{T}} \tag{5.91}$$

其中，$\boldsymbol{I}$ 为 3×3 的单位对角矩阵。在时刻 $t = 8\times10^4\Delta t$，从成分-距离曲线上随机选取了 4 个位置的样本数据 $[c_1(x_i), c_2(x_i), c_3(x_i)]$ $(i = 1,\cdots,4)$，代入玻尔兹曼-俣野方程 [式 (5.74)]：

$$\begin{pmatrix} \left.\dfrac{\partial c_1}{\partial x}\right|_{x_1} & 0 & 0 & \left.\dfrac{\partial c_2}{\partial x}\right|_{x_1} & 0 & 0 & \left.\dfrac{\partial c_3}{\partial x}\right|_{x_1} & 0 & 0 \\ 0 & \left.\dfrac{\partial c_1}{\partial x}\right|_{x_1} & 0 & 0 & \left.\dfrac{\partial c_2}{\partial x}\right|_{x_1} & 0 & 0 & \left.\dfrac{\partial c_3}{\partial x}\right|_{x_1} & 0 \\ 0 & 0 & \left.\dfrac{\partial c_1}{\partial x}\right|_{x_1} & 0 & 0 & \left.\dfrac{\partial c_2}{\partial x}\right|_{x_1} & 0 & 0 & \left.\dfrac{\partial c_3}{\partial x}\right|_{x_1} \\ \vdots & & & & & & & & \vdots \\ \left.\dfrac{\partial c_1}{\partial x}\right|_{x_4} & 0 & 0 & \left.\dfrac{\partial c_2}{\partial x}\right|_{x_4} & 0 & 0 & \left.\dfrac{\partial c_3}{\partial x}\right|_{x_4} & 0 & 0 \\ 0 & \left.\dfrac{\partial c_1}{\partial x}\right|_{x_4} & 0 & 0 & \left.\dfrac{\partial c_2}{\partial x}\right|_{x_4} & 0 & 0 & \left.\dfrac{\partial c_3}{\partial x}\right|_{x_4} & 0 \\ 0 & 0 & \left.\dfrac{\partial c_1}{\partial x}\right|_{x_4} & 0 & 0 & \left.\dfrac{\partial c_2}{\partial x}\right|_{x_4} & 0 & 0 & \left.\dfrac{\partial c_3}{\partial x}\right|_{x_4} \end{pmatrix} \begin{pmatrix} D_{11} \\ D_{21} \\ D_{31} \\ D_{12} \\ D_{22} \\ D_{32} \\ D_{13} \\ D_{23} \\ D_{33} \end{pmatrix}$$

$$= \begin{pmatrix} J_1|_{x_1} & J_2|_{x_1} & J_3|_{x_1} & J_1|_{x_2} & J_2|_{x_2} & J_3|_{x_2} & \cdots & J_1|_{x_4} & J_2|_{x_4} & J_3|_{x_4} \end{pmatrix}^{\mathrm{T}} \tag{5.92}$$

　　图 5.7 展示了通过算法 5.5 求得的例 5.3 的互扩散通量 $\boldsymbol{J}$ 和成分浓度 $\boldsymbol{c}(x)$ 与真实测量结果的对比情况。可以看出，算法 5.5 提供了较好的拟合结果。随机抽取 100 组样本所获得的成分浓度的 ℓ_2 误差均值处于 $10^{-3} \sim 10^{-2}$ 范围内，证明了算法的稳定性。

　　图 5.8 展示了例 5.3 的互扩散系数相对误差的分布情况。与前两个算例类似，两端性能不佳源自材料模型，可以引入更多的扩散耦合进行修正。但是，界面处的相对误差增至 20% 左右。由于逆问题具有非适定性和病态性，数值计算中的微小波动可能导致最终结果大相径庭。特别是当四元合金系统包含了更多变量与耦合方程 [式 (5.74)] 时，算法 5.5 需要使用较三元系统更为准确的高阶数值方法或更加精密的网格，从而降低数值近似误差及其在逆向求解中的传导。

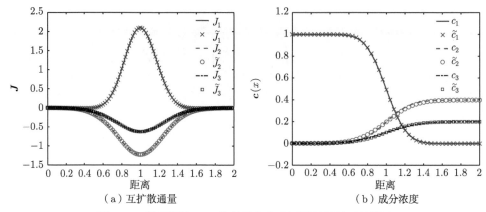

图 5.7　基于算法 5.5 的结果与真实测量结果的对比情况

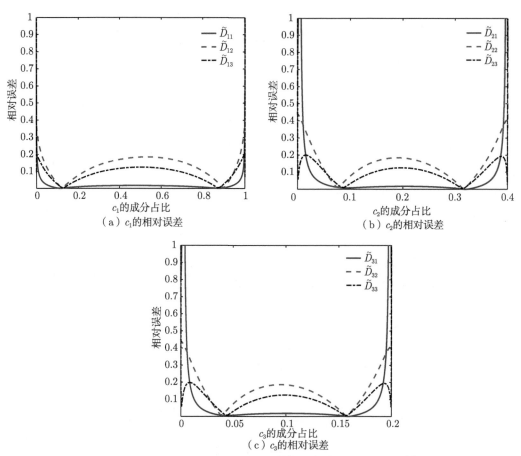

图 5.8　基于算法 5.5 的互扩散系数相对误差的分布情况 [9]

在实际操作过程中，如果 Z 表示未知参数总量，L 表示已知物理条件或控制方程的数量，则压缩感知所需的样本容量通常在 $[LZ/3, 2LZ/3]$ 之间。例如，在前文三元系统的算例中，0 阶和 1 阶函数关系压缩感知的最小样本数分别为 1 个和 2 个。如果使用噪声强度

为 σ 的测量数据, 压缩感知结果的 ℓ_2 二范数误差为

$$|\epsilon|_{\ell_2} = \text{polylog}(Z)\frac{s}{m}\sigma^2 \tag{5.93}$$

其中, s 表示未知向量中非零元素的数量, M 表示观测样本容量[14]。

　　当数据样本数量远少于未知数时, 压缩感知不失为一种可行的逆向建模方法。在本小节的 3 个算例中, 基于压缩感知的逆向算法框架可以较为准确地估计互扩散系数, 重建成分-距离曲线 $c(x)$。由于压缩感知的计算效率依赖未知向量的稀疏性, 可以在不引入物理经验或模型假设的前提下, 构建较为复杂的函数模型。这样可以在保证计算效率的同时, 避免预设模型忽略目标的微小机理特征。

　　本小节的算例使用了随机采样策略以确保一范数正则化下的系统具有明确定义的数值解[15]。虽然逆向建模问题的非适定性和病态性导致无法保证解向量唯一, 但只要这些解可以恢复系统输出 (成分-距离曲线), 即可视为有效解。正如算例的结果所示, 即使通过压缩感知求得的互扩散系数与真实结果存在不可忽视的误差, 其结果依旧可以重建系统真实的输出结果, 实现系统状态的有效预测。

参 考 文 献

[1] BERNARDO J M, SMITH A F. Bayesian theory[M]. Chichester, England: John Wiley & Sons, 2009.

[2] BISHOP C M. Pattern recognition and machine learning[M]. Cham, Switzerland: Springer, 2007.

[3] QUINONERO-CANDELA J, RASMUSSEN C E. A unifying view of sparse approximate Gaussian process regression[J]. Journal of Machine Learning Research, 2005(6): 1939-1959.

[4] EVENSEN G. Sequential data assimilation with a nonlinear quasi-geostrophic model using Monte Carlo methods to forecast error statistics[J]. Journal of Geophysical Research: Oceans, 1994, C5(99): 10143-10162.

[5] EVENSEN G. Data assimilation: the ensemble Kalman filter[M]. 2nd ed. Berlin: Springer, 2009.

[6] BURGERS G, VAN LEEUWEN P J, EVENSEN G. Analysis scheme in the ensemble Kalman filter [J]. Monthly Weather Review, 1998, 6(126): 1719-1724.

[7] VAN LEEUWEN P J. Nonlinear data assimilation in geosciences: an extremely efficient particle filter[J]. Quarterly Journal of the Royal Meteorological Society, 2010, 653(136): 1991-1999.

[8] WANG P, YANG L, WANG H, et al. Temperature estimation from current and voltage measurements in lithiumion battery systems[J]. Journal of Energy Storage, 2021(34): 102133.

[9] QIN Y, NARAYAN A, CHENG K, et al. An efficient method of calculating composition-dependent inter-diffusion coefficients based on compressed sensing method[J]. Computational Materials Science, 2021(188): 110145.

[10] XING W, CHENG M, CHENG K, et al. InfPolyn, a nonparametric Bayesian characterization for composition-dependent interdiffusion coefficients[J]. Materials, 2021, 14(13): 3635.

[11] BOLTZMANN L. Zur Integration der diffusions gleichung bei variabeln diffusions coefficienten[J]. Annual Review Physical Chemistry, 1894, 2(53): 959-964.

[12] MATANO C. On the relation between the diffusion-coefficients and concentrations of solid metals[J]. Japanese Journal of Physics, 1933(8): 109-113.

[13] XU H, CHENG K, ZHONG J, et al. Determination of accurate interdiffusion coefficients in fcc Ag-In and Ag-Cu-In alloys: a comparative study on the Matano method with distribution function and the numerical inverse method with HiTDIC[J]. Journal of Alloys and Compounds, 2019(798): 26-34.

[14] PLAN Y. Compressed sensing, sparse approximation, and low-rank matrix estimation[M]. Pasadena, California: California Institute of Technology, 2011.

[15] RAUHUT H. Compressive sensing and structured random matrices[M]//Theoretical Foundations and Numerical Methods for Sparse Recovery. Berlin: De Gruyter, 2010: 1-92.

应用篇

第 6 章　不确定性量化方法在集成电路新材料研发中的应用

21 世纪以来，以集成电路为代表的高新技术快速发展，新材料的作用和地位愈发突出。一方面，国际企业控制着主流硅基芯片技术，使得我国高端关键材料自给率仍比较低。另一方面，随着芯片尺寸的发展逼近摩尔定律的极限以及人工智能技术的飞速发展，硅基芯片愈发难以应对纳米工艺极限和日益增长的高算力需求。锑化铟（InSb）、锑化镓（GaSb）、氧化镓（Ga_2O_3）、石墨烯等新半导体材料的研发已成为国产芯片"弯道超车"的关键，不仅能奠定新一轮制造业革命的竞争优势，更是节省资源、减轻环境负担的主要出路。

现代新材料的研发不同于传统的"经验指导实验"模式，是多尺度、多学科、高通量的复杂科学。在未知材料化学成分与性能关系的情况下，具有某种特殊功能的新材料往往要经过漫长的试错、纠错过程才能被发现，从研究到应用可能长达 10 ~ 15 年时间，需要长期投入大量的人力、物力和财力。近年来，伴随着计算能力和技术的飞速发展，以第一性原理（ab initio）为理论基础的材料计算仿真和大数据分析与发掘技术得以普及，新材料研发也由"经验指导实验"的传统模式向"理论预测、实验验证"的新模式转变。为此，包括我国在内的诸多国家近年来纷纷提出了"材料基因组计划"，通过大量观测材料原子排列、相和显微组织的形成等"基因信息"，寻找并建立微观设计和材料性能、使用寿命等宏观性质之间的相互关系，从而形成"设计-实验-数据"相互融合的新材料研发模式。

新材料研发过程中存在着理论模型、实验测量、计算仿真等诸多不确定性因素，需要进行有效的量化与评估。同时，在有限计算资源的限制下，"材料基因"的高通量设计和计算需求往往难以满足。因此，新材料研发需要借助不确定性量化方法，在多层次、跨尺度的问题中有效降低随机误差，减少对样本数量的依赖，从而降低实验成本和计算损耗。

本章结合笔者于 2017—2021 年参与的国家重点研发计划"材料基因工程关键技术与支撑平台"中的工作成果，从原子、分子、连续介质 3 个尺度介绍不确定性量化方法在集成电路新材料研发中的应用。第 6.1 节将从第一性原理出发，以相变存储器材料为例，将广义多项式混沌法用于材料体积模量的估计。第 6.2 节将介绍动态蒙特卡洛方法是如何通过随机仿真来模拟材料分子的扩散运动的。第 6.3 节将以多孔材料为例，使用参数不确定性量化方法对微观随机几何结构和材料宏观性质进行建模。

6.1 材料体积模量

存储单元是一种用于保存数据的时序逻辑电路，是集成电路中不可或缺的组成部分。近年来，随着汽车电子、5G 通信、物联网、可穿戴设备等热门新兴领域的崛起，国内存储芯片的需求量逐年攀升。以韩国三星、海力士和美国美光、西部数据为代表的企业长期垄断着存储器材料、技术与产品，发展高性能先进存储材料对我国摆脱存储器依赖进口的困境、维护国家信息安全和信息产业的健康发展，具有重大战略意义。

近年来，以二元及多元硫族化合物为代表的相变存储器（phase change random access memory，PRAM）已逐渐成为下一代最具竞争力的新型存储器。它利用相变材料在非晶态（原子无序排列）和晶态（原子紧密堆积排列）之间的可逆相变特性，实现数据信息的擦写。作为一种非易失性存储器，其相变材料的非晶态与晶态可逆相变速度、相变次数，温度、熔点和稳定性直接决定着存储器的擦写速度、循环寿命、功耗与可靠性等关键性能。

接下来先从材料基因工程的基石——第一性原理出发，展示不确定性量化方法在新型相变存储器材料上的探索。由于篇幅所限，本节可能无法展示所有计算细节，感兴趣的读者可以查阅参考文献 [1]。

6.1.1 基本概念

第一性原理描述了原子核和电子之间相互作用的原理及运动规律 [2]。在计算材料学中，第一性原理仿真通常指代密度泛函理论（density functional theory，DFT）的计算，即计算将材料体系能量最小化时所得的基态能量。该仿真方法虽然在分子间相互作用、半导体的能隙等问题上有一定局限性，但是已广泛用于新材料体系的研发，诞生了 VASP（Vienna Ab-initio Simulation Package）、Quantum ESPRESSO 等第一性原理计算商用与开源软件。

体积模量是基于第一性原理仿真的重要特征参数，描述了材料在单位体积收缩时所需的压力，是材料化学键性质的核心度量。通过第一性原理推导获得体积模量的方法有两种。第一种方法被称为沃伊特-罗伊斯-希尔方法（Voigt-Reuss-Hill method）[3]，是一种对体积模量进行平均估计的方法。利用固定的均匀形变，计算晶体系统的弹性常数，从而获得体积模量的取值上限（沃伊特界）、下限（罗伊斯界）和算术平均值（希尔平均数）。第二种方法则通过构建材料系统能量（E）与体积（V）之间的物理模型 [状态方程（equation of state，EoS）]，从而获取材料的体积模量（B）：

$$B = V \left. \frac{\mathrm{d}^2 E}{\mathrm{d} V^2} \right|_{V=V_0} \tag{6.1}$$

此处 V_0 为能量平衡态（取最小值）时的体积：

$$\left.\frac{\mathrm{d}E}{\mathrm{d}V}\right|_{V=V_0} = 0 \tag{6.2}$$

这两种计算方法均依赖第一性原理仿真，虽然可以有效计算单个材料系统的体积模量，但相关计算成本高昂，并不适合"材料基因"研发模式下的高通量分析。例如，在第一性原理仿真中，为方便仿真海量原子系统的基态性质，需要引入广义梯度近似（generalized gradient approximation，GGA）、局部密度近似（local density appro mation，LDA）等近似模型。相关近似误差所带来的参数不确定性也会影响体积模量的计算结果。同时，这两种体积模量的计算方法多基于特定条件下的物理模型，适用对象固定；在计算未知材料的体积模量时可能违背相关假设，造成不可忽视的误差。

为此，下文将结合参数不确定性量化方法，介绍一种体积模量的新型计算框架 [4]。该计算框架基于广义多项式混沌法，可以放宽相关假设，在满足同等精度要求下降低总计算成本，并提供结果的可靠性估计。

首先构建材料能量与体积的 N 阶广义多项式混沌近似：

$$E(V) \approx E_N(V) = \sum_{i=0}^{N} c_i \phi_i(V) \tag{6.3}$$

其中，i 表示正交多项式 $\phi_i(V)$ 的阶数，c_i 表示相应的待定系数，其向量 $\boldsymbol{c} = (c_i)_{i=0}^{N}$ 可通过第 3 章的随机配置法获取。如果拥有一组容量为 M 的第一性原理数据 $(E_k, V_k)_{k=1}^{M}$，则上述材料能量与体积的 N 阶广义多项式混沌近似可以表示为如下矩阵形式：

$$\boldsymbol{Ac} = \boldsymbol{d}, \quad \boldsymbol{A} = \begin{pmatrix} \phi_0(V_1) & \phi_1(V_1) & \cdots & \phi_N(V_1) \\ \phi_0(V_2) & \phi_1(V_2) & \cdots & \phi_N(V_2) \\ \vdots & \vdots & & \vdots \\ \phi_0(V_M) & \phi_1(V_M) & \cdots & \phi_N(V_M) \end{pmatrix}, \quad \boldsymbol{d} = \begin{pmatrix} E_0 \\ E_1 \\ \vdots \\ E_M \end{pmatrix} \tag{6.4}$$

根据广义多项式混沌近似的最高阶数 N 与数据容量 M 之间的大小关系，可以选取不同的方法获得多项式模型系数 $\boldsymbol{c}$：

（1）当 $M = N$ 时，通过最小二乘法求解，$\boldsymbol{c} = \boldsymbol{A}^{-1}\boldsymbol{d}$；

（2）当 $M > N+1$ 时，可以通过二范数下最小化问题求解，$\boldsymbol{c} = \min\|\boldsymbol{Ac} = \boldsymbol{d}\|_{\ell_2}$，也可以通过最小二乘法求解；

（3）当 $M < N+1$ 时，通过压缩感知获得系数向量的稀疏解。

下文只讨论当 $M \geqslant N+1$ 时，通过最小二乘法求解多项式模型系数的情况 [5,6]。

构建完能量-体积的广义多项式混沌模型 E_N 后，代入平衡态体积为能量全局最小值的定义，令导数为 0 可以求得 V_0：

$$\left.\frac{\mathrm{d}E}{\mathrm{d}V}\right|_{V=V_0} \approx \left.\frac{\mathrm{d}E_N}{\mathrm{d}V}\right|_{V=V_0} = \sum_{i=0}^{N} c_i \left.\frac{\mathrm{d}\phi_i}{\mathrm{d}V}\right|_{V=V_0} = 0 \tag{6.5}$$

此时，依照体积模量为能量在平衡态体积的二阶导数定义 [式 (6.1)]，可以通过计算获得 B：

$$B = V\left.\frac{\mathrm{d}^2 E_N}{\mathrm{d}V^2}\right|_{V=V_0} = V\sum_{i=0}^{N} c_i \left.\frac{\mathrm{d}^2\phi_i}{\mathrm{d}V^2}\right|_{V=V_0} \tag{6.6}$$

在计算体积模量时，由于体积信息及其取值分布未知，故使用等权重 $\omega=1$，即均匀分布的方式进行采样。此时，根据表 3.2，正交多项式 $\phi_i(V)$ 为勒让德多项式，其一阶和二阶导数可表示为

$$\frac{\mathrm{d}\phi_i}{\mathrm{d}V} = \frac{iV\phi_i - i\phi_{i-1}}{V^2-1}, \qquad \frac{\partial^2\phi_i}{\partial V^2} = \frac{i\phi_i(V^2-1) - 2V(iV\phi_i - i\phi_{i-1})}{(V^2-1)^2} \tag{6.7}$$

现在讨论上述结果的误差。根据模型投影定义可知，能量-体积的 N 阶广义多项式混沌模型存在截断误差：

$$\lim_{N\to+\infty}\| E - E_N \|_{\ell_2} = \inf\| E - \sum_{i=0}^{N} c_i\phi_i(V) \|_{\ell_2}$$
$$= \lim_{N\to+\infty}|E(V) - E_N(V)|\omega\mathrm{d}V \leqslant \eta N^{-\alpha} \to 0 \tag{6.8}$$

此处的 η 为常数，$\alpha>0$ 表示能量-体积曲线的光滑程度。如果能量与体积之间的真实函数具有较高的光滑度，低阶广义多项式混沌模型 $E_N(V)$ 即可实现对其在二范数下的最佳逼近。

如果通过第一性原理得到的计算数据含有误差 $\boldsymbol{\epsilon}_{\mathrm{ab}} = (\epsilon_1,\cdots,\epsilon_M)^{\mathrm{T}}$，则能量-体积的广义多项式混沌模型的二范数误差可以写为

$$\epsilon_E = \|E - E_N\|_{L_2} \leqslant \left[\sum_{i=N+1}^{+\infty}\frac{\left(\int_\Omega E\phi_i\omega\,\mathrm{d}V\right)^2}{\|\phi_i\|_{\ell_2}^2}\right]^{\frac{1}{2}} + \|\mathcal{F}(\boldsymbol{A},\boldsymbol{\epsilon}_{\mathrm{ab}})\,\boldsymbol{\phi}\|_{\ell_2} + \|\boldsymbol{\epsilon}_Q\|_{+\infty} \tag{6.9}$$

$$\mathcal{F}(\boldsymbol{A},\boldsymbol{\epsilon}_{\mathrm{ab}}) = \begin{cases} \boldsymbol{A}^{-1}\boldsymbol{\epsilon}_{\mathrm{ab}}, & M = N+1 \\ \underset{\boldsymbol{c}'}{\min}\|\boldsymbol{A}\boldsymbol{c}' - \boldsymbol{\epsilon}_{\mathrm{ab}}\|_{\ell_2}, & M > N+1 \end{cases} \tag{6.10}$$

其中，$\phi = (\phi_0, \cdots, \phi_N)^{\mathrm{T}}$ 为广义多项式混沌模型中勒让德多项式组成的列向量，ϵ_Q 为数值计算过程中的插值误差。

由能量-体积模型误差表达式 [式 (6.9)] 的不等号右侧可知，第一部分误差源自有限多项式的截断近似，第二部分误差为第一性原理计算数据带来的误差，第三部分误差 $\|\epsilon_Q\|_{+\infty}$ 表示离散网格插值所引入的混叠误差。

广义多项式混沌模型一阶导数误差可以通过对上述原模型误差 ϵ_E 求导获得。在局部平滑区间内，对式 (6.9) 取关于 V 的一阶导数：

$$\epsilon_E{}' = \|\frac{\mathrm{d}E}{\mathrm{d}V} - \frac{\mathrm{d}E_N}{\mathrm{d}V}\|_{\ell_2} \leqslant \| \sum_{i=N+1}^{+\infty} c_i \frac{\mathrm{d}\phi_i}{\mathrm{d}V}\|_{L_2} + \|\mathcal{F}(\boldsymbol{A}, \boldsymbol{\epsilon}_{\mathrm{ab}}) \frac{\mathrm{d}\phi}{\mathrm{d}V}\|_{\ell_2} \tag{6.11}$$

同理可以递推广义多项式混沌模型的二阶导数误差：

$$\epsilon_E{}'' = \|\frac{\mathrm{d}^2E}{\mathrm{d}V^2} - \frac{\mathrm{d}^2E_N}{\mathrm{d}V^2}\|_{\ell_2} \leqslant \| \sum_{i=N+1}^{+\infty} c_i \frac{\mathrm{d}^2\phi_i}{\mathrm{d}V^2}\|_{L_2} + \|\mathcal{F}(\boldsymbol{A}, \boldsymbol{\epsilon}_{\mathrm{ab}}) \frac{\mathrm{d}^2\phi}{\mathrm{d}V^2}\|_{\ell_2} \tag{6.12}$$

根据体积模量定义 [式 (6.6)]，其误差上限为

$$
\begin{aligned}
\epsilon_B = \left| B - (V_0 + \epsilon_{V_0}) \frac{\mathrm{d}^2E_N}{\mathrm{d}V^2} \right| &\approx \left| V_0 \frac{\mathrm{d}^2E_N}{\mathrm{d}V^2} - (V_0 + \epsilon_{V_0}) \frac{\mathrm{d}^2E_N}{\mathrm{d}V^2} - \epsilon_{V_0} \frac{\mathrm{d}^3E_N}{\mathrm{d}V^3} \right| \\
&= \left| V_0 \frac{\mathrm{d}^2E_N}{\mathrm{d}V^2} - V_0 \frac{\mathrm{d}^2E_N}{\mathrm{d}V^2} - \epsilon_{V_0} \frac{\mathrm{d}^2E_N}{\mathrm{d}V^2} - \epsilon_{V_0} \frac{\mathrm{d}^3E_N}{\mathrm{d}V^3} \right| \\
&\leqslant V_0 \epsilon_E{}'' + |V_{0\mathrm{in}}P\%| \left| \frac{\mathrm{d}^2E_N}{\mathrm{d}V^2} + \frac{\mathrm{d}^3E_N}{\mathrm{d}V^3} \right|
\end{aligned}
\tag{6.13}
$$

其中，$V_0 + \epsilon_{V_0}$ 表示广义多项式混沌模型下的平衡态体积结果，$P\%$ 表示初始点附近的容许度，一般不超过 10%。需要注意的是，在体积模量计算中，平衡态体积误差在很大程度上取决于第一性原理计算的初始估测 $V_{0\mathrm{in}}$。为减少第一性原理计算误差带来的影响，通常在平衡态体积初始估测点附近采样，即 $|V_i - V_{0\mathrm{in}}| \leqslant |V_{0\mathrm{in}}P\%|$，通过建立能量-体积模型 $E(V)$ 更新其平衡态体积信息。在实际操作中，如果采样点不是材料能量的其他局部最小值点，平衡态体积误差一定小于最大体积变化，即 $\epsilon_{V_0} \leqslant |V_{0\mathrm{in}}P\%|$。

综上所述，基于广义多项式混沌模型的体积模量计算框架如下。

算法 6.1　材料体积模量的不确定性量化算法

1. 使用第一性原理计算获得材料的平衡态体积初始估测 $V_{0\mathrm{in}}$，并在其附近采样获得一组容量为 M 的数据 $(E_k, V_k)_{k=1}^{M}$。
2. 建立能量与体积之间的 N 阶广义多项式混沌模型 $E_N(V) \approx E(V)$。
3. 利用广义多项式混沌模型更新平衡态体积 [式 (6.5)]。

4. 根据体积模量定义确定其数值 [式 (6.6)] 和误差 [式 (6.13)]。

可以看出，这个算法框架不含任何物理假设，也可以用于其他定义下的体积模量。除体积模量外，任何基于能量-体积关系的材料特性也可由广义多项式混沌模型推导获得，并且可以通过串行或并行的计算方式实现多种材料性质的高通量估计。例如，格林艾森常数（Grüneisen constant）是材料晶格非简谐效应的度量参数，其定义为能量-体积模型（E_N）的三阶导数：

$$-\gamma = \frac{1}{6} + \frac{V}{2B}\frac{dB}{dV}\bigg|_{V=V_0} = \frac{2}{3} + \frac{V^2}{2B}\frac{d^3E_N}{dV^3}\bigg|_{V=V_0} = \frac{2}{3} + \frac{V^2}{2B}\sum_{i=0}^{N}c_i\frac{d^3\phi_i}{dV^3}\bigg|_{V=V_0} \tag{6.14}$$

6.1.2 相变存储器材料的体积模量计算

本小节以相变存储器材料 [碳化钛硅（Ti$_3$SiC$_2$）] 为例，展示使用第 6.1.1 节介绍的参数不确定性量化方法计算体积模量的流程，同时引入了伯奇-默纳汉模型（Birch-Murnaghan model）[7] 和沃伊特-罗伊斯-希尔方法的结果用以评估新算法的精度和成本。

Ti$_3$SiC$_2$ 是一种具有低对称性、层状六方密堆积结构的陶瓷材料，其晶体结构存在共价键、离子键和金属键 3 种类型的化学键，故表现出耐高温、抗氧化、高强度的性能，同时兼具导电、导热、可加工性、塑性等金属材料特性。在计算中，将晶格常数设置为 $a = 0.3076$ nm, $c = 1.7718$ nm，使得两者比值 $c/a \approx 5.7600$ 吻合已有实验数据 [8]；通过第一性原理计算所得的平衡态体积初始估计值为 $V_{0in} = 14.5220$ nm^3。为方便分析，最大体积变化设置为初始平衡态体积 V_{0in} 的 1%。在此区域内，使用勒让德多项式的零点作为体积取值点，利用第一性原理共生成 $M = 61$ 组相关能量：

$$V_i = V_{0in}\left[1 - 1\%\cos\left(\frac{i-1}{M-1}\pi\right)\right], \quad i = 1,\cdots,M \tag{6.15}$$

现在通过上述 61 组数据信息构建能量-体积的广义多项式混沌模型 [式 (6.3)]。首先需要根据柯西收敛数列确定多项式模型的阶数 N。令 $\|\cdot\|_{\ell_2}$ 表示在区域 $V_{0in}(1\pm1\%)$ 内通过 200 个等距点所得的二范数，则两个相邻阶数的广义多项式混沌模型的差的绝对值（截断误差）可写为

$$\delta E(N) = \|E_N - E_{N-1}\|_{\ell_2}, \quad N \geqslant 1 \tag{6.16}$$
$$\delta B(N) = \|B_N - B_{N-1}\|_{\ell_2}, \quad N \geqslant 1$$

图 6.1 展示了不同阶数下能量-体积广义多项式混沌模型的柯西收敛数列与相应体积模量模型的截断误差。可以看出，截断误差 δE 随着多项式模型阶数 N 的增加快速下降。当 $N = 3$ 时，模型已大致收敛。考虑到体积信息多精确至小数点后第三位，故选择截断误差为 10^{-2} eV 的二阶广义多项式混沌模型。

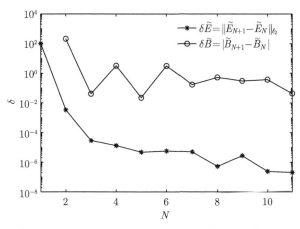

图 6.1　不同阶数下能量-体积广义多项式混沌模型的柯西收敛数列与相应体积模量模型的截断误差

将二阶广义多项式混沌模型代入平衡态体积定义 [式 (6.5)]，设置误差上限为 10^{-16}，可通过二分法进行数值计算，得到平衡态体积为 $14.5224\ \mathrm{nm}^3$。该结果与第一性原理仿真的初始估测相差不到 0.01%。将其代入体积模量定义 [式 (6.6)]，可得 $B = 212.4\ \mathrm{GPa}$。

图 6.2 展示了不同阶数下广义多项式混沌模型的体积模量计算误差 [式 (6.13)]。鉴于第一性原理计算的结果精度为小数点后三位，即 $\epsilon_{ab} \sim 10^{-2}\ \mathrm{eV}$，则体积模量计算误差将小于 $10^{-8}\ \mathrm{GPa}$。通过上述比较可知，新算法下的体积模量计算误差主要来自多项式模型的截断误差，最终得到的结果为 $(212.4 \pm 0.1)\ \mathrm{GPa}$，符合以往的实验和理论结果 [8,9]。

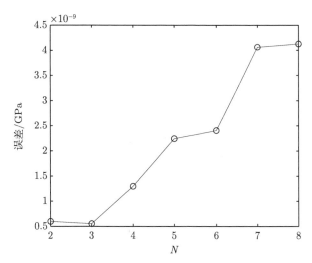

图 6.2　不同阶数下由第一原理数据误差引起的 $\mathrm{Ti_3SiC_2}$ 体积模量计算误差

接下来讨论数据样本对体积模量结果的影响。图 6.3 为在不同数据容量下，二阶广义多项式混沌模型和伯奇-默纳汉模型分别得出的 $\mathrm{Ti_3SiC_2}$ 体积模量。其中，前者使用了勒让德多项式零点作为样本构建能量-体积模型，后者使用了等距样本。可以看出，广义多项式混沌模型的结果在 $M = 7$ 后逐步稳定，伯奇-穆尔纳汉模型的结果在 $M = 50$ 后趋于收敛。

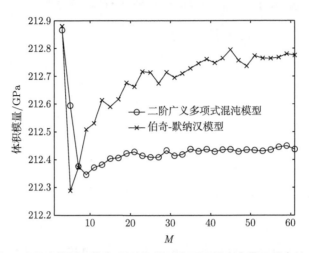

图 6.3 二阶广义多项式混沌模型和伯奇-默纳汉模型在不同样本容量下得出的 Ti_3SiC_2 体积模量

接下来讨论采样范围对体积模量的影响。表 6.1 列举了平衡态体积初始估测 V_{0in} 的最大体积变化幅度 $V_{0in}(1 \pm P\%)$ 的 4 种情况（$P\% = 1\%, 10\%, 20\%, 30\%$），以及相应的 Ti_3SiC_2 体积模量。随着体积变化范围的扩大，体积模量会有所下降但幅度很小（不超过 0.5%）。如果变化范围涵盖能量的局部最小点，则可能违反整体假设。因此，在实际操作中，只要保证用于构建能量-体积模型的样本数据散落于平衡态体积初始估测的小范围内，则采样范围对体积模量的影响可以忽略不计。

表 6.1 由不同范围样本点构建的能量-体积模型的 Ti_3SiC_2 体积模量

最大体积变化幅度	体积模量/GPa
1%	212.44
10%	211.22
20%	210.59
30%	210.30

需要注意的是，广义多项式混沌模型的导数精度会随着求导阶数的增加而下降。虽然可以选择更高阶的多项式模型构建能量-体积模型，但同时也需要更多的样本，甚至产生过度拟合现象。表 6.2 列举了不同阶数下广义多项式混沌模型的收敛样本数量、Ti_3SiC_2 体积模量及格林艾森常数（γ）的计算结果。可以看出，体积模量在不同多项式阶数下的变化远小于格林艾森常数在不同多项式阶数下的变化。同时，构建能量-体积模型的最小二乘法所需的样本数量也逐步上升。通过与参考文献的结果对比，二阶、三阶多项式展开下的格林艾森常数结果较为准确，且稳定于 $\gamma = 1.86$ 附近[11]。但是，当广义多项式混沌模型的阶数上升至 $N \geqslant 5$ 时，其拟合结果与参考文献 [11] 的结果会出现较大的偏差[11]。

表 6.2　不同阶数下广义多项式混沌模型的收敛样本数、Ti_3SiC_2 体积模量和格林艾森常数的计算结果

阶数	收敛样本数	体积模量/GPa	格林艾森常数
2	7	212.4	−0.67
3	9	212.4	1.86
4	11	215.7	1.84
5	11	215.7	−0.18
6	21	218.9	−0.09
7	21	219.1	−5.95
8	21	219.6	−5.89

上述不确定性量化算法也可用于其他材料体积模量的计算。例如，碲化锑（Sb_2Te_3）是一种无机化合物，具有菱面体晶体结构；它可以通过适当的掺杂，转化为 N 型半导体或 P 型半导体，是当前研究较为成熟且性能较好的相变存储器材料之一。选取二阶广义多项式混沌模型作为 Sb_2Te_3 的能量-体积模型，所获得的体积模量为 $B = 39.9$ GPa，与参考文献中沃伊特-罗伊斯-希尔方法的结果 $B = 38.4$ GPa 较为接近 [10]。

综上所述，广义多项式混沌法为材料体积模量的计算提供了一种新的选择。该算法框架利用原子层级第一性原理仿真结果，通过广义多项式混沌展开建立能量-体积关系模型，并提供材料的平衡态体积、格林艾森常数等导数信息及相关误差分析。

通过对相变存储器材料（Ti_3SiC_2 和 Sb_2Te_3）的实验，在与两个传统算法的比较中检验了上述基于广义多项式混沌模型的准确性和有效性。与传统算法相比，新算法使用了基于勒让德多项式零点的采样方式，可以实现快速收敛。同时，新算法没有预设任何物理先决条件，扩大了在材料系统中的适用范围。

新算法在选择模型阶数时需要注意以下两点：一是体积模量的误差容限，二是数据采样成本。前者可以通过柯西收敛数列决定多项式模型的收敛阶数，而后者在低阶多项式模型中往往需要很少的数据即可实现收敛，这一成本优势在成百上千的高通量材料筛选中非常显著。

除本书提及的相变存储器材料体积模量、格林艾森常数，该算法也适用于其他材料系统和其他基于能量-体积关系模型的材料参数的计算；由于该算法在采样效率、收敛速度上具备一定优势，也可以作为材料设计和挖掘过程的高通量筛选框架。

6.2　扩散建模

扩散是材料系统中物质传递和反应的基础，决定着材料晶体结构、固态相变等重要性质。例如，在集成电路领域，硅基材料中的掺杂扩散直接影响半导体器件的性能 [12]。物质在扩散过程中会受到初始位置、噪声等多方面不确定要素的作用。本节将重点介绍动态蒙特卡洛（kinetic Monte Carlo，KMC）方法在模拟材料系统动态演变过程中的算法实现。

6.2.1　基本概念

扩散是固体中物质传递的重要途径。固溶、沉淀、相变、再结晶以及晶粒长大、蠕变、烧结、压焊等无机材料的高温动力学过程均依赖于扩散过程的快慢，无机材料的导电、导热等诸多性质是微观带电粒子或载流子在电场或温度场等外界作用下迁移行为的直接表征。扩散动力学仿真不仅是对材料物理规律的量化描述，也对半导体的掺杂、固溶体的形成、金属材料的涂搪与封接、耐火材料的侵蚀等无机材料的制备、加工和使用有着重要意义。

在材料系统的扩散过程中，不同系统状态之间存在着跃迁和变化。此时，常用的分子动力学（molecular dynamics）仿真由于单位时间步长较短（10^{-15}s），不适用于描述分子扩散、湮灭等材料系统在长时间（10^{-1}s）内产生的现象。

动态蒙特卡洛方法采用过渡态理论（transition state theory，TST），假设系统中两个过渡态之间的转移概率由其势能面决定。通过大量重复性数值实验，模拟材料原子在微介观尺度上的扩散过程；通过对实验结果（即原子位置变化）的统计，近似获得材料系统的扩散系数。动态蒙特卡洛方法数值模拟的时间步长由系统微介观动态过程决定，因此总仿真时长可达数秒甚至更久。

图 6.4 展示了第一性原理、分子动力学和动态蒙特卡洛方法所适用的时间和空间尺度。不同于分子动力学对材料平衡态性质的仿真，动态蒙特卡洛方法聚焦非平衡态性质，适合模拟以动态变化为主导而不是以热平衡为主导的材料结构变化。由于只需要考虑少量的基态反应，其计算速率较梅特罗波利斯蒙特卡洛方法（Metropolis Monte Carlo method）等常用的统计物理方法更为快速。

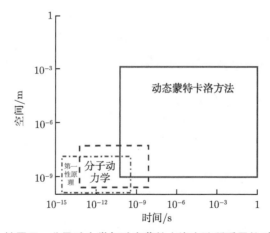

图 6.4　第一性原理、分子动力学与动态蒙特卡洛方法所适用的时间和空间尺度

6.2.2　动态蒙特卡洛方法

动态蒙特卡洛方法的基本输入信息是系统全部状态之间的转移概率。在扩散过程中，由于分子跃迁所需的时间远小于等待时间，在短时间内，无论分子处于游离状态还是稳定状态，其跃迁概率不变。因此，可以通过一阶随机过程来描述分子的运动过程。

令 $p(t)$ 表示系统状态在时刻 t 第一次发生变化的概率，p_{sur} 表示没有发生变化的概率，后者通常符合指数分布：

$$p_{\mathrm{sur}}(t) = \exp(-k_{\mathrm{tot}}t) \tag{6.17}$$

其中，k_{tot} 表示总体跃迁率。

根据概率定义，$p(t)$ 与 p_{sur} 对应的事件为互补事件。因此，系统状态第一次发生跃迁的概率等同于该时段内没有发生变化的概率，可以表示为

$$\frac{\partial(1 - p_{\mathrm{sur}}(t))}{\partial t} = \frac{\partial \int_{t_0}^{t} p(t)\mathrm{d}t}{\partial t} \tag{6.18}$$

此时第一次变化概率和系统变化的数学期望分别为

$$p(t) = k_{\mathrm{tot}} \exp\left(-k_{\mathrm{tot}}t\right) \tag{6.19}$$

$$\tau = \int_{0}^{+\infty} tp(t)\mathrm{d}t = \frac{1}{k_{\mathrm{tot}}} \tag{6.20}$$

可以将上述定义从一维状态变化延伸至多维状态变化。令 k_{ij} 表示系统从状态 i 跃迁至状态 j 的概率，则总体跃迁概率为系统在单位时间内各状态之间跃迁概率的总和：

$$k_{\mathrm{tot}} = \sum_{j} k_{ij} \tag{6.21}$$

对于每一种系统跃迁状态，可以定义相应的第一次跃迁概率：

$$p_{ij}(t) = k_{ij} \exp\left(-k_{ij}t\right) \tag{6.22}$$

在实际操作中，上述动态蒙特卡洛方法的算法框架如下。

算法 6.2　计算扩散系数的动态蒙特卡洛方法

1. 初始化：在时刻 t_0，令 $k_{i1}, k_{i2}, \cdots, k_{im}$ 表示系统在状态 i 上的 m 种跃迁状态的概率，令 $s(j)$ 表示累加至第 j 个状态的跃迁概率总和，可得

$$s(j) = \sum_{q=1}^{j} k_{iq} \tag{6.23}$$

并根据数值从小到大整理为集合 $\{s(j)\}$。

2. 跃迁过程：在时刻 t，取一个服从均匀分布的随机变量 $r \in (0,1)$；在跃迁概率集 $\{s(j)\}$ 中，从小到大搜索至第一个 j 满足 $s(j) > rk_{\text{tot}}$ 的数值，则 j 为系统的下一个跃迁状态；根据状态变化概率 [式 (6.19)]，获得该状态跃迁所需的时间

$$t_s = -\frac{\ln \dfrac{s(j)}{k_{\text{tot}}}}{k_{\text{tot}}} \tag{6.24}$$

更新时间为 $t = t + t_s$。

3. 迭代上述过程直至预设总时间。

4. 重复上述实验 N 次，统计原子位置信息得到相关扩散系数。

接下来通过一个简单的例子说明上述算法的逻辑。假设系统存在 3 个跃迁状态：状态 1（红色）、状态 2（蓝色）、状态 3（绿色），分别用 3 种圆圈表示，如图 6.5 所示。在图 6.5（a）中，圆圈之间的连线表示系统状态之间的变化，箭头一端表示最终状态，另一端表示初始状态。状态 1 的跃迁概率为 $k_{12} = 0.1, k_{13} = 0.2$；状态 2 的跃迁概率为 $k_{21} = 0.05, k_{23} = 0.25$；状态 3 的跃迁概率为 $k_{31} = 0.05, k_{32} = 0.25$。可见，每个状态的总跃迁率为 $k_{\text{tot}} = 0.3$。在初始时刻 $t = 0$，假设所有 60 个分子均集中于状态 1[见图 6.5（b）]。随着时间的流逝，分子依据迁移概率向状态 2 和状态 3 变化。通过动态蒙特卡洛方法，可以预测系统在任意时刻下的分布。例如，图 6.5（c）表示系统分布在 $t = 20$ 时的一次实现。

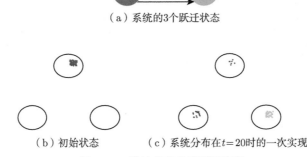

（a）系统的3个跃迁状态

（b）初始状态　　　　　（c）系统分布在 $t=20$ 时的一次实现

图 6.5　系统状态的跃迁示意图

通过算法 6.2 可以看出，系统模拟时间的更新仅与总跃迁率 k_{tot} 相关，与具体跃迁状态无关。因此，在总跃迁率不变的情况下，即便系统状态和可跃迁状态发生变化，依旧可以重复相同的算法步骤，从而近似获得材料系统的扩散系数。这正是动态蒙特卡洛方法的优势所在。同时，动态蒙特卡洛方法可以实现对材料系统长时间的迁移预测。

动态蒙特卡洛方法于 1966 年首次提出，经过近 60 年的发展，已经从最早的合金空位扩散模拟[13] 拓展至集成电路器件仿真等多种用途。相应的软件种类也多样化发展，如可用

于晶体模型并行计算的 SPPARKS 软件[14]、可用于仿真硅基材料掺杂扩散的电子设计自动化工具 Synopsy EDA Tools 等。读者可查阅参考文献 [15]，了解更为复杂的动态蒙特卡洛模型。

6.3　多孔材料性质建模

前两节重点介绍了离散空间尺度不确定性量化方法在材料性质建模中的应用。本节将聚焦电池电极、存储器靶材等具有多孔结构的材料性质建模，结合广义多项式混沌法，介绍含高维参数的复杂多孔材料宏观性质的预测算法框架。

6.3.1　基本概念

多孔材料是由大量多面体孔洞聚集而成的二维或三维结构，广泛存在于自然界。相较于连续介质，多孔介质具有相对密度低、重量轻、强度高、表面积大、渗透性好等优点，被广泛用于电池碳纳米管、薄膜、多孔硅光电元件、存储器靶材等。

多孔材料在设计制备上面临着较大的挑战。虽然无序孔的多孔材料制备比较容易，但是所生产的材料性能不均，质量较难把控。例如，在存储器靶材制备中，由于粉末冶金工艺无法实现成品百分百的致密度，所产生的孔隙大小、分布、形状呈现出一定的随机性。这些微观几何结构的不确定性直接影响着器件的整体性能。而可控孔的多孔材料制备过程相对复杂，技术条件要求较高。随着计算能力的提升，多孔材料研发已由计算仿真逐步替代传统的实验观测。但是，鉴于多孔介质自身复杂结构的不确定性，计算仿真中随机参数维度高、时间成本昂贵、观测数据缺失等问题亟待解决。

为解决上述问题，接下来将介绍一种基于广义多项式混沌法的建模方法。首先通过闵可夫斯基函数（Minkowski function）将复杂、高维的多孔结构简化为可由少数特征表征的结构，然后构建材料性质与几何特征的广义多项式混沌模型，形成一套预测多孔材料性质的不确定性量化框架。

1. 多孔结构参数降维

多孔材料具有异质性，如果从微观层面刻画其结构信息，相关参数维度将异常庞大。如果令单位像素为描述多孔材料的最大结构单元，即每个像素代表取值为 0 或 1 的参数（1 表示孔隙，0 表示固体），则对于一个 10 像素 ×10 像素 ×10 像素的二元多孔材料，其几何结构的参数总维度为 2^{1000}。如此庞大的参数空间需要海量的计算成本，很难实际操作。因此，需要寻找一组用于描述多孔材料宏观结构的少量参数，实现参数空间的降维。

闵可夫斯基函数是线性空间中一种距离度量，可以有效描述多孔材料的整体结构信息。

对于三维多孔结构，可以使用 4 个闵可夫斯基函数 $\boldsymbol{m} = (m_1, m_2, m_3, m_4)$，分别描述该介质的孔隙率（$m_1$）、孔隙间距边界的表面积（$m_2$）、平均曲率（$m_3$，体现孔隙形状）和欧拉特征（$m_4$，体现孔隙连通性）：

$$m_1 = \frac{V_{\text{pore}}}{V_{\text{tot}}} \tag{6.25a}$$

$$m_2 = \int_{\delta X} \mathrm{d}s \tag{6.25b}$$

$$m_3 = \frac{1}{2} \int_{\delta X} (\frac{1}{r_1} + \frac{1}{r_2}) \mathrm{d}s \tag{6.25c}$$

$$m_4 = \frac{1}{4\pi} \int_{\delta X} \frac{1}{r_1 r_2} \mathrm{d}s \tag{6.25d}$$

其中，V_{pore} 表示孔隙体积，V_{tot} 表示介质总体积，δX 表示孔隙表面，$\mathrm{d}s$ 表示孔隙表面单位元，r_1 和 r_2 分别表示孔隙表面单位元的最小曲率和最大曲率。对于二维多孔材料，孔隙率、孔隙间距边界的表面积和欧拉特征这 3 个闵可夫斯基函数即可描述其宏观结构。需要注意的是，虽然闵可夫斯基函数可以在大幅减少局部特征参数的基础上，有效量化多孔结构的整体几何性质，但是该函数对多孔材料局部特征的逆向重构可能与目标之间存在略微差异。

在实际操作中，对于一个电子扫描后的二元多孔介质，可以根据下述方法获得其闵可夫斯基函数 [16]。以图 6.6（a）所示的三维多孔介质单元为例，该单元共有 8 个顶点，如果 1 表示孔隙，0 表示固体，则有 $2^8 = 256$ 种设置可能。在二进制表示中，图 6.6 的设置为 $q(11100110) = \tilde{q}(103)$。

令 $N_c = \sum_{i=0}^{255} I_q(i)$ 表示单元总量，S^w 表示多孔结构中的孔隙空间，h 表示三维多孔介质单元的边长。定义示性函数 $I_q(i)$ 为

$$I_q(i) = \begin{cases} 0, & i \text{ 为固体} \\ 1, & i \text{ 为孔隙} \end{cases} \tag{6.26}$$

则 4 个闵可夫斯基函数可以写为

$$m_1 = \frac{1}{N_c} \sum_{i=0}^{127} I_q(2i+1) \tag{6.27a}$$

$$m_2 = \frac{4}{N_c} \sum_{\nu=0}^{25} \frac{c_\nu}{r_\nu} \sum_{i=0}^{255} I_q(i) \, I_{\{x_{g1(\nu)} \in S^w\}} \, I_{\{x_{g2(\nu)} \notin S^w\}} \tag{6.27b}$$

$$m_3 = 2\pi \sum_{\nu=0}^{25} c_\nu \, \mathcal{P}_\nu \tag{6.27c}$$

$$
\begin{aligned}
m_4 =& \frac{1}{N_c h^3} \sum_{i=0}^{255} I_q(i) \left(I_{\{x_0 \in S^w\}} - I_{\{x_0 \in S^w\}} I_{\{x_1 \in S^w\}} - I_{\{x_0 \in S^w\}} I_{\{x_2 \in S^w\}} \right. \\
& - I_{\{x_0 \in S^w\}} I_{\{x_4 \in S^w\}} + I_{\{x_0 \in S^w\}} I_{\{x_1 \in S^w\}} I_{\{x_2 \in S^w\}} I_{\{x_3 \in S^w\}} \\
& + I_{\{x_0 \in S^w\}} I_{\{x_2 \in S^w\}} I_{\{x_4 \in S^w\}} I_{\{x_6 \in S^w\}} + I_{\{x_0 \in S^w\}} I_{\{x_1 \in S^w\}} I_{\{x_4 \in S^w\}} I_{\{x_5 \in S^w\}} \\
& \left. - I_{\{x_0 \in S^w\}} I_{\{x_1 \in S^w\}} I_{\{x_2 \in S^w\}} I_{\{x_3 \in S^w\}} I_{\{x_4 \in S^w\}} I_{\{x_5 \in S^w\}} I_{\{x_6 \in S^w\}} \right)
\end{aligned} \tag{6.27d}
$$

其中，ν 表示三维多孔介质单元中 26 个主方向（6 个晶胞棱边，12 个面对角线和 8 个空间对角线方向），图 6.6（b）展示了其中部分主方向，c_ν 表示每个方向对应的泰森多边形（Thiessen polygon）的权重。每个方向的起点与终点分别由 $x_{g1(\nu)}$ 和 $x_{g2(\nu)}$ 表示，而 $r_\nu = |x_{g2(\nu)} - x_{g1(\nu)}|$ 表示两者之间的欧几里得距离。$I_{\{f(\cdot)\}}$ 为函数 $f(\cdot)$ 的示性函数，即当 $f(\cdot)$ 为真时取值 $I_{\{f(\cdot)\}}$ 为 1。

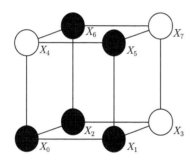 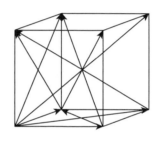

（a）三维多孔介质单元结构示意　　　　（b）单元中部分主方向示意

图 6.6　三维多孔介质单元示例 [17]

闵可夫斯基函数 [式 (6.27)] 中的 $\mathcal{P}_\nu$ 是结构系数，与欧拉特征密切相关。图 6.7 展示了该函数的具体取值。

如果 ν 为晶胞棱边方向 [见图 6.7（a）]，则有：

$$
\begin{aligned}
\mathcal{P}_\nu =& \frac{1}{N_c h^2} \left(\sum_{i=0}^{255} I_q(i) I_{\{x_{p1(\nu)} \in S^w\}} I_{\{x_{p2(\nu)} \notin S^w\}} I_{\{x_{p3(\nu)} \notin S^w\}} I_{\{x_{p4(\nu)} \notin S^w\}} \right. \\
& \left. - \sum_{i=0}^{255} I_q(i) I_{\{x_{p1(\nu)} \in S^w\}} I_{\{x_{p2(\nu)} \in S^w\}} I_{\{x_{p3(\nu)} \in S^w\}} I_{\{x_{p4(\nu)} \notin S^w\}} \right)
\end{aligned} \tag{6.28a}
$$

如果 ν 为空间对角线方向 [见图 6.7（b）]，则有：

$$
\begin{aligned}
\mathcal{P}_\nu =& \frac{1}{\sqrt{2} N_c h^2} \left(\sum_{i=0}^{255} I_q(i) I_{\{x_{p1(\nu)} \in S^w\}} I_{\{x_{p2(\nu)} \notin S^w\}} I_{\{x_{p3(\nu)} \notin S^w\}} I_{\{x_{p4(\nu)} \notin S^w\}} \right. \\
& \left. - \sum_{i=0}^{255} I_q(i) I_{\{x_{p1(\nu)} \in S^w\}} I_{\{x_{p2(\nu)} \in S^w\}} I_{\{x_{p3(\nu)} \in S^w\}} I_{\{x_{p4(\nu)} \notin S^w\}} \right)
\end{aligned} \tag{6.28b}
$$

如果 ν 为面对角线方向 [见图 6.7（c）]，则有：

$$\mathcal{P}_\nu = \frac{1}{\sqrt{3}N_c h^2} \left(\sum_{i=0}^{255} I_q(i)\, I_{\{x_{p1(\nu)} \in S^w\}}\, I_{\{x_{p2(\nu)} \notin S^w\}}\, I_{\{x_{p3(\nu)} \notin S^w\}} \right.$$
$$\left. - \sum_{i=0}^{255} I_q(i)\, I_{\{x_{p1(-\nu)} \in S^w\}}\, I_{\{x_{p2(-\nu)} \in S^w\}}\, I_{\{x_{p3(-\nu)} \notin S^w\}} \right) \tag{6.28c}$$

其中，$x_{p1(\nu)}$，$x_{p2(\nu)}$，$x_{p3(\nu)}$，$x_{p4(\nu)}$ 表示方向 ν 所在平面上的顶点。

（a）晶胞棱边平面　　　（b）空间对角线平面　　　（c）两个面对角线平面

图 6.7　三维多孔介质单元中 $\mathcal{P}_\nu$ 所代表的平面 [17]

2. 性能-几何特征模型

通过闵可夫斯基函数，可以将多孔介质的几何结构降为 4 个特征 $[\boldsymbol{m} = (m_1, m_2, m_3, m_4)]$。令 k 表示多孔介质的整体性能（如扩散系数、渗透率、强度等），则可以利用广义多项式混沌法 [式 (3.48)] 构建性能与几何特征关系的 N 阶模型 K_N：

$$K(\boldsymbol{m}) \approx K_N(\boldsymbol{m}) = \sum_{|\boldsymbol{i}|=0}^{N} a_i \Phi_i(\boldsymbol{m}) \tag{6.29}$$

其中，$\boldsymbol{i} = (i_1, \cdots, i_4) \in \mathbb{N}_0^4$ 为四元标识，$|\boldsymbol{i}| = i_1 + \cdots + i_4$。$\Phi_i$ 代表多项式阶为 $\boldsymbol{i}$ 的多元正交多项式，其多项式类型由闵可夫斯基函数的概率分布决定。

由于多孔介质的整体性能往往由多个耦合的多场物理方程决定，形式较为复杂，因此随机加廖系金法不适用于推导其广义多项式混沌模型系数 a_i。为此，可以选用离散投影法（拟谱法）这一随机配置的方式计算 [式 (3.121)]：

$$a_i = \frac{E(\Phi_i(\boldsymbol{m})K(\boldsymbol{m}))}{E(\Phi_i^2(\boldsymbol{m}))} = \frac{\sum_{n_q=1}^{N_q} \Phi_i(\boldsymbol{m}|_{n_q})\, K(\boldsymbol{m}|_{n_q})\, f_{\boldsymbol{m}}(\boldsymbol{m}'|_{n_q})\, w|_{n_q}}{E(\Phi_i^2(\boldsymbol{m}))} \tag{6.30}$$

此处 N_q 表示积分节点总数，n_q 表示积分节点标识，$\boldsymbol{m}|_{n_q}$ 表示在第 n_q 个积分节点下的闵可夫斯基函数取值，$\omega|_{n_q}$ 和 $f_{\boldsymbol{m}}(\boldsymbol{m}'|_{n_q})$ 分别表示对应的节点权重和闵可夫斯基函数的联合概率密度函数。

综上所述，多孔介质材料的整体性能 K 可以通过如下算法框架获得。

算法 6.3　多孔介质材料整体性能的不确定性量化算法

---

1. 获取多孔材料样本信息：

   - 假设存在一组容量为 M 的多孔材料样本，根据算法 [式 6.27] 获得每个样本的闵可夫斯基函数 $\{m^{(i)}\}_{i=1}^{M}$；

   - 计算上述样本的概率密度函数 $f(\boldsymbol{m})$；

   - 测量或计算每个样本对应的多孔结构整体性能 $\{K^{(i)}\}_{i=1}^{M}$。

2. 构建广义多项式混沌模型 K_N [式 (6.29)]，其多项式类型由多孔材料样本的闵可夫斯基函数概率分布 $f(\boldsymbol{m})$ 决定。

3. 根据多孔材料样本及对应的整体性能 $\{m^{(i)}, K^{(i)}\}_{i=1}^{M}$，计算广义多项式混沌模型的系数 a_i [式 (6.30)]，从而获得完整的替代模型 K_N。

6.3.2　多孔介质材料的渗透率

本小节将通过一个示例向读者展示上述不确定性量化方法对多孔材料整体性能的预测。选用孔隙率为 $m_1 = 0.65$ 的多孔材料的渗透率（permeability）作为预测目标。渗透率表示多孔介质允许流体通过的能力，是多孔介质渗透性的度量参数，通常由达西定律（Darcy's law）计算获得：

$$K = -\frac{\rho_0 v u_{\mathcal{D}}}{\nabla p_{\mathcal{D}}} \tag{6.31}$$

其中，ρ_0 和 v 分别表示流体的密度与黏度，孔隙空间中的速度体积均值 $u_{\mathcal{D}}$ 和压力体积均值 $p_{\mathcal{D}}$ 则由流体力学中的纳维-斯托克斯方程（Navier-Stokes equation）决定。

首先根据算法 6.3 计算多孔材料样本的闵可夫斯基函数及其概率分布。鉴于电子扫描多孔材料的成本较高，故本例使用 QSGS 软件随机生成一组容量为 4000、分辨率为 $200 \times 200 \times 200$ 的多孔材料样本，如图 6.8 所示。

由式 (6.27) 可得样本的孔隙间距边界的表面积（m_2）、平均曲率（m_3）和欧拉特征（m_4）。经偏差值为 10% 的科尔莫戈罗夫-斯米尔诺夫检验（Kolmogorov-Smirnov test，K-S 检验）测试发现，上述参数分别符合 β 分布：$m_2 \sim \beta(\alpha_2, \beta_2), m_3 \sim \beta(\alpha_3, \beta_3), m_4 \sim \beta(\alpha_4, \beta_4)$，有：

$$f_{m_i}(m'; \alpha, \beta) = \frac{m'^{\alpha-1}(1-m')^{\beta-1}}{\boldsymbol{B}(\alpha, \beta)}, \qquad i = 2, 3, 4 \tag{6.32}$$

此处的 f_{m_i} 表示闵可夫斯基函数 m_i 的边缘概率密度函数，m' 表示随机变量的可能取值，$\boldsymbol{B}(\cdot)$ 表示 β 函数。概率分布的参数 (α, β) 可由贝叶斯推理估计。表 6.3 总结了上述多孔材料样本的闵可夫斯基函数的概率分布、取值区间和 K-S 检验结果。

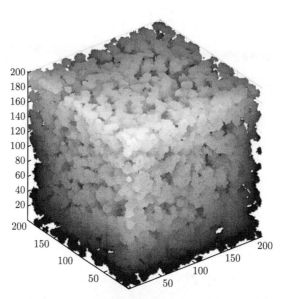

图 6.8　容量为 4000、分辨率为 $200 \times 200 \times 200$ 的多孔材料样本

表 6.3　4000 个的多孔介质样本的闵可夫斯基函数的概率分布、取值区间和 K-S 检验结果

闵可夫斯基函数	概率分布	取值区间	K-S 检验结果
m_2	$\boldsymbol{B}(6.17, 6.18)$	$[0.3055, 0.3165]$	0.2534
m_3	$\boldsymbol{B}(10.40, 10.41)$	$[-0.0255, -0.0188]$	0.3918
m_4	$\boldsymbol{B}(13.92, 13.92)$	$[-0.0018, -0.0007]$	0.1347

上述多孔介质样本的渗透率可由达西定律 [式 (6.31)] 和纳维-斯托克斯方程的联合数值求解获得。此处使用多维松弛时间的晶格玻尔兹曼模型（multi-relaxation-time lattice Boltzmann model）计算多孔介质中的流场信息，其数值模型可表示为

$$g_i(\boldsymbol{x} + c_i\delta_t, t + \delta_t) - g_i(\boldsymbol{x}, t) = -(\boldsymbol{M}^{-1}\boldsymbol{\Lambda M})_{ij}[g_j(\boldsymbol{x}, t) - g_j^{\mathrm{eq}}(\boldsymbol{x}, t)] \quad (6.33)$$

其中，i, j 为速度场晶格的离散标识，$g_i(x, t)$ 表示在空间位置 x、时刻 t 且速度为 c_i 的粒子概率密度函数，δ_t 表示时间步长，$\boldsymbol{M}$ 和 $\boldsymbol{\Lambda}$ 分别为转移概率矩阵和对角松弛矩阵。稳态分布函数 g_i^{eq} 定义为

$$g_i^{\mathrm{eq}} = \omega_i\{\rho + \rho_0[\frac{c_i \cdot \boldsymbol{u}}{c_s^2} + \frac{(c_i \cdot \boldsymbol{u})^2}{2c_s^4} - \frac{\boldsymbol{u}^2}{2c_s^2} + \frac{A_f\delta_t S(c_ic_i - c_s^2\boldsymbol{I})}{2c_s^2}]\} \quad (6.34)$$

此处 ρ 为关于压力 p 的函数 $\rho = p/c_s^2$，A_f 为与孔隙中流体黏度 v 相关的可调参数，S 为剪切速率，c_s 为晶格有效速率，$\boldsymbol{I}$ 为单位矩阵。令 δ_x, δ_t 分别表示晶格空间步长和时间步长，则晶格速率为 $c = \dfrac{\delta_x}{\delta_t}$。离散的速度 c_i 可以通过 D3Q19 模型计算获得[18]：

$$c_i = \begin{cases} c(0,0), & i = 0 \\ c(\cos[(i-1)\frac{\pi}{2}], \sin[(i-1)\frac{\pi}{2}]), & i = 1, \cdots, 4 \\ 2c(\cos[(i-5)\frac{\pi}{2} + \frac{\pi}{4}], \sin[(i-5)\frac{\pi}{2} + \frac{\pi}{4}]), & i = 5, \cdots, 8 \end{cases} \quad (6.35a)$$

$$c_i = \begin{cases} c(0,0,0), & i = 0 \\ c(\pm 1,0,0), c(0,\pm 1,0), c(0,0,\pm 1) & i = 1,\cdots,6 \\ c(\pm 1,\pm 1,0), c(\pm 1,0,\pm 1), c(0,\pm 1,\pm 1), & i = 7,\cdots,18 \end{cases} \quad (6.35b)$$

通过上述计算结果，多孔介质中流体的压力 p 和速度 $\boldsymbol{u}$ 可表示为

$$p = \sum_{i=0}^{b-1} f_i(\boldsymbol{x},t), \qquad \boldsymbol{u} = \frac{1}{\rho_0} \sum_{i=0}^{b-1} c_i f_i(\boldsymbol{x},t) \quad (6.36)$$

通过对孔隙体积中所有压力和速度取体积平均，可以得到 $u_{\mathcal{D}}$ 和 $p_{\mathcal{D}}$，从而代入式 (6.31)中获得多孔介质的渗透率。

现在构建渗透率与闵可夫斯基函数的四阶广义多项式混沌模型 [式 (6.29)]：

$$K_N(\boldsymbol{m}) = \sum_{i_2+i_3+i_4=0}^{4} a_{(i_2,i_3,i_4)} \phi_{i_2}(m_2) \phi_{i_3}(m_3) \phi_{i_4}(m_4) \quad (6.37)$$

由于多孔材料样本的闵可夫斯基函数服从 β 分布，此处的正交多项式 $\phi(\cdot)$ 为雅可比多项式 [式 (3.63)]，多元下标 (i_2,i_3,i_4) 选用全等级型 [式 (3.88)]，模型系数 $a_{(i_2,i_3,i_4)}$ 使用 $l=4$ 的积分法则 [19]，利用离散投影法 [式 (6.30)] 可以获得共计 111 个多孔材料样本 $\{m^{(i)}, K^{(i)}\}_{i=1}^{111}$。

图 6.9 展示了通过 111 个多孔材料样本、使用广义多项式混沌模型求得的渗透率概率密度函数 $f_K(K')$。为检测结果精度，图 6.9 还对比展示了通过 4000 个多孔材料样本、使用蒙特卡洛方法的统计直方图。可以看出，两种方法的结果基本保持一致。其中，广义多项式混沌模型的渗透率均值和方差分别为 5.7112×10^{-4} 和 3.4334×10^{-9}，蒙特卡洛方法的渗透率均值和方差分别为 5.822×10^{-4} 和 3.9310×10^{-9}。但是，广义多项式混沌模型所用样本数量远少于蒙特卡洛方法。

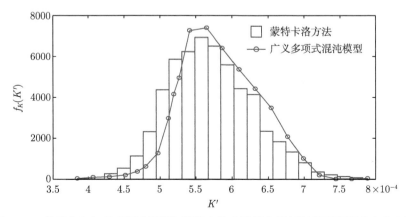

图 6.9　基于广义多项式混沌模型和蒙特卡洛方法的多孔材料渗透率概率密度函数

通过渗透率-多孔结构几何特征的广义多项式混沌模型，可以开展灵敏性测试，检查多孔几何结构（闵可夫斯基函数）不确定性对渗透率概率密度函数的影响。令 μ, σ 分别表示随机参数变量的均值和标准差，$c_v = \sigma/\mu$ 表示变异系数。数值较大的变异系数代表了较大的不确定性。图 6.10 展示了 3 个闵可夫斯基函数在不同变异系数下的渗透率概率密度函数 $f_K(K')$。其中，多孔介质的渗透率对欧拉特征（m_4）的不确定性最为敏感，从 $c_v = 0.0740$ 至 $c_v = 0.2961$ 的略微调整会造成渗透率概率密度函数的大幅变化。相反，孔隙间距边界的表面积（m_2）不确定性对多孔介质的渗透率影响最小，从 $c_v = 0.1369$ 调整至 $c_v = 0.5477$，其变化幅度相对较小。

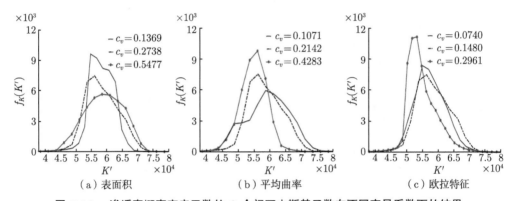

图 6.10　渗透率概率密度函数的 3 个闵可夫斯基函数在不同变异系数下的结果

综上所述，闵可夫斯基函数可以有效描述多孔材料的几何特征，实现海量结构不确定参数的降维。通过闵可夫斯基函数构建的多孔材料整体性能与几何特征的广义多项式混沌模型，可以在保证相同精度的前提下，大幅降低整体计算成本，并提供灵敏度分析。虽然本小节的示例讨论的是多孔材料的渗透率，但相关算法框架也适用于其他整体性能的不确定性量化。

参 考 文 献

[1] WANG P, QIN Y, CHENG M, et al. A new method for an old topic: efficient and reliable estimation of material bulk modulus[J]. Computational Materials Science, 2019(165): 7-12.

[2] SCHRÖDINGER E. An undulatory theory of the mechanics of atoms and molecules[J]. Physical Review, 1926, 6(28): 1049-1070.

[3] WATT J P, PESELNICK L. Clarification of the Hashin-Shtrikman bounds on the effective elastic moduli of polycrystals with hexagonal, trigonal, and tetragonal symmetries[J]. Journal of Applied Physics, 1980, 3(51): 1525-1531.

[4] QIN Y, NARAYAN A, CHENG K, et al. An efficient method of calculating composition-dependent inter-diffusion coefficients based on compressed sensing method[J]. Computational Materials Science, 2021(188): 110145.

[5] NARAYAN A, XIU D. Stochastic collocation methods on unstructured grids in high dimensions via interpolation[J]. SIAM Journal on Scientific Computing, 2012, 3(34): A1729-A1752.

[6] COHEN A, DAVENPORT M A, LEVIATAN D. On the stability and accuracy of least squares approximations[J]. Foundations of Computational Mathematics, 2013(13): 819-834.

[7] BIRCH F. Finite elastic strain of cubic crystals[J]. Physical Review, 1947, 71(11): 809.

[8] SUN Z, ZHOU J, MUSIC D, et al. Phase stability of Ti_3SiC_2 at elevated temperatures[J]. Scripta Materialia, 2006, 1(54): 105-107.

[9] AHUJA R, ERIKSSON O, WILLS J M, et al. Electronic structure of Ti_3SiC_2[J]. Applied Physics Letters, 2000, 16(76): 2226-2228.

[10] LI Z, MIAO N, ZHOU J, et al. Reduction of thermal conductivity in $Y_xSb_{2-x}Te_3$ for phase change memory[J]. Journal of Applied Physics, 2017, 19(122): 195107.

[11] SCABAROZI T H, AMINI S, LEAFFER O, et al. Thermal expansion of select $M_{n+1}AX_n$ (M=early transition metal, A=a group element, X=C or N) phases measured by high temperature x-ray diffraction and dilatometry[J]. Journal of Applied Physics, 2009, 1(105): 013543.

[12] MARTIN-BRAGADO I, TIAN S, JOHNSON M, et al. Modeling charged defects, dopant diffusion and activation mechanisms for TCAD simulations using kinetic Monte Carlo[J]. Nuclear Instruments and Methods in Physics Research Section B: Beam Interactions with Materials and Atoms, 2006, 1-2(253): 63-67.

[13] Young W M, Elcock E W. Monte Carlo studies of vacancy migration in binary ordered alloys: I[J]. Proceedings of the Physical Society, 1966, 3(89): 735.

[14] PLIMPTON S, BATTAILE C, CHANDROSS M, et al. Crossing the mesoscale no-man's land via parallel kinetic Monte Carlo[R]. Albuquerque, NM: Sandia National Laboratories, 2009.

[15] VOTER A F. Introduction to the kinetic Monte Carlo method[M]//Radiation Effects in Solids. Dordrecht: Springer, 2007: 1-23.

[16] OSHER J, MÜCKLICH F. Statistical analysis of microstructures in materials science[M]. Chichester, England: John Wiley & Sons , 2000.

[17] WANG P, CHEN H, MENG X, et al. Uncertainty quantification on the macroscopic properties of heterogeneous porous media[J]. Physical Review E, 2018, 3(98): 033306.

[18] MENG X, GUO Z. Multiple-relaxation-time lattice Boltzmann model for incompressible miscible flow with large viscosity ratio and high Péclet number[J]. Physical Review E, 2015, 4(92): 043305.

[19] GENZ A, KEISTER B D. Fully symmetric interpolatory rules for multiple integrals over infinite regions with Gaussian weight[J]. Journal of Computational and Applied Mathematics, 1996, 2(71): 299-309.

第 7 章　不确定性量化与电子设计自动化

集成电路已步入纳米时代，量子隧穿、工艺偏差、多物理场效应等不确定性对芯片产品性能的影响愈发显著，原有经验和数学模型已难以描述复杂的电路系统。因此，芯片企业在设计过程中也愈加依赖电子设计自动化工具，从而有效降低各类不确定性的负面影响。

电子设计自动化（electronic design automation，EDA）工具可以数值仿真芯片的各项性能，是电路设计过程中的必需工具。伴随着芯片集成程度的不断提升，EDA 软件工具的使用成本已成为芯片设计的主要开发成本。愈发庞大的电路规模扩大了电路设计参数的维度，造成晶体管级仿真成本突增。同时，各类不确定性的相对影响也随着芯片尺寸的缩小而被放大，芯片开发者很难按传统方式留出设计空余。鉴于高昂的电路仿真和流片成本，如何在有限样本和计算资源的限制下，实现更高的仿真精度和更快的仿真速度，是目前 EDA 工具研发的热点问题。

本章将介绍几类不确定性量化方法在 EDA 领域的应用。虽然蒙特卡洛方法已被广泛用于 EDA 工具，但是其效率无法适应日新月异的加工和设计需求，因此本章仅将蒙特卡洛方法的结果作为与其他不确定性量化方法结果对比的基准线，不做额外描述。第 7.1 节重点关注广义多项式混沌模型在工艺偏差下对电路性能的预测；第 7.2 节全面考虑各类不确定性，聚焦芯片良率这一小概率事件的建模问题。

7.1　工艺偏差下电路性能的不确定性量化方法

工艺偏差普遍存在于芯片生产制造的各个环节，其来源多种多样，从晶圆材料的纯度和掺杂，到光刻中的漂移误差，经过近百道工序，不同批次、不同晶圆、不同位置上的元器件沟道长宽、MOS 场效晶体管阈值电压、信号线宽厚、电阻等关键参数都会或多或少地出现工艺偏差。

随着芯片尺寸的不断缩小，工艺偏差对芯片性能的影响被随之放大[1]。例如，导线的长宽变化会影响其寄生效应，进而导致电路效能改变。为降低工艺偏差对电路产品效能的影响，面向制造的设计（design for manufacturing，DFM）需要囊括对工艺参数不确定性的量化。当前主流晶体管级仿真工具采用蒙特卡洛方法，以数学期望和方差的形式描述芯片性能的统计信息，但是该方法高昂的成本、低效的收敛速度，使得仿真实验的成本过高。同时，实际设计中存在着大量非正态分布的随机变量，其概率分布信息无法通过数学期望和方差等低阶统计矩捕捉。

为解决上述问题，人们开发了基于广义多项式混沌模型的随机量化框架，用于模拟、射频和数字电路分析[2,3]。本节将结合相关工作内容，向读者展示参数不确定性量化方法在晶体管层级仿真上的应用。

7.1.1　基本概念

令 N 代表目标电路的节点数量，$\boldsymbol{x}(t,\boldsymbol{z}) \in \mathbb{R}^N$ 表示节点电压和分支电流的 N 维向量，通常视为时间 t 和晶体管级不确定参数 $\boldsymbol{z} = (z_1,\cdots,z_M)$ 的函数。经典的非线性电路修正节点分析模型将电压/电流的时间变化表示为

$$\frac{\partial \boldsymbol{q}(\boldsymbol{x},\boldsymbol{z})}{\partial t} + \boldsymbol{f}(\boldsymbol{x},\boldsymbol{z})) = \boldsymbol{B}\boldsymbol{g}(t) \tag{7.1}$$

其中，$\boldsymbol{g}(t) \in \mathbb{R}^M$ 为 M 维输入信号向量；$\boldsymbol{q} \in \mathbb{R}^N$ 和 $\boldsymbol{f} \in \mathbb{R}^N$ 分别表示电荷量/电通量和电流/电压的已知函数；$\boldsymbol{B}$ 为独立于随机向量 $\boldsymbol{z}$ 的端口选择矩阵，是确定矩阵；假设晶体管级不确定参数 $\boldsymbol{z}$ 为 M 维相互独立的随机向量[4]。

为获取上述电路中电压/电流在任意时刻 t 的统计信息，使用 N_{gpc} 阶广义多项式混沌模型近似随机变量：

$$\boldsymbol{z} \quad \approx \quad \boldsymbol{z}_{N_{\mathrm{gpc}}}(t,\boldsymbol{z}) = \sum_{\boldsymbol{i}=1}^{N_{\mathrm{gpc}}} \hat{\boldsymbol{z}}_{\boldsymbol{i}}(t)\mathrm{H}_{\boldsymbol{i}}(\boldsymbol{z}) \tag{7.2a}$$

$$\boldsymbol{x}(t,\boldsymbol{z}) \quad \approx \quad \boldsymbol{x}_{N_{\mathrm{gpc}}}(t,\boldsymbol{z}) = \sum_{\boldsymbol{i}=1}^{N_{\mathrm{gpc}}} \hat{\boldsymbol{x}}_{\boldsymbol{i}}(t)\mathrm{H}_{\boldsymbol{i}}(\boldsymbol{z}) \tag{7.2b}$$

此处 $\boldsymbol{i} = (i_1,\cdots,i_M)$ 为多元下标。假设随机变量 $\boldsymbol{z}$ 为正态分布，则 $\mathrm{H}(\cdot)$ 为埃尔米特多项式 [式 (3.60)]。由于随机参数 $\boldsymbol{z}$ 为已知分布的随机变量，故其多项式系数 $\hat{\boldsymbol{z}}_{\boldsymbol{i}}$ 可由概率分布推出，可认为是已知信息。

通过上述变换，可以将任意时刻电压/电流的求解转变为其广义多项式混沌模型系数 $\hat{\boldsymbol{x}}_{\boldsymbol{i}}(t)$ 的求解。这些未知系数可由随机加廖尔金法获得。将随机变量的广义多项式混沌模型代入电路分析方程 [式 (7.1)]：

$$\frac{\partial \boldsymbol{q}(\boldsymbol{x}_{N_{\mathrm{gpc}}},\boldsymbol{z}_{N_{\mathrm{gpc}}})}{\partial t} + \boldsymbol{f}(\boldsymbol{x}_{N_{\mathrm{gpc}}},\boldsymbol{z}_{N_{\mathrm{gpc}}}) = \boldsymbol{B}\boldsymbol{g}(t) \tag{7.3}$$

对上式等号两侧分别乘以正交多项式 $H_i(z)$，对结果在随机参数的取值空间上取数学期望 $E\langle\cdot\rangle$，可以利用多项式的正交特性，获得系数 $\hat{\boldsymbol{x}}_i$ 的控制方程：

$$\frac{\partial \tilde{\boldsymbol{q}}}{\partial t} + \tilde{\boldsymbol{f}} = \tilde{\boldsymbol{B}}\boldsymbol{g}(t) \tag{7.4a}$$

$$\tilde{\boldsymbol{q}} = \begin{bmatrix} E\langle q(\boldsymbol{x}_{N_{\text{gpc}}}, \boldsymbol{z}_{N_{\text{gpc}}}), H_1(\boldsymbol{z})\rangle \\ \vdots \\ E\langle q(\boldsymbol{x}_{N_{\text{gpc}}}, \boldsymbol{z}_{N_{\text{gpc}}}), H_{N_{\text{gpc}}}(\boldsymbol{z})\rangle \end{bmatrix} \tag{7.4b}$$

$$\tilde{\boldsymbol{f}} = \begin{bmatrix} E\langle f(\boldsymbol{x}_{N_{\text{gpc}}}, \boldsymbol{z}_{N_{\text{gpc}}}), H_1(\boldsymbol{z})\rangle \\ \vdots \\ E\langle f(\boldsymbol{x}_{N_{\text{gpc}}}, \boldsymbol{z}_{N_{\text{gpc}}}), H_{N_{\text{gpc}}}(\boldsymbol{z})\rangle \end{bmatrix} \tag{7.4c}$$

$$\tilde{\boldsymbol{B}} = \begin{bmatrix} E\langle \boldsymbol{B}, H_1(\boldsymbol{z})\rangle \\ \vdots \\ E\langle \boldsymbol{B}, H_{N_{\text{gpc}}}(\boldsymbol{z})\rangle \end{bmatrix} \tag{7.4d}$$

上述系数的控制方程依赖于 $\boldsymbol{q}(\cdot)$，$\boldsymbol{f}(\cdot)$，$\boldsymbol{B}$，$\boldsymbol{g}(\cdot)$ 的函数表达式，与具体电路种类密切相关。在确定函数的具体形式后，可以通过龙格-库塔法等常微分数值方法进行求解。同时，系数 $\hat{\boldsymbol{x}}_i$ 也可通过对原电路分析方程 [式 (7.1)] 进行晶体管级仿真采样，利用插值法、离散投影法等随机配置法获得。

7.1.2　电路性能分析

基于广义多项式混沌法的不确定性量化框架已被用于小规模的模拟、射频和数字电路性能分析 [2,3,5,6]。本小节通过部分案例 [3] 向读者介绍前述广义多项式混沌模型在共源放大器和双极晶体管反馈式放大器的应用。两个例子中的晶体管为 MOS 场效晶体管模型和双极晶体管埃伯斯-莫尔模型（Ebers-Moll model），所有 MOS 场效晶体管的器件参数信息来自台积电 0.25μm 工艺的互补金属氧化物半导体器件（complementary metal oxide semiconducter，CMOS）模型。

共源放大器是一种增加信号输出功率的电路，由场效应管、电容器、电阻（R_s 和 R_d）及电源组成，如图 7.1 所示。在本例中，该放大器共有 4 个随机变量：温度 T 服从 β 分布；V_T 表示背栅电压 $V_{bs} = 0$ 时的阈值电压，服从正态分布；电阻 R_s 和 R_d 分别服从 Γ 分布和均匀分布；V_{in} 表示输入电压，V_{out} 表示输出电压，V_{dd} 表示正电压。

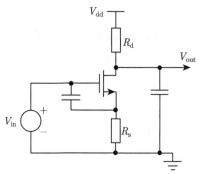

图 7.1　共源放大器电路示意图 [3]

　　根据概率分布类型，可以构建上述随机变量的广义多项式混沌模型。图 7.2 展示了在不同输入电压（$V_{\text{in}} \in [0,3]$，单位为 V）下，广义多项式混沌模型所得的电流 I 与功率损耗的概率密度函数。其中，广义多项式混沌模型的阶数为 $N_{\text{gpc}} = 3$，通过一种基于随机配置法的方式进行数值实现 [3]，共使用了 35 个样本；基于 10^5 次蒙特卡洛方法的统计结果作为"真实"结果，用于比较。图 7.2（a）表明，通过广义多项式混沌模型所得电流的概率分布与蒙特卡洛方法保持一致。图 7.2（b）和图 7.2（c）则展示了在输入电压 $V_{\text{in}} = 1.4$ V 时，广义多项式混沌模型和蒙特卡洛方法所得的功率损耗的概率密度函数。虽然功率损耗不再服从正态分布，但两种方法所得电流的概率分布保持一致，再次验证了广义多项式混沌模型的精度。

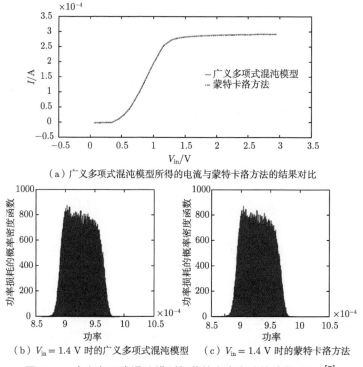

（a）广义多项式混沌模型所得的电流与蒙特卡洛方法的结果对比

（b）$V_{\text{in}} = 1.4$ V 时的广义多项式混沌模型　　（c）$V_{\text{in}} = 1.4$ V 时的蒙特卡洛方法

图 7.2　广义多项式混沌模型与蒙特卡洛方法的结果对比 [3]

　　接下来将广义多项式混沌模型用于双极晶体管反馈式放大器。该放大器利用反馈电路来稳定增益，并通过对晶体管的偏置来实现信号的放大，如图 7.3 所示。其中，Q 为电压节点，R 为电阻，V_{ss} 为负电压。电路包含两个服从 Γ 分布的随机变量：电阻 R_1 和 R_2。同时，半导体性能函数中的温度变量为服从正态分布的随机变量。

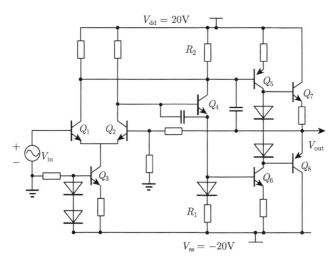

图 7.3　双极晶体管反馈放大器电路示意 [3]

　　图 7.4 展示了由广义多项式混沌模型和蒙特卡洛方法分别得到的双极晶体管放大器传递函数和信号增益的概率密度函数。此处选取了 $N_{gpc} = 3$ 阶的广义多项式混沌模型，共使用了 20 个样本 [3]；蒙特卡洛方法的结果为 10^5 次实现的统计。在不同频率下，对于两种方法所得的传递函数实部和虚部结果，其概率密度函数都相差无几，如图 7.4（a）和图 7.4（b）所示。图 7.4（c）展示了在频率 $f = 8697.49$ Hz 时，广义多项式混沌模型所得的信号增益概率密度函数与蒙特卡洛方法的结果高度吻合。

7.1.3　多层级电子系统不确定性量化方法

　　在上一小节中，广义多项式混沌模型可以针对器件工艺偏差提供小规模电路的不确定性量化。在保持精度的前提下，较蒙特卡洛方法更快速地收敛，并可以处理服从正态分布与非正态分布的随机参数。但是，广义多项式混沌模型在处理含高维随机变量的大规模电路时，需进一步结合降维、采样、积分网格、自适应步长等技术方案，降低维数灾难对仿真成本的负面影响。

　　本小节聚焦超大规模集成电路互联、微机电系统（microelectromechanical system，MEMS）等含有大量随机参数的电路系统。利用此类系统中多层级电子设计理念，逐层构建每个子系统的广义多项式混沌模型。这些模型将作为新的随机参数，用于描述不同层级之间和整个系统的动态变化。

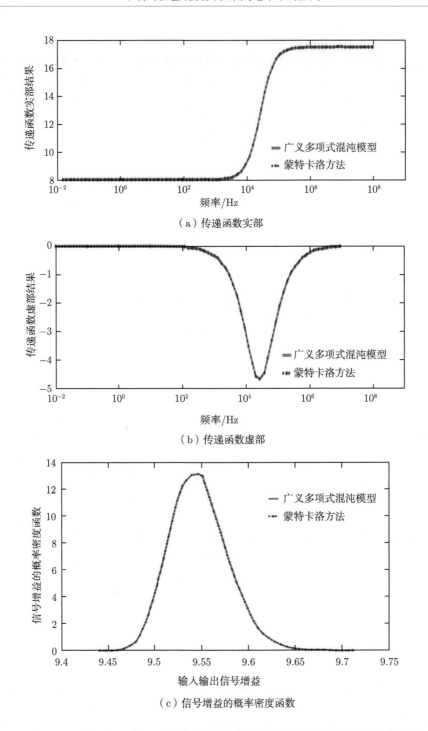

（a）传递函数实部

（b）传递函数虚部

（c）信号增益的概率密度函数

图 7.4　在不同频率下，广义多项式混沌模型和蒙特卡洛得到的双极晶体管放大器传递函数和信号增益的概率密度函数 [3]

　　假设目标电子系统由 N_{sys} 个子系统组成，输出性能为 y_{tot}。每个子系统的输出 y_i 会受到工艺偏差 $z_i(i=1,\cdots,N_{\text{sys}})$ 的影响，如图 7.5 所示。

随着子系统数量的增加，直接仿真整体系统的不确定性量化模型将异常困难。如果每个子系统的输出 y_i 与其他子系统之间互不干扰，且与时间和频率独立，则可作为随机变量。此时，可以通过算法 7.1 来量化整体系统输出 y_{tot} 的不确定性。

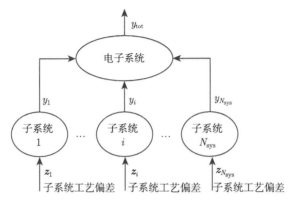

图 7.5　电子系统组成示意图

算法 7.1　面向大规模电路的多层级不确定性量化算法

---

1. 构建每个子系统输出 y_i 与其工艺偏差 z_i 之间的广义多项式混沌模型 [式 (7.2)]：

$$y_i \approx y_{(i,\text{gpc})} = \sum_{i=1}^{N_{(i,\text{gpc})}} \hat{y}_i \phi_i(z_i) \tag{7.5}$$

2. 对子系统输出的广义多项式混沌模型 $y_{(i,\text{gpc})}$ 进行雷诺分解，使之成为均值为 0、方差为 1 的标准化随机变量 y_i'：

$$y_{(i,\text{gpc})} = \mu_{y_i} + \sigma_{y_i}^2 y_i' = \hat{y}_0 + \sum_{0<|i|<N_{(i,\text{gpc})}} \hat{y}_i^2 y_i', \qquad i=1,\cdots,N_{\text{sys}} \tag{7.6}$$

3. 根据法瓦尔定理（定理 3.2），构造新随机变量 y_i' 的正交多项式 $\psi(y_i')$。令 $\rho_{y'}(y')$ 表示 y' 的概率密度函数，由三项递推关系 [式 (3.57)] 可知：

$$\begin{cases} \psi_{-1}(x) = 0 \\ \psi_0(x) = 1 \\ \psi_{n+1}(x) = (y'-A_n)\psi_n(y') - C_n\psi_{n-1}(y'), \quad n \geqslant 0 \end{cases} \tag{7.7a}$$

$$A_n = \frac{\int y'\psi_n^2(y')\rho_{y'}(y')\mathrm{d}y'}{\int \psi_n^2(y')\rho_{y'}(y')\mathrm{d}y'}, \quad C_n = \frac{\int \psi_{n+1}^2(y')\rho_{y'}(y')\mathrm{d}y'}{\int \psi_n^2(y')\rho_{y'}(y')\mathrm{d}y'} \tag{7.7b}$$

4. 将新随机变量 $\boldsymbol{y}' = (y_1',\cdots,y_{N_{\text{sys}}}')$，代入整体系统状态的控制方程 [式 (7.1)]：

$$\frac{\partial \boldsymbol{q}(\boldsymbol{x},\boldsymbol{y}')}{\partial t} + \boldsymbol{f}(\boldsymbol{x},\boldsymbol{y}') = \boldsymbol{B}\boldsymbol{g}(t) \tag{7.8}$$

构建并求解系统整体输出与新随机变量的广义多项式混沌模型：

$$y_{\text{tot}} \approx y_{(\text{tot},\text{gpc})} = \sum_{i=1}^{N_{(\text{tot},\text{gpc})}} \hat{h}_i \psi_i(y_i') \tag{7.9}$$

在对子系统输出的广义多项式混沌模型构建中，可以使用随机加廖尔金法、随机有限元法等数值实现方法。除此之外，也可以使用方差分析分解法获得高维度系统输出的统计信息。

方差分析（analysis of variance，ANOVA）分解法是一种可处理高维积分、高维插值等高维问题的方法 [7]。令 $\mu(\cdot)$ 表示随机变量的概率测度，$I^{N_{\text{sys}}} = [0,1]^{N_{\text{sys}}}$ 表示单位积分区域，$\boldsymbol{i} = (i_1, i_2, \cdots, i_s)$ 为多元下标，$s = |\boldsymbol{i}|$ 为指标总数。

用 $y_{(0)}$ 表示常数项：

$$y_{(0)} = \int_{I^{N_{\text{sys}}}} y_{\text{tot}}(\boldsymbol{z}) \mathrm{d}\mu(\boldsymbol{z}) \tag{7.10}$$

而 $y_{(i_1)}(z_{i_1})$，$y_{(i_1,i_2)}(z_{i_1}, z_{i_2})$，$y_{(i_1,i_2,\cdots,i_s)}(z_{i_1}, z_{i_2}, \cdots, z_{i_s})$ 分别表示一维、二维函数和 s 维函数，其中 $1 \leqslant i_1 < i_2 \cdots < i_s \leqslant N_{\text{sys}}$。如果每项 $y_{(\boldsymbol{i})}$ 满足正交性，即当两个多元下标维度相同时：

$$\int_{I^{N_{\text{sys}}}} y_{(i_1,i_2,\cdots,i_s)} \, y_{(i_1',i_2',\cdots,i_s')} \mathrm{d}\mu(\boldsymbol{z}) = 0 \tag{7.11}$$

并且满足下列条件：

$$\int_I y_{(i_1,i_2,\cdots,i_s)}(z_{i_1}, z_{i_2}, \cdots, z_{i_s}) \mathrm{d}\mu(z_{k_j}) = 0, \qquad 1 \leqslant j \leqslant s \tag{7.12}$$

则目标输出 y_{tot} 的 ANOVA 分解式可以表示为

$$\begin{aligned}
y_{\text{tot}} = y_{(0)} &+ \sum_{1 \leqslant i_1 \leqslant N_{\text{sys}}} y_{(i_1)}(z_{i_1}) + \sum_{1 \leqslant i_1 < i_2 \leqslant i_{N_{\text{sys}}}} y_{(i_1,i_2)}(z_{i_1}, z_{i_2}) \\
&+ \cdots + \sum_{1 \leqslant i_1 < i_2 < \cdots < i_s \leqslant i_{N_{\text{sys}}}} y_{(i_1,i_2,\cdots,i_s)}(z_{i_1}, z_{i_2}, \cdots, z_{i_s}) \\
&+ \cdots + y_{(i_1,i_2,\cdots,i_{N_{\text{sys}}})}(z_{i_1}, z_{i_2}, \cdots, z_{i_{N_{\text{sys}}}})
\end{aligned} \tag{7.13}$$

通过目标函数的 ANOVA 分解式 [式 (7.13)]，可以计算其方差：

$$\sigma_{y_{\text{tot}}}^2 = \sum_{1 < i_1 < N_{\text{sys}}} \sigma_{y_{i_1}}^2 + \sum_{1 \leqslant i_1 < i_2 < N_{\text{sys}}} \sigma_{y_{(i_1,i_2)}}^2 + \cdots + \sigma_{y_{(i_1,i_2,\cdots,i_{N_{\text{sys}}})}}^2 \tag{7.14}$$

为进一步降低维度成本影响，可以在积分过程中使用狄拉克测度（Dirac measure）：

$$\mathrm{d}\mu(\boldsymbol{z}) = \delta(\boldsymbol{z} - \boldsymbol{z}') \tag{7.15}$$

其中，$\boldsymbol{z}'$ 为采样点，$\delta(\cdot)$ 表示多维狄拉克函数的乘积（维度与 $\boldsymbol{z}$ 相同）。此时的常数项 y_0 [式 (7.10)] 中的高维积分可转化为 $y_{\text{tot}}(\boldsymbol{z}')$。

在实际应用中，多选用截断表达式代替完整的 ANOVA 分解式 [式 (7.13)]。设截断表达式的维度为 $L \ll N_{\text{sys}}$，则可以写为

$$
y_{\text{tot}} = y_{(0)} + \sum_{1 \leqslant i_1 \leqslant N_{\text{sys}}} y_{(i_1)}(\boldsymbol{z}_{i_1}) + \sum_{1 \leqslant i_1 < i_2 \leqslant N_{\text{sys}}} y_{(i_1, i_2)}(\boldsymbol{z}_{i_1}, \boldsymbol{z}_{i_2})
$$

$$
+ \cdots + \sum_{1 \leqslant i_1 < i_2 < \cdots < i_L \leqslant N_{\text{sys}}} y_{(i_1, i_2, \cdots, i_L)}(\boldsymbol{z}_{i_1}, \boldsymbol{z}_{i_2}, \cdots, \boldsymbol{z}_{i_L}) \tag{7.16}
$$

通过数学期望和方差的定义，可以通过上述截断表达式获得目标函数 y_{tot} 相关统计矩的近似表达式。

在算法 7.1 中，主要计算成本来自每个子系统输出的广义多项式混沌模型的构建 [式 (7.5)]，以及其标准随机变量的正交多项式的构建 [式 (7.7)]。虽然两者均可以通过并行计算的方式实现加速，但是整体成本会随着子系统数量的增加而快速增长。当子系统相互耦合、输出结果随时间或频率变化时，y_i 将成为随机过程，相应的建模过程更为复杂，本书受篇幅限制将不做详细介绍。

现在通过一个示例展示上述多层级不确定性量化算法的效果 [8]。图 7.6 展示了由 4 个射频微机电系统（radio frequency MEMS，RF MEMS）组成的振荡电路，表 7.1 展示了相关参数的取值。其中，4 个射频微机电系统相互独立，输出可视为线性电容，但会受到导电率、器件厚度、长度、环境温度等源自工艺偏差和环境的不确定性影响。可以将这些不确定性归纳为 46 个服从正态分布或 Γ 分布的相互独立的随机变量，每个随机变量的标准差为其均值的 3%。

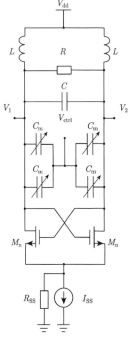

图 7.6　由 4 个射频微机电系统组成的振荡电路 [8]

表 7.1　　由 4 个射频微机电系统组成的振荡电路的参数及对应取值

参数	符号	取值
正电压	V_{dd}	2.5V
控制电压	V_{ctrl}	0$\sim$2.5V
电容	C	10.83fF
电阻	R	110Ω
电感	L	8.8nH
器件宽度与长度比例	$(W/L)_{\mathrm{n}}$	4/0.25
稳态电流	I_{ss}	0.5mA
稳态电阻	R_{ss}	$10^6\Omega$

振荡电路共有 $46 \times 4 = 184$ 个随机变量，如直接使用广义多项式混沌模型对其输出和随机参数的关系进行建模近似，将需要海量数值实验数据。为此，可以采用多层级量化的方式，首先对每个 RF MEMS 构建阶数 $N_{(i,\mathrm{gpc})} = 3$ 的广义多项式混沌模型。由于随机变量数量较大，需要求解 18424 个多项式系数。如果采用 ANOVA 分解法，可以将实验样本大幅缩减至 215 个。图 7.7 展示了使用 5000 次蒙特卡洛方法的结果和使用 ANOVA 分解法所得的 RF MEMS 的电容概率密度函数。可以看出两种方法的结果非常接近，从而验证了算法 7.1 在子系统建模上的精度。

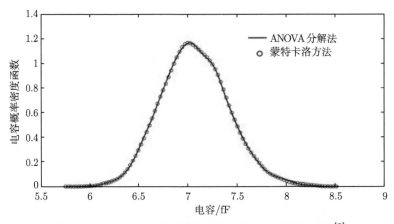

图 7.7　　ANOVA 分解法与蒙特卡洛方法的结果对比 [8]

接下来，根据算法 7.1 将 4 个 RF MEMS 的电容的广义多项式混沌近似 $y_{(1,\mathrm{gpc})}$，$y_{(2,\mathrm{gpc})}$，$y_{(3,\mathrm{gpc})}$，$y_{(4,\mathrm{gpc})}$ 转化为标准随机变量 y_1', y_2', y_3', y_4'，并将它们作为振荡电路控制方程 [式 (7.8)] 的随机输入，构建系统整体输出（频率）的广义多项式混沌模型，其中 $N_{(\mathrm{tot,gpc})} = 3$。图 7.8 提供了使用两种蒙特卡洛方法经过 5000 次实现和基于 35 个实验样本的广义多项式混沌模型的振荡电路频率的概率密度函数，展示了算法 7.1 在整体系统输出建模上的优良精度。

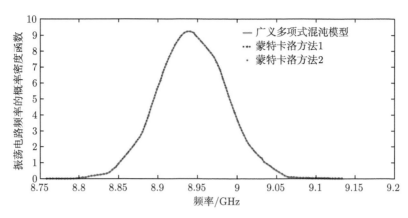

图 7.8　广义多项式混沌模型与两种蒙特卡洛方法的结果对比 [8]

7.2　良率不确定性建模

在纳米时代，芯片集成规模愈发庞大，元器件对量子隧穿、工艺偏差等不确定性因素的敏感度急剧增强。例如，在消费电子、智能终端等领域有着广泛应用的存储器芯片往往包含着大量存储阵列单元，而每个单元又涉及材料、几何尺寸、温度等数十个关键参数。每个随机参数的微观扰动都可能传递至整体电路，导致写入失败、保存失败、静态噪声容限稳定性失败等性能问题，直接影响电路性能和产品良率（成品率）。据统计，1% 良率的提升意味着近 1.5 亿美元的净利润。因此，超大规模集成电路系统中重复单元的失效率极低，通常在 $10^{-12} \sim 10^{-9}$ 量级。

不同于前文中电路性能的不确定性量化，大规模集成电路的高良率设计极具挑战。一方面，海量增长的设计规模大幅提高了晶体管级仿真成本；另一方面，愈发压缩的设计容限和快速扩大的设计参数空间增加了小概率事件的建模难度。可见，蒙特卡洛方法作为常用的不确定性量化方法，其低于线性的收敛速度 $[\mathcal{O}(N^{-1/2})]$ 已无法满足日新月异的芯片高良率设计需求。

鉴于失效率的机理极为复杂，当前的良率计算方法仍然以数据建模为导向，国内外研究工作者提出了失效区域子集推算法、重要性采样算法、高斯过程模型等新型算法，并采用正态分布中标准差倍数（sigma）的概率作为良率度量。当前，国际主流 EDA 工具多使用基于高 sigma 蒙特卡洛（high sigma Monte Carlo，HSMC）方法、响应面模型、先进采样及人工智能为代表的良率技术路线。例如，新思科技（Synopsys）通过人工智能技术与传统算法相结合，实现了对 3-6 sigma（指 3~6 倍标准正态分布的标准差）良率进行有效建模与分析；楷登电子（Cadence）使用变 sigma 采样、最差样本法及响应面模型等统计分析与随机建模相结合的先进算法，可实现快速的高良率分析。西门子（Siemens）明导（Mentor Graphics）的 HSMC 方法极大减少了 6-sigma 良率分析问题的计算成本，可提供快速后端仿真，包括制成、电压和温度（process，voltage，temperature，PVT）、快速 3-sigma 良率优化等技术解决方案。

综上所述，高良率设计的本质是依靠有限的计算资源，在高维随机参数空间中对罕见事件进行快速建模，图 7.9 展示了二维参数特例。本节将聚焦采样技术和替代模型这两个良率建模的核心问题，通过具体示例向读者展示不确定性量化方法在该领域的应用。

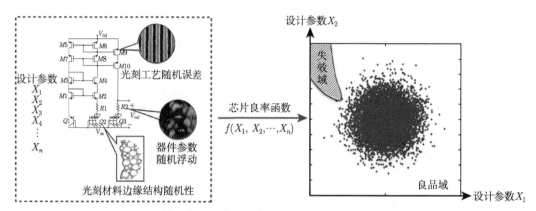

图 7.9　集成电路良率/失效率在二维参数空间下的建模示意

7.2.1　良率采样方法

如前所述，当前主流的良率计算方法采用了基于数据的建模框架。但是，随着电路规模的扩大，源于晶体管级仿真的数据样本愈发昂贵。为此，科学家们提出了一系列无偏高效的采样方案，降低良率模型的样本需求。

经典蒙特卡洛方法的收敛性依赖于随机点集的质量，即其均匀性。为了衡量随机点集的不均匀性并判断其是否符合取样概率，科学家们提出了差异（discrepancy）这一概念，并定义差异 D_n^* 如下：对于矩形区域 $C^* = \prod_{i=1}^{s}[0, c_i)$ 中任意 n 个点，其差异为

$$D_n^* = \sup_{J \subseteq C^*} \left| \frac{n_J}{n} - \mu(J) \right|, \qquad J = \prod_{i=1}^{s}[0, j_i) : j_i \leqslant c_i \tag{7.17}$$

其中，J 为在 C^* 空间中任意一个从原点 0 起始的 s 维超矩形，$\mu(J)$ 为 J 的概率测度，n_J 为 J 中的样本点。差异 D_n^* 度量了样本序列落在区域 J 的数量比值和 J 对应概率测度的接近程度，越低的差异值表示该随机点集具有更好的均匀性和更高的蒙特卡洛精度。

拉丁超立方采样是一种常用的采样方案[9]。它着力于采样位置的均匀分配，是蒙特卡洛采样的改进。根据目标随机变量的累积分布函数对其取值空间 $[0, 1]$ 进行 N 等分，在每个小区间上利用蒙特卡洛方法随机撒点；然后通过随机变量累积分布函数的反函数，将小区间上的概率逆映射至随机变量的取值，从而获得具有良好均匀性的样本集合。如此产生的样本可以避免因伪随机序列引发的采样聚集问题，具有更低的差异 L_∞，被应用于诸多

EDA 工具，也在自然灾害风险建模、核电站安全性建模等场景中有着广泛应用。拉丁超立方采样不受随机变量的维度影响，收敛速度与失效率 P_f 成反比。虽然在一般场景下具有良好的采样效果，但是在低失效率场景下（如 3-sigma 良率，即失效率 $P_f \leqslant 0.03\%$）仍需消耗大量样本才可实现收敛。

拟蒙特卡洛方法（quasi-Monte Carlo，QMC）方法于 20 世纪 90 年代被提出 [10]，是蒙特卡洛方法的一种改进。不同于后者基于均匀分布的伪随机序列，拟蒙特卡洛方法使用低差异序列，获得的随机样本具有较好的一致性，收敛速度可提升至 $\mathcal{O}\left(\log(N^k)N^{-1/2}\right)$。但是，当面对高维度随机变量时，伪随机序列产生的样本在高维平面上的投影可能出现不连续性。拟蒙特卡洛方法也可认为是拉丁超立方采样的广义表达。在一维或低维随机变量的芯片设计和电路仿真场景下，前者产生的随机序列的差异性小于拉丁超立方采样，是更优的选择 [11]。

当随机变量的概率密度函数 $f(x)$ 未知、不易获得或者为条件概率时，可以选择"接受-拒绝"的采样方案。在该方案中，首先选取一个易于采样的"参考"概率密度函数 $g(x)$，调整常数 c 使得参考函数完全"覆盖"随机变量：

$$c \geqslant \frac{f(x)}{g(x)} \tag{7.18}$$

此时 c 为满足条件的最小值。然后，在参考函数上采样 x'，根据是否满足以下条件而接受或者拒绝该采样点：

$$uc \geqslant \frac{f(x')}{g(x')} \tag{7.19}$$

u 为区间 $[0,1]$ 上呈现均匀分布的随机样本，由此可获得一个近似于待采样分布的样本集合。

马尔可夫链蒙特卡洛方法是针对条件概率分布的一种采样方法，也可用于概率分布已知但不易采取的随机变量。它假设待采样的分布为服从稳态马尔可夫链的稳定分布 [式（5.39）]，将稳态马尔可夫链每个时刻作为一个样本点。随着时间的逐步推移，该马尔可夫链生成的样本即服从待采样的概率分布。

接下来向读者介绍一种针对高良率估计的采样方法 [12]。该方法结合了拉丁超立方采样、马尔可夫链蒙特卡洛方法和子集采样方法，将低失效率事件拆解为若干高失效事件的条件概率乘积。

令 $z = (z_1, \cdots, z_{N_z})$ 表示容量为 N_z 的电路设计参数随机向量，Ω 为这些参数取值的物理可行域，$G(z)$ 为电路在设计参数下的响应函数。定义电路的失效事件 F 和失效率 P_f 为

$$F = \{z \in \Omega | G(z) \leqslant 0\} \tag{7.20}$$

如果电路设计参数服从联合概率密度函数 $z \sim p(z)$，取 N_d 组样本 $\{z^{(i)}\}_{i=1}^{N_d}$，$I(\cdot)$ 为示性函数，则电路失效率可以通过经典蒙特卡洛采样并估测为

$$P_{\mathrm{f}} = E\left(I\left(G(z^{(i)}) \leqslant 0\right)\right) \approx P_{(\mathrm{f,MCS})} = \frac{1}{N_d}\sum_{i=1}^{N_d} I\left(G(z^{(i)}) \leqslant 0\right) \tag{7.21}$$

子集采样方法将目标失效事件拆分为多个条件概率的乘积：

$$P_{\mathrm{f}} = \prod_{i=1}^{M} P(F_i|F_{i-1}) \tag{7.22}$$

$$F_i = \{z \in \Omega | G(z) \leqslant c_i\}, \qquad c_1 > c_2 > \cdots > c_{M-1} > c_M = 0 \tag{7.23}$$

其中，每个条件概率的取值均大于目标失效率，其采样可通过马尔可夫链蒙特卡洛方法实现。

假设条件概率 $P(F_i|F_{i-1})$ 的概率密度函数 $p(z|F_{i-1})$ 服从马尔可夫链的平稳分布，则该马尔可夫链中任意两个状态 z_u 和 z_v 将满足如下常返等式：

$$p_{uv}(z_u|z_v)\,p(z_v|F_i) = p_{uv}(z_v|z_u)\,p(z_u|F_i) \tag{7.24}$$

此处 $p_{uv}(z_u|z_v)$ 为马尔可夫链的先验转移概率密度函数，常采用具有对称形式的正态概率密度函数。如果边缘概率密度函数 $p(z_u|F_i)$ 满足平稳分布条件，则可引入接受概率 $\alpha_{uv}(\cdot,\cdot)$，使得：

$$p_{uv}(z_u|z_v)\,p(z_v|F_i)\,\alpha_{uv}(z_v,z_u) = p_{uv}(z_v|z_u)\,p(z_u|F_i)\,\alpha_{uv}(z_u,z_v) \tag{7.25}$$

在梅特罗波利斯-黑斯廷斯算法中，接受概率 $\alpha_{uv}(\cdot,\cdot)$ 可以表示为

$$\alpha_{uv}(z_v,z_u) = \min\left\{1, \frac{p_{uv}(z_u|z_v)\,p(z_v|F_i)}{p_{uv}(z_v|z_u)\,p(z_u|F_i)}\right\} \tag{7.26}$$

将拉丁超立方采样作为初始采样，与上述方法结合，可以得到一种面向不同等级失效率估计的混合采样算法。

算法 7.2　面向不同等级失效率估计的混合采样算法

---

1. 初始化
   - 利用拉丁超立方采样，从随机参数向量的概率分布 $P_0(z)$ 中均匀生成 N_d 组独立同分布的样本 $\{z_0^{(i)}\}_{i=1}^{N_d}$；
   - 将样本代入响应函数，按照结果 $\{G(z_0^{(i)})\}_{i=1}^{N_d}$ 的升序方式，重新排列样本；
   - 令 c_1 为 $\{G(z_0^{(i)})\}_{i=1}^{N_d}$ 的 P_0，设置 $F_1 = \{z \in \Omega : G(z) \leqslant c_1\}$；
   - 设置指针 $j = 1$。

2. 执行迭代

- 当 $c_j > 0$ 时，令 $N_s = P_0 N_d$，构建满足条件 $z_{j-1}^{(i)} \in F_j$ 的样本，$\{z_{j-1}^{(i)}\}_{i=1}^{N_s}$；
- 利用马尔可夫链蒙特卡洛方法，根据平稳分布为 $p(z|F_j)$ 的马尔可夫链，从 $z_j^{(i-1)/P_0+1} = z_{j-1}^{(i)} (i = 1, \cdots, N_s)$ 开始，生成 $1/P_0 - 1$ 个样本；
- 获得新样本 $\{z_j^{(i)}\}_{i=1}^{N_d}$；
- 将新样本代入响应函数，令 c_{j+1} 表示 $\{G(z_j^{(i)})\}_{i=1}^{N_d}$ 的 P_0，设置 $F_{j+1} = \{z \in \Omega | G(z) \leqslant c_{j+1}\}$；
- 设置指针 $j = j + 1$。

3. 估算失效率

- 从样本 $\{z_{j-1}^{(i)}\}_{i=1}^{N_d}$ 中识别满足条件 $z_{j-1}^{(i)} \in F$ 的样本总数 N_f；
- 计算失效率 $P_f = P_0^{(j-1)} \dfrac{N_f}{N_d}$。

需要注意的是，当失效率高于概率 p_0 时，上述算法有一定可能性变为拉丁超立方采样。

7.2.2　替代模型

在上一小节的算法中，电路性能响应函数 $G(\cdot)$ 通常由仿真计算求得。由于其单次仿真实现的成本昂贵，故相关替代模型是良率分析的重要一环。为此，科学家们提出了多种解决方案。例如，基于概率的超体积自适应几何计算方法可以实现 $100 \sim 1000$ 倍蒙特卡洛方法的加速 [13]，但无法处理较为复杂的良率分布场景；最大平坦二次（maximum flat quadratic）方法则利用二次多项式进行建模，所用基函数总量小，模型计算速度快，但其模型表达能力较差，只能拟合相对平滑的响应面。

广义多项式混沌法常用于仿真替代模型，是专门处理随机变量响应拟合问题的多项式建模方法。其中，基于阿斯基体系的广义多项式混沌法保证了原仿真模型中不同分布的随机变量都有相应的正交多项式投影，而弱逼近定理保证了多项式混沌模型依概率收敛于目标随机变量。以这些理论为基础，科学家们提出了专用于处理芯片低失效率（高良率）估计的子集采样方法，将低失效率事件拆解成高失效率事件的条件概率的乘积 [14,15]。而基于交叉熵-重要性采样（crossed entropy-based importance sampling）的混合代理模型可以进行快速良率计算。在良性区域边缘调用真实仿真，在其他变量区域使用广义多项式混沌模型，并迭代更新模型，从而构建高精度替代模型。这种方法已被证实可在 10^2 量级的样本总量下，实现对 $10^{-12} \sim 10^{-6}$ 量级失效率的近似 [16]。

接下来以自旋转移力矩磁性随机存取存储器（spin-transfer torque magnetic random access memory，STTMRAM）单元的失效率为例，详细介绍广义多项式混沌模型策略。图 7.10 展示了一个由纳米磁体和自旋传输轨道组成的全自旋逻辑（all spin logic）单元，其中 V 表示电压。输入信息以自旋极化电流的形式，由自旋传输轨道传导至磁体；在自旋转移力矩的作用下，以自旋极化电流的形式传递至下一单元 [17]。其中，电子在磁体上能否成功实现翻转受到朗道-利夫希茨-吉尔伯特（Landau-Lifshitz-Gilbert，LLG）模块控制，直接决定了存储单元的失效率。

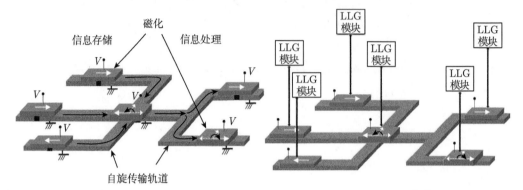

图 7.10   由纳米磁体和自旋传输轨道组成的全自旋逻辑单元 [17]

令 $\vec{I}_s = [0 \; 0 \; I_s]$ 表示三维空间 $(\vec{i}_x, \vec{i}_y, \vec{i}_z)$ 中自旋电路的极化电流强度向量，q 为单位电子电荷。在磁场或自旋电流等外部因素扰动下，磁体的瞬时磁化强度 $\vec{m}$ 动态变化可由 LLG 方程描述 [17]：

$$(1 + \lambda^2)\frac{\mathrm{d}\vec{m}}{\mathrm{d}t} = -|\Gamma|(\vec{m} \times \vec{H}) - \lambda|\Gamma|(\vec{m} \times \vec{m} \times \vec{H}) + \vec{\tau} + \lambda(\vec{m} \times \vec{\tau}) \tag{7.27}$$

此处 $\times$ 表示两个向量的外积运算，Γ 表示旋磁比，λ 为磁体的吉尔伯特阻尼参数。自旋转移力矩 $\vec{\tau}$ 表示为

$$\vec{\tau} = \frac{\vec{m} \times \vec{I}_s \times \vec{m}}{qN_s} \tag{7.28}$$

纳米磁体中的自旋总数 N_s 通过饱和磁化强度 M_s、体积 V_M 和玻尔磁子 μ_B 获得：$N_s = M_s V_M / \mu_B$。$\vec{H} = h_k m_z \hat{e}_z - h_d m_y \hat{e}_y$ 表示磁体在 $x - z$ 平面上的内外场总和，其中，h_k, h_d 为无量纲化磁场，$\hat{e}_z, \hat{e}_y$ 为 z 坐标和 y 坐标的方向向量。

在实际运行中，当自旋翻转角度大于 90° 时，可实现 0 和 1 的转换；否则将认定为读写失败。这一翻转过程的成功与否直接决定了存储单元的失效率高低，通常受到 3 个随机参数 $z = (z_1, z_2, z_3)$ 的影响：初始方位角 $z_1 = \theta_0$、电流强度 $z_2 = I_s$ 和最终时间 $z_3 = T$。此处假设这 3 个随机变量相互独立。

令 $g(z)$ 表示自旋翻转与上述随机参数之间的真实函数关系，且当 $g(z) < 0$ 时翻转失败。对于一组容量为 M 的样本集合 $\{z^{(i)}\}_{i=1}^M$，系统的失效率可以表示为

$$P_f = \frac{1}{M}\sum_{i=1}^M \chi_{\{g(\cdot)<0\}}(z^{(i)}) \tag{7.29}$$

此处的 $\chi_{\{f(\cdot)\}}(\cdot)$ 为示性函数，即符合条件 $f(\cdot)$ 时取值为 1，否则为 0。

构建广义多项式混沌模型近似自旋翻转与随机参数关系：$\tilde{g}^{(k)}(z) \approx g(z)$。令 $S^{(k)}$ 表示多项式模型所用的样本集合，$\tilde{S}^{(k)}$ 为其补集，即未使用的样本。其中，上角标 k 表示第 k 次迭代，则原始替代模型可以写为

$$\tilde{g}^{(1)}(z) = \sum_{|i|=0}^{N_{\mathrm{gpc}}^{(1)}} c_i^{(1)} \Phi_i(z) \tag{7.30}$$

其中，$N_{\mathrm{gpc}}^{(1)}$ 为原始广义多项式混沌模型的总阶数，$c_i^{(1)}$ 为相关模型系数，$\Phi_i(z)$ 为随机参数 z 对应的正交多项式。

接下来通过调节所用样本集合 $S^{(k)} = S^{(k-1)} \cup \Delta S^{(k)}$，增加其展开阶数 $N_{\mathrm{gpc}}^{(k)}$，从而实现对广义多项式混沌模型的自适应调节。在迭代中，如果连续两次更新的失效率之差 $|P_{\mathrm{f}}^{(k)} - P_{\mathrm{f}}^{(k-1)}|$ 小于预设精度 ϵ，且在额外增加 ΔN_d 个样本点后，重新计算的失效率与前次结果之差 $|P_{\mathrm{f}}^{(k)} - \hat{P}_{\mathrm{f}}^{(k)}|$ 依然满足预设精度 ϵ，则迭代终止。

综上所述，基于广义多项式混沌法的良率自适应建模算法框架如下。

算法 7.3　基于广义多项式混沌法的良率自适应建模算法

1. 初始化
   - 当迭代次数 $k = 1$ 时，设置原始广义多项式混沌模型的阶数 $N_{\mathrm{gpc}}^{(1)}$；
   - 通过原始样本集 $S^{(1)}$，采用随机配置法构建原始广义多项式混沌模型 [式 (7.30)]；
   - 设置失效率迭代精度 ϵ、样本集增比系数 α 和迭代增集样本 $\Delta S^{(k)}$ 的初始容量 $\Delta M^{(0)}$。

2. 适应性修正
   - 在第 k $(k \geqslant 1)$ 次迭代中，令 $M^{(k-1)}$ 表示第 $k-1$ 次模型迭代所用的样本集合 $S^{(k-1)}$ 总量，计算 $N_{\mathrm{gpc}}^{(k-1)} + 1$ 阶广义多项式混沌模型的采样条件：
     - 计算 $N_{\mathrm{gpc}}^{(k-1)} + 1$ 阶模型的展开项总量

       $$\tilde{N}_{\mathrm{gpc}} = \binom{N_z + N_{\mathrm{gpc}}^{(k-1)} + 1}{N_z} = \frac{\left(N_{\mathrm{gpc}}^{(k-1)} + 1 + N_z\right)!}{N_z! \left(N_{\mathrm{gpc}}^{(k-1)} + 1\right)!} \tag{7.31}$$

     - 计算 $N_{\mathrm{gpc}}^{(k-1)} + 1$ 阶模型所需样本数量 $R^{(k)} = \alpha \cdot N_{\mathrm{b}}$。
   - 判断广义多项式混沌模型是否升阶：
     - 如果 $R^{(k)} < M^{(k-1)}$，则升阶，即 $N_{\mathrm{gpc}}^{(k)} = N_{\mathrm{gpc}}^{(k-1)} + 1$，且 $\Delta M = 0$；
     - 如果 $R^{(k)} > M^{(k-1)} + \Delta M^{(0)}$，不升阶，即 $N_{\mathrm{gpc}}^{(k)} = N_{\mathrm{gpc}}^{(k)}$，且 $\Delta M = \Delta M^{(0)}$；
     - 如果 $M^{(k-1)} \leqslant R^{(k)} \leqslant M^{(k-1)} + \Delta M^{(0)}$，升阶，即 $N_{\mathrm{gpc}}^{(k)} = N_{\mathrm{gpc}}^{(k-1)} + 1$，且有 $\Delta M = R^{(k)} - M^{(k-1)}$。
   - 如 $\Delta M > 0$，更新广义多项式混沌模型的样本集合 $S^{(k)}$ 及其补集 $\tilde{S}^{(k)}$：
     - 将补集 $\tilde{S}^{(k-1)}$ 中的样本代入替代模型 $\tilde{g}^{(k-1)}$，并且对结果 $\{|\tilde{g}^{(k-1)}(\tilde{S}^{(k-1)})|\}$ 升序排列；
     - 从升序排列后的结果 $|\tilde{g}^{(k-1)}(\tilde{S}^{(k-1)})|$ 中选择前 ΔM 个元素，并在补集 $\tilde{S}^{(k-1)}$ 中找到对应的随机样本，组成增添集合 $\Delta S^{(k)}$；
     - 更新集合 $S^{(k)} = S^{(k-1)} \cup \Delta S^{(k)}$ 和 $\tilde{S}^{(k)} = \tilde{S}^{(k-1)} - \Delta S^{(k)}$。

- 通过样本集 $S^{(k)}$，以随机配置法的方式构建 $N_{\text{gpc}}^{(k)}$ 阶的广义多项式混沌模型 $\tilde{g}^{(k)}(z)$。计算失效率：

$$P_{\text{f}}^{(k)} = \frac{1}{M^{(k)}} \left[\sum_{z^{(i)} \in \tilde{S}^{(k)}} \chi_{\{\tilde{g}^{(k)} < 0\}}(z^{(i)}) + \sum_{z^{(i)} \in S^{(k)}} \chi_{\{g < 0\}}(z^{(i)}) \right] \tag{7.32}$$

其中，第一项表示补集样本在广义多项式混沌模型的实现，第二项为多项式样本在真实模型 $g(\cdot)$ 中的实现。

- 判断更新后的失效率与前一次结果的差是否满足预置精度：$|P_{\text{f}}^{(k)} - P_{\text{f}}^{(k-1)}| < \epsilon$：
  - 如满足条件，则启动检测步骤 3；
  - 如不满足条件，返回步骤 2 开展自适应修正，并更新迭代指针 $k = k + 1$。

3. 检测替代模型准确性

- 将补集 $\tilde{S}^{(k)}$ 中的样本代入更新后的替代模型 $\tilde{g}^{(k)}$，并且对结果 $\{|\tilde{g}^{(k)}(\tilde{S}^{(k)})|\}$ 升序排列。
- 从升序排列后的结果 $|\tilde{g}^{(k)}(\tilde{S}^{(k)})|$ 中选择前 $\Delta \hat{M}$ 个元素，并在补集 $\tilde{S}^{(k)}$ 中找到对应的随机样本，组成临时集合 $\Delta \hat{S}^{(k)}$。
- 更新集合 $S^{(k)} = S^{(k)} \cup \Delta \hat{S}^{(k)}$ 和补集 $\tilde{S}^{(k)} = \tilde{S}^{(k-1)} - \Delta \hat{S}^{(k)}$，计算临时翻转失效率 $\hat{P}_{\text{f}}^{(k)}$ [式 (7.32)]。
- 判断更新后的失效率是否再次满足预置精度 $|P_{\text{f}}^{(k)} - \hat{P}_{\text{f}}^{(k)}| < \epsilon$：
  - 如满足条件，则退出，$P_{\text{f}}^{(k)}$ 为最终良率结果；
  - 如不满足条件，令 $P_{f}^{(k)} = \hat{P}_{f}^{(k)}$，更新迭代指针 $k = k + 1$，开启下一轮迭代。

接下来对上述算法进行验证。通过 $M_{\text{s}}/(2k_{\text{u}}\Gamma)$ 将式 (7.27) 中所有参数无量纲化：饱和磁化强度 $M_{\text{s}} = 780$，单向异性常数 $k_{\text{u}} = 3.14\text{e}^4$，磁旋比 $\Gamma = 1.76\text{e}^7$，磁场 $h_d = 0$，吉尔伯特阻尼参数 $\lambda = 0.007$，体积 $V = 2.72\text{e}^{-17}$，玻尔磁子 $\mu_{\text{B}} = 9.274\text{e}^{-21}$。此外，假设 3 个随机变量都服从 β 分布，记为 $z_i \sim \beta(3,1)(i = 1,2,3)$，相对应的广义多项式混沌模型基函数 Φ 为雅可比多项式。在测试中，设定存储单元的真实失效率由 10^7 次蒙特卡洛方法获得，记为 $P_{\text{f}}^{\text{mc}} = 0.0000892$。在算法 7.3 中，原始广义多项式混沌模型的阶数为 $N_{\text{gpc}}^{(0)} = 3$，所用样本数量为 $M^{(0)} = 60$，误差精度为 $\epsilon = 10^{-7}$，检测样本量为 $\Delta \hat{M} = 100$，样本集增比系数为 $\alpha = 3\log(n_{\text{gpc}}^{(k)})$。

表 7.2 罗列了在不同的迭代增集样本初始容量 ΔM^0 取值下，广义多项式混沌模型最终收敛时所需要的样本数量 $M^{(k)}$。图 7.11 则展示了对应的柯西收敛结果。从表 7.2 和图 7.11 中均可看到，在初始样本数量不变的情况下，随着初始容量 ΔM^0 的增加，总迭代次数逐渐减少至 11 次并稳定于此。误差保持于精度范围内，而相关样本总量维持于 10^2 量级，远小于经典蒙特卡洛方法所需的 10^7 量级的样本。

需要注意的是，基于广义多项式混沌法的替代模型也存在着一些不足。如第 3 章所述，当随机变量维度增加时，广义多项式混沌模型的未知系数总量将呈现指数上升。虽然可以通过最小角回归（least-angle regression，LARS）和最小绝对值压缩和选择算子（least absolute shrinkage and selection operator，LASSO）回归、弹性网络（elastic-net）回归等惩罚回归方式降低所需样本数量，但是鉴于电路仿真多以扫频形式进行，需要选择合适的模型稀疏化信息频点来降低上述回归方法的计算复杂度。同时，广义多项式混沌模型在逼近间断黑盒函数时，自身的连续性会引发吉布斯现象，且会随着多项式阶数的升高而愈发明显，严重影响广义多项式混沌模型的精度。

表 7.2　存储单元失效率的广义多项式混沌模型收敛信息

ΔM^0	总迭代次数	误差	多项式混沌模型最终阶数	替代模型所需仿真样本数量
10	34	0	4	580
20	22	0	4	694
50	11	0	4	624
80	11	0	5	937
100	11	0	5	977

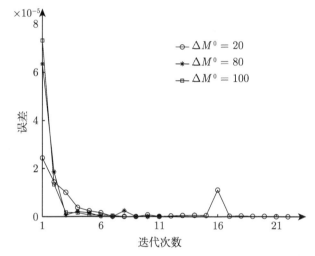

图 7.11　存储单元失效率的广义多项式混沌模型的柯西收敛结果

为解决多项式拟合中遇到的间断建模问题，可以使用多项式湮灭间断检测方法，构建适用于广义多项式混沌法的间断检测函数[18]。另外，也可以通过快速函数提取（fast function extraction，FFE）方法引入间断基函数，即通过生成大量具有跳跃性、间断性的基函数集合，对其进行路径正则化学习筛选。FFE 方法被证实在 13 ～ 1468 维度的问题上有很强的模型表达能力[19]，在使用时需注意候选基函数的选取和间断边缘的划分。

高斯过程是另一种基于条件概率分布的替代模型方法[20]。它假设所有样本点的良率满足联合正态分布，通过选取合适的高斯核函数对黑盒良率函数近似逼近。核函数中包含了高斯主项、扰动项与线性回归项，每一项都含有用于控制核函数的超参数，而最优超参数由基于贝叶斯公式的迭代算法确定。值得注意的是，高斯过程对良率的先验相关性假设可能在间断训练集等特殊训练集上失效。

参 考 文 献

[1] STAPPER C H, ROSNER R J. Integrated circuit yield management and yield analysis: development and implementation[J]. IEEE Transactions on Semiconductor Manufacturing, 1995, 2(8): 95-102.

[2] STRUNZ K, SU Q. Stochastic formulation of SPICE-type electronic circuit simulation with polynomial chaos[J]. ACM Transactions on Modeling and Computer Simulation, 2008, 4(18): 1-23.

[3] ZHANG Z, EL-MOSELHY T A, ELFADEL I M, et al. Stochastic testing method for transistor-level uncertainty quantification based on generalized polynomial chaos[J]. IEEE Transactions on Computer-Aided Design of Integrated Circuits and Systems, 2013, 10(32): 1533-1545.

[4] HO C W, RUEHLI A, BRENNAN P. The modified nodal approach to network analysis[J]. IEEE Transactions on Circuits and Systems, 1975, 6(22): 504-509.

[5] EI-MOSELHY T, DANIEL L. Stochastic integral equation solver for efficient variation-aware interconnect extraction[C]//DAC' 08: Proceedings of the 45th Annual Design Automation Conference. New York: Association for Computing Machinery, 2008: 415-420.

[6] SUMANT P, WU H, CANGELLARIS A, et al. Reduced-order models of finite element approximations of electromagnetic devices exhibiting statistical variability[J]. IEEE Transactions on Antennas and Propagation, 2012, 1(60): 301-309.

[7] YANG X, CHOI M, LIN G, et al. Adaptive ANOVA decomposition of stochastic incompressible and compressible flows[J]. Journal of Computational Physics, 2012, 4(231): 1587-1614.

[8] ZHANG Z, YANG X, OSELEDETS I V, et al. Enabling high-dimensional hierarchical uncer tainty quantification by ANOVA and tensor-train decomposition[J]. IEEE Transactions on Computer-Aided Design of Integrated Circuits and Systems, 2014, 1(34): 63-76.

[9] STEIN M. Large sample properties of simulations using Latin hypercube sampling[J]. Technometrics, 1987, 2(29): 143-151.

[10] SOBOL I M. Quasi-Monte Carlo methods[J]. Progress in Nuclear Energy, 1990, 1-3(24): 55-61.

[11] SINGHEE A, RUTERNBAR R A. Why quasi-Monte Carlo is better than Monte Carlo or Latin hypercube sampling for statistical circuit analysis[J]. IEEE Transactions on Computer-Aided Design of Integrated Circuits and Systems, 2010, 11(29): 1763-1776.

[12] PAPAIOANNOU I, BETZ W, ZWIRGLMAIER K, et al. MCMC algorithms for subset simulation[J]. Probabilistic Engineering Mechanics, 2015(41): 89-103.

[13] GU C, ROYCHOWDHURY J. An efficient, fully nonliner, variability-aware non-Monte-Carlo yield estimation procedure with applications to SRAM cells and ring oscillators[C]//2008 Asia and South Pacific Design Automation Conference. Seoul, Korea (South): ASP-DAC, 2008: 754-761.

[14]　SUN S, LI X. Fast statistical analysis of rare circuit failure events via sub set simulation in high-dimensional variation space[C]//2014 IEEE/ACM International Conference on Computer-Aided Design. San Jose, CA: ICCAD, 2014: 324-331.

[15]　WANG F, LI H. Subset simulation for non-Gaussian dependent random variables given incomplete probability information[J]. Structural Safety, 2017(67): 105-115.

[16]　LI J, LI J L, XIU D. An efficient surrogate-based method for computing rare failure probability[J]. Journal of Computational Physics, 2011, 24(230): 8683-8697.

[17]　SRINIVASAN S, DIEP V, BEHIN-AEIN B, et al. Modeling multi-magnet networks interacting via spin currents[M]//Handbook of Spintronics. Dordrecht: Springer, 2016: 1281-1335.

[18]　ARCHIBALD R, GELB A, YOON J. Polynomial fitting for edge detection in irregularly sampled signals and images[J]. SIAM Journal on Numerical Analysis, 2005, 1(43): 259-279.

[19]　MCCONAGHY T. FFX: Fast, scalable, deterministic symbolic regression technology[M]//Genetic Programming Theory and Practice IX. New York: Springer, 2011: 235-260.

[20]　WILLIAMS C, RASMUSSEN C. Gaussian processes for regression[C]//Advances in Neural Information Processing Systems 8. Denver, CO, USA: NIPS, 1995.

后　记

　　人类自知识起源之时便开始了对世界万物不确定性的探索之旅。伴随着现代科学和计算机技术的飞速发展，人们开发了多种不确定性量化方法，并于近 20 年逐步形成了不确定性量化这一新兴交叉研究领域。本书从基础理论到算法实现，再到应用场景，系统地介绍了参数、模型、逆向建模三方面的不确定性量化方法。受篇幅所限，本书未能覆盖该领域的全部知识细节，仅选取部分成熟的算法框架，以具体案例的形式帮助读者认识与掌握自然科学与工程技术领域中的不确定性。

　　需要指出的是，不确定性量化作为一门交叉学科，其发展历程也是一个多学科知识不断融汇、精炼与升华的过程。除了数学、物理及应用科学领域的贡献外，社会科学以及人工智能、贝叶斯网络等共性技术也在不断丰富着不确定性量化研究，拓展其理论边界。不确定性量化不仅是一种量化方法，更是一种认知架构，具有很强的抽象性与普遍性。

　　集成电路作为高精尖产业和新兴交叉科学，近年来已为大众所熟知，成为前沿产业的焦点。在集成电路产业中，不确定性量化方法已被广泛用于降低工艺偏差等各类不确定性带来的负面影响。然而，在纳米时代，海量增长的晶体管数量、高昂的仿真成本、复杂繁多的制造工序和愈发压缩的电路设计容限，使得传统不确定性量化方法无法满足日新月异的芯片需求。对集成电路材料、器件、系统中随机不确定性和认知不确定性的有效量化，已成为影响存储器、人工智能芯片、车载芯片等先进工艺产品核心竞争力的关键技术。

　　本书结合材料基因工程、电子设计自动化等近年来国家重大科学研究计划，向读者展示了新型不确定性量化方法在集成电路领域的应用潜力和前景。但限于篇幅，大量开放性课题和可挖掘理论无法尽述。可以预见，集成电路与不确定性量化研究的协同发展，将是两者作为交叉学科的未来发展方向。

　　知识起源于实践，也终将用于实践。不确定性量化是人类扩展认知范畴、掌握未知结果的科学手段。笔者借此书抛砖引玉，希望引导读者发现不同领域知识的共性联系，以不确定性量化方法为纽带，在不确定中寻找规律，在混沌中重建秩序。